湖北省高速公路养护工程预算编制办法
湖北省高速公路养护工程预算定额
湖北省高速公路养护工程机械台班费用定额

（试行）

主编单位： 湖北省交通基本建设造价管理站

批准部门： 湖北省交通运输厅

实施日期： 2012 年 7 月 1 日

人民交通出版社

2012 · 北京

书　　名：湖北省高速公路养护工程预算编制办法(试行)
湖北省高速公路养护工程预算定额(试行)
湖北省高速公路养护工程机械台班费用定额(试行)
著 作 者：湖北省交通基本建设造价管理站
责任编辑：卢仲贤
出版发行：人民交通出版社
地　　址：(100011)北京市朝阳区安定门外外馆斜街3号
网　　址：http://www.ccpress.com.cn
销售电话：(010)59757969,59757973
总 经 销：人民交通出版社发行部
经　　销：各地新华书店
印　　刷：北京市密东印刷有限公司
开　　本：880×1230　1/32
印　　张：15.375
版　　次：2012年8月　第1版
印　　次：2012年8月　第1次印刷
书　　号：ISBN 978-7-114-09938-0
定　　价：86.00元

图书在版编目(CIP)数据

湖北省高速公路养护工程预算编制办法(试行)　湖北省高速公路养护工程预算定额(试行)　湖北省高速公路养护工程机械台班费用定额(试行)/湖北省交通基本建设造价管理站主编.--北京：人民交通出版社,2012.8

ISBN 978-7-114-09938-0

Ⅰ.①湖…　Ⅱ.①湖…　Ⅲ.①高速公路-公路养护-预算编制-湖北省②高速公路-公路养护-预算定额-湖北省③高速公路-公路养护-养路机械-费用-工时定额-湖北省　Ⅳ.①U418.2

中国版本图书馆CIP数据核字(2012)第161761号

《湖北省高速公路养护工程预算编制办法(试行)》
《湖北省高速公路养护工程预算定额(试行)》
《湖北省高速公路养护工程机械台班费用定额(试行)》

编审委员会

主任委员　徐　健　程　武
副主任委员　汪声祠　余　彬　陈　飙
委　　员　姚　沅　周炎新　叶海港　杜　炜　付红勇　曹传林

编写人员

主　　编　姚　沅
副 主 编　董再更　叶海港　虞晓群
编写人员　(按姓氏笔画排序)
付红勇　阳　昊　江建斌　刘　益　吴小强　李　江
张　伟　邹玲俐　余佩群　沈　晖　邹宗建　汪　颢
潘　欣　杨金蓉　周　振　黄　敏

湖北省交通运输厅
关于颁布《湖北省高速公路养护工程预算定额(试行)》、《湖北省高速公路养护工程机械台班费用定额(试行)》、《湖北省高速公路养护工程预算编制办法(试行)》的通知

鄂交建〔2012〕407号

各有关单位：

《湖北省高速公路养护工程预算编制办法(试行)》、《湖北省高速公路养护工程预算定额(试行)》、《湖北省高速公路养护工程机械台班费用定额(试行)》由我厅组织厅造价管理站等单位编制完成，自2012年7月1日起试行。办法的管理权和解释权归省交通运输厅，日常的具体解释和管理工作由厅造

价管理站负责。

请各有关单位在实践中注意积累资料，总结经验，及时将发现的问题和修改意见函告厅造价管理站（武汉市汉口建设大道428号，邮政编码：430030），以便修订时参考。

特此通知。

湖北省交通运输厅

二〇一二年六月二十五日

总 目 录

湖　北　省
高速公路养护工程预算编制办法

Hubeisheng Gaosu Gonglu Yanghu Gongcheng Yusuan Bianzhi Banfa

（试行）

目　　录

第一章　总　　则

一、为适应高速公路养护发展的需要，合理确定和有效控制养护工程造价，提高高速公路养护工程造价的编制质量，规范养护工程造价文件的编制，根据建设部、财政部发布的《建筑安装工程费用项目组成》（建标[2003]206号）及交通部《公路工程基本建设项目概算预算编制办法》（JTG B06—2007）、《公路养护工程预算编制导则》（JTG H40—2002）等规定，结合高速公路养护行业的特点，制定《湖北省高速公路养护工程预算编制办法（试行）》（以下简称本办法）。

二、本办法适用于湖北省高速公路养护工程（小修保养及大、中修工程）预算的编制和管理。高速公路改建工程及一般公路养护工程可参照执行。

三、高速公路养护工程预算是编制高速公路养护工程计划、进行设计方案经济比选、考核养护成本的依据。有关单位在编制高速公路养护工程预算时，应全面了解工程所在地的施工条件，掌握各项基础资料，根据养护工程量，选择合理的施工方法，正确引用规定的养护定额、取费标准、工资单价和材料设备价格，按本办法的规定进行编制。

实行招投标的高速公路养护工程，其预算经审核批准后是编制工程标底或控制价上限的依据。

四、高速公路养护工程预算应由有资质的设计、工程（造价）咨询单位负责编制，编制、审核人员必须持有公路工程造价人员执业资格证书，并对工程造价文件的编制质量负责。

五、高速公路养护工程费用中属于非公路专业的工程，应执行相关行业和工程所在地的地区统一直接费定额和间接费定额，但其他费用应按本办法中的项目划分及计算方法编制。

六、高速公路养护工程预算编制必须严格执行国家的方针、政策和有关制度，符合高速公路养护工程相关规范的规定。文件应达到的质量要求是：符合规定、结合实际、经济合理、提交及时、不重不漏、计算正确、字迹（打印）清晰、装订整齐完整。

七、高速公路养护工程管理、设计（咨询）和养护作业单位应加强养护工程经济管理工作，配备和充实公路工程造价人员，切实做好养护工程预算的编制工作。工程造价人员应不断提高专业素质，掌握设计、施工情况，做好设计方案的经济比较，使技术工作和经济工作结合起来，合理确定工程造价。

八、本办法不包括由于不可抗拒的自然灾害（如风雪、冰冻、暴雨、洪水、地震等）造成高速公路设施的破坏，为应急维持交通所发生的抗灾抢险工程费用，以及其他突发性事件增加的工程费用。

第二章　预算编制方法

高速公路养护工程预算编制应以《湖北省高速公路养护工程预算定额(试行)》为依据,根据养护工程预算定额规定的各工程项目的人工、材料、机械台班消耗量和本办法第三章规定的养护工程预算编制时工程所在地的人工费工日单价、材料预算单价和机械台班单价计算出各工程项目的人工、材料、机械台班费用,并按本办法的规定计算各项费用。养护工程预算的材料、机械台班单价及各项费用的计算都应通过规定的表格反映。

第一节　预算编制依据

1. 国家发布的有关法律、法规、规章、规范等。

2. 现行的《湖北省高速公路养护工程预算定额(试行)》、《湖北省高速公路养护工程机械台班费用定额(试行)》及本办法。

3. 国家及湖北省交通运输主管部门发布的各类计价依据。

4. 批准的养护工程计划、设计文件(若有)等有关资料。

5. 工程所在地的自然、技术、经济条件等资料。

6. 工程施工组织设计或施工方案。

7. 有关合同、协议等。

8. 其他有关资料。

第二节　预算文件组成

高速公路养护工程预算文件由封面、目录、预算编制说明及全部养护工程预算计算表格组成。

一、封面及目录

高速公路养护工程预算文件的封面和扉页应按本办法附录二中的规定制作，扉页的次页应有工程项目名称，编制单位，编制、复核人员姓名并加盖执业资格印章，编制日期及第几册共几册等内容。目录应按养护工程预算表的表号顺序编排。

各种表格的计算顺序和相互关系见图 2-1。

二、预算编制说明

高速公路养护工程预算编制完成后，应写出编制说明，文字力求简明扼要。

应叙述的内容一般有：

1. 工程概况。包括养护工程内容简介、工程规模大小，进行养护工程建设的依据及有关文号等。

2. 采用的定额、费用标准，人工、材料、机械台班单价的依据或来源，补充定额及编制依据的详细说明。

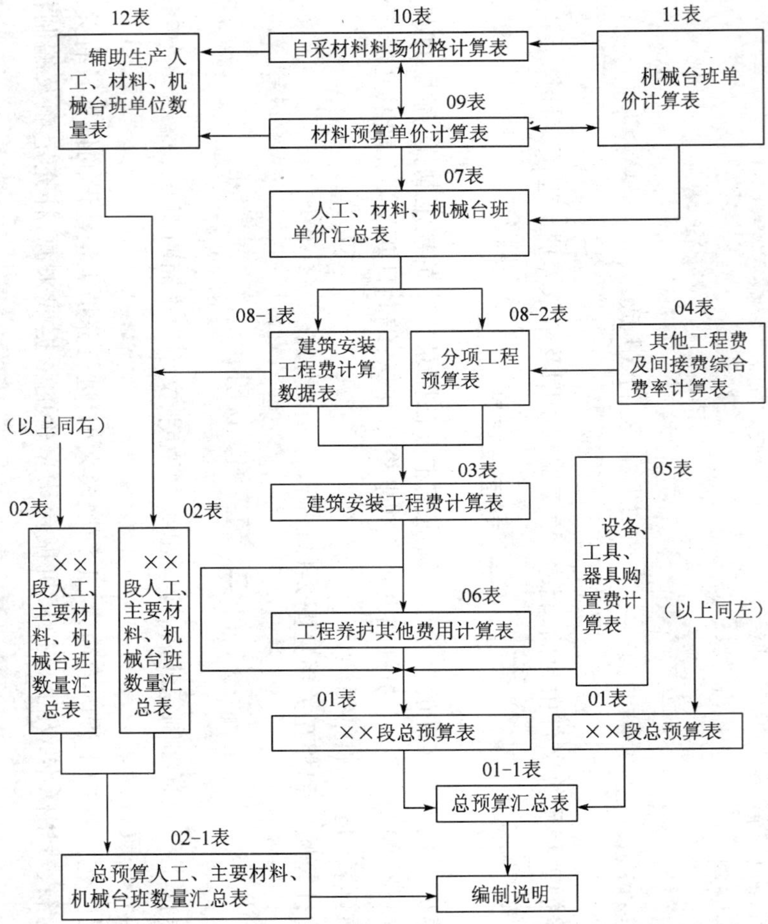

图2-1　各种表格的计算顺序和相互关系

3. 与养护工程预算有关的委托书、协议书、会议纪要的主要内容(或将抄件附后)。

4. 养护工程总预算金额,人工、钢材、水泥、木材、沥青的总需要量情况,以及编制中存在的问题。

5. 其他与养护工程预算有关但不能在表格中反映的事项。

三、预 算 表 格

高速公路养护工程预算应按统一的预算表格计算(表格样式见附录二)。

四、甲组文件与乙组文件

预算文件按不同的需要分为两组,甲组文件为各项费用计算表;乙组文件为建筑安装工程费各项基础数据计算表。甲、乙两组文件的数量应按高速公路养护项目管理单位的要求,随设计文件(若有)一并报送。报送乙组文件时,还应提供"建筑安装工程费各项基础数据计算表"的电子文档和编制补充定额的详细资料,并随同预算文件一并报送。

乙组文件中"建筑安装工程费计算数据表"(08-1 表)和"分项工程预算表"(08-2 表)应根据审批部门或养护项目管理单位的要求全部提供或仅提供其中的一种。

预算应按项目进行,当一个养护工程项目需要分段或分部编制时,应根据需要分别编制,但必须汇总编制"总预算汇总表"。

甲、乙两组文件包括的内容见图 2-2。

甲组文件

- 编制说明
- 总预算汇总表(01-1 表)
- 总预算人工、主要材料、机械台班数量汇总表(02-1 表)
- 总预算表(01 表)
- 人工、主要材料、机械台班数量汇总表(02 表)
- 建筑安装工程费计算表(03 表)
- 其他工程费及间接费综合费率计算表(04 表)
- 设备、工具、器具购置费计算表(05 表)
- 工程养护其他费用计算表(06 表)
- 人工、材料、机械台班单价汇总表(07 表)

乙组文件

- 建筑安装工程费计算数据表(08-1 表)
- 分项工程预算表(08-2 表)
- 材料预算单价计算表(09 表)
- 自采材料料场价格计算表(10 表)
- 机械台班单价计算表(11 表)
- 辅助生产人工、材料、机械台班单位数量表(12 表)

图 2-2　甲、乙两组文件包括的内容

第三节　预 算 项 目

预算项目应按项目表的序列及内容编制,如实际出现的工程和费用项目与项目表的内容不完全相符时,一、二、三部分和“项”的序号应保留不变,“目”、“节”、“细目”可根据需要增减,并按项目表的顺序以实际出现的“目”、“节”、“细目”依次排列,可不保留缺少的“目”、“节”、“细目”的序号。

高速公路养护工程预算项目主要包括以下内容：

第一部分　建筑安装工程费

第一项　路基工程

第二项　路面工程

第三项　桥涵工程

第四项　隧道工程

第五项　交通工程及沿线设施

第六项　绿化及环境保护工程

第七项　临时工程

第八项　管理、养护及服务房屋

第二部分　设备、工具、器具购置费

第三部分　工程养护其他费用

项目表的详细内容见附录一。

第四节　预算费用组成

预算费用的组成见图 2-3。

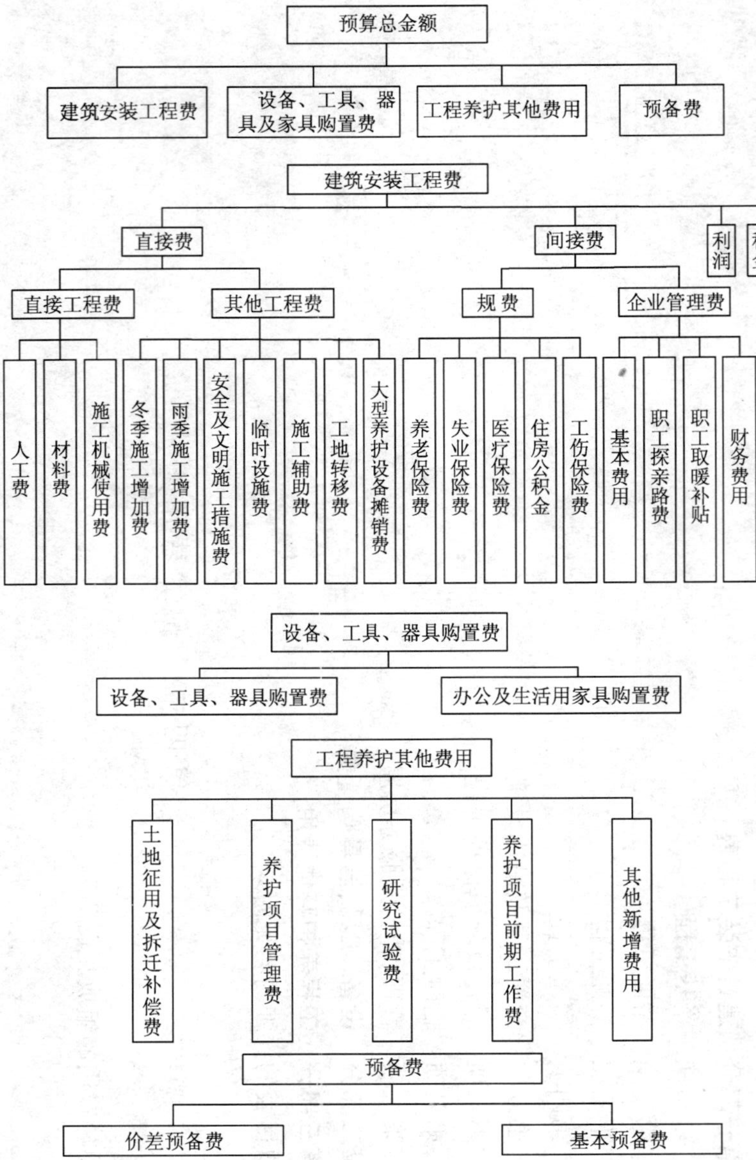

预算总金额
建筑安装工程费
设备、工具、器具及家具购置费
工程养护其他费用
预备费
建筑安装工程费
直接费
间接费
利润
税金
直接工程费
其他工程费
规费
企业管理费
人工费
材料费
施工机械使用费
冬季施工增加费
雨季施工增加费
安全及文明施工措施费
临时设施费
施工辅助费
工地转移费
大型养护设备摊销费
养老保险费
失业保险费
医疗保险费
住房公积金
工伤保险费
基本费用
职工探亲路费
职工取暖补贴
财务费用
设备、工具、器具购置费
设备、工具、器具购置费
办公及生活用家具购置费
工程养护其他费用
土地征用及拆迁补偿费
养护项目管理费
研究试验费
养护项目前期工作费
其他新增费用
预备费
价差预备费
基本预备费

图2-3　预算费用的组成

第三章 预算费用标准和计算方法

第一节 建筑安装工程费

建筑安装工程费包括直接费、间接费、利润及税金。

本办法的人工费、材料费、机械使用费按工程所在地的实际价格计算,预算定额基价只作为衡量单个定额费用水平的参考值,不作为编制养护工程预算的依据。以费率计算的各项费用的计算程序及计算方式参见表3-15。

其他工程费及间接费取费标准中各工程类别的工程内容划分如下:

1. 人工土方:系指人工施工的路基、改河等土方工程,以及人工施工的砍树、挖根、除草、平整场地、挖盖山土等工程项目,并适用于无路面的便道工程。

2. 机械土方:系指机械施工的路基、改河等土方工程,以及机械施工的砍树、挖根、除草等工程项目。

3. 汽车运输:系指汽车、拖拉机、机动翻斗车等运送的路基、改河土(石)方、路面基层和面层混和料、水泥混凝土及预制构件、绿化苗木等。

4. 人工石方:系指人工施工的路基、改河等石方工程,以及人工施工的挖盖山石项目。

5. 机械石方:系指机械施工的路基、改河等石方工程(机械打眼即属机械施工)。

6. 高级路面:系指沥青混凝土路面、厂拌沥青碎石路面和水泥混凝土路面的面层。

7. 其他路面:系指除高级路面以外的其他路面面层,各等级路面的基层、底基层、垫层、透层、黏层、封层,采用结合料稳定的路基和软土等特殊路基处理等工程,以及有路面的便道工程。

8. 构造物 I:系指小型构造物(包括涵洞、通道、天桥等)。防护(包括绿化)及其他工程,交通工程及沿线设施工程[设备安装及金属标志牌、防撞钢护栏、防眩板(网)、隔离栅、防护网除外],以及临时工程中的便桥、电力电信线路、轨道铺设等工程项目。

9. 构造物 II:系指桥梁工程(桥梁检查、桥面排水系统疏通、支座及伸缩缝日常养护除外)。

10. 构造物 III:系指商品混凝土(包括沥青混凝土和水泥混凝土)的浇筑和外购构件及设备的安装工程。商品混凝土和外购构件及设备的费用不作为其他工程费和间接费的计算基数。

11. 隧道:系指隧道工程的洞门及洞内土建工程。

12. 钢材及钢结构:系指钢桥及钢索吊桥的上部构造,钢沉井、钢围堰、钢套箱及钢护筒等基础工程,钢索塔,钢锚箱,钢筋及预应力钢材,模数式及橡胶板式伸缩缝,钢盆式橡胶支座,四氟板式橡胶支座,金属标志牌、防撞钢护栏、防眩板(网)、隔离栅、防护网等工程项目。

13. 日常保养:系指路基、路面、桥梁、交通工程及沿线设施、绿化及环境保护工程定额中的日常养护项目,适用于路基排水系统疏通、路基路面路况巡查及保洁、桥梁检查、桥面排水系统疏通、桥梁支座及伸缩缝日常养护、交通安全设施巡查、交通安全设施日常养护、绿化巡查及绿化日常养护等项目。

购买路基填料的费用不作为其他工程费和间接费的计算基数。

一、直　接　费

直接费由直接工程费和其他工程费组成。

(一)直接工程费

直接工程费是指施工过程中耗费的构成工程实体和有助于工程形成的各项费用,包括人工费、材料费、施工机械使用费。

1. 人工费

人工费系指列入预算定额的直接从事养护工程施工的生产工人开支的各项费用,内容包括:

(1)基本工资:系指发放给生产工人的基本工资、流动施工津贴和生产工人劳动保护费,以及为职工缴纳的养老、失业、医疗保险费和住房公积金等。

生产工人劳动保护费系指按国家有关部门规定标准发放的劳动保护用品的购置费及修理费、徒工服装补贴、防暑降温费、在有碍身体健康环境中施工的保健费用等。

(2)工资性补贴:系指按规定标准发放的物价补贴,煤、燃气补贴,交通费补贴,地区津贴等。

(3)生产工人辅助工资:系指生产工人年有效施工天数以外非作业天数的工资,包括开会和执行必要的社会义务时间的工资,职工学习、培训期间的工资,调动工作、探亲、休假期间的工资,因气候影响停工期间的工资,女工哺乳期间的工资,病假在6个月以内的工资及产、婚、丧假期的工资。

(4)职工福利费:系指按国家规定标准计提的职工福利费。

人工费以预算定额人工工日数乘以每工日人工费计算。

高速公路养护工程生产工人每工日人工费按湖北省公路工程生产工人每工日人工费标准计算，实行动态管理，现阶段标准为59.11元/工日。

人工费单价仅作为编制养护工程预算的依据，不作为养护作业单位发放工资的依据。

2. 材料费

材料费系指施工过程中耗用的构成工程实体的原材料、辅助材料、构(配)件、零件、半成品、成品的用量和周转材料的摊销量，按工程所在地的材料预算价格计算的费用。

材料预算价格由材料原价、运杂费、场外运输损耗、采购及仓库保管费组成。

$$\text{材料预算价格} = (\text{材料原价} + \text{运杂费}) \times (1 + \text{场外运输损耗率}) \times (1 + \text{采购及保管费率}) - \text{包装品回收价值} \tag{3-1}$$

(1)材料原价

各种材料原价按以下规定计算。

外购材料：国家或地方的工业产品，按工业产品出厂价格或供销部门的供应价格计算，并根据情况加计供销部门手续费和包装费。如供应情况、交货条件不明确时，可采用当地规定的价格计算。

地方性材料：地方性材料包括外购的砂、石材料等，按实际调查价格计。

自采材料：自采的砂、石、土等材料，按定额中开采单价加辅助生产间接费和矿产资源税(如有)计算。

(2)运杂费

运杂费系指材料自供应地点至工地仓库(施工地点存放材料的地方)的运杂费用，包括装卸费、运费及其他杂费(如过磅、标签、支撑加固、路桥通行等费用)。

通过铁路、水路和公路运输部门运输的材料，按铁路、航运和当地交通运输部门规定的运价或实际调查的平均单位运价计算运费。

养护作业单位自办的场外运输[材料供应地点至工地仓库(施工地点存放材料的地方)]按实际调查的平均单位运价计算运费；养护作业单位自办的场内运输(养护工程范围内的运输等)按预算定额计算运费。

一种材料如有两个以上的供应点时，应根据不同的运距、运量、运价采用加权平均的方法计算运费。

由于预算定额中汽车运输台班已考虑工地便道特点，以及定额中已计入了“工地小搬运”项目，因此平均运距中汽车运输便道里程不得乘调整系数，也不得在工地仓库或堆料场之外再加场内运距或二次倒运的运距。

有容器或包装的材料及长大轻浮材料，应按本办法表3-1规定的毛重计算。桶装沥青、汽油、柴油按每吨摊销一个旧汽油桶计算包装费(不计回收)。

(3)场外运输损耗

场外运输损耗系指有些材料在正常的运输过程中发生的损耗，这部分损耗应摊入材料单价内。材料场外运输操作损耗率按本办法表3-2的规定计算。

(4)采购及保管费

材料采购及保管费系指材料的供应部门(包括工地仓库以及各级材料管理部门)在组织采购、供应和保管材料过程中，所需的各项费用及工地仓库的材料储存损耗。

材料采购及保管费以材料的原价加运杂费及场外运输损耗的合计数为基数，乘以采购及保管费费率计算。材料的采购及保管费费率为2.5%。

材料毛重系数及单位毛重表　　表 3-1

材料名称	单位	毛重系数	单位毛重
爆破材料	t	1.35	—
水泥、块状沥青	t	1.01	—
铁钉、铁件、焊条	t	1.10	—
液体沥青、液体燃料、水	t	桶装 1.17，油罐车装 1.00	—
木料	m^3	—	1.000t
草袋	个	—	0.004t

材料场外运输操作损耗率表（%）　　表 3-2

材料名称	场外运输损耗（包括一次装卸）	每增加一次装卸
块状沥青	0.5	0.2
石屑、碎砾石、砂砾、煤渣、工业废渣、煤	1.0	0.4
砖、瓦、桶装沥青、石灰、黏土	3.0	1.0
草皮	7.0	3.0
水泥（袋装、散装）	1.0	0.4
砂	2.5	1.0

外购的构件、成品及半成品的预算价格，其计算方法与材料相同，但构件（如外购的钢筋混凝土构件及加工钢材等半成品）的采购及保管费费率为1%。

商品混凝土预算价格的计算方法与材料相同，但其采购及保管费费率为0。

3.施工机械使用费

施工机械使用费指列入养护工程预算定额的施工机械台班数量，按相应的机械台班费用定额计算的施工机械使用费和小型机具使用费。

施工机械台班预算价格按《湖北省高速公路养护工程机械台班费用定额（试行）》计算，台班单价由不变费用和可变费用组成。不变费用包括折旧费、大修理费、经常修理费、安装拆卸及辅助设施费等；可变费用包括机上人员人工费、动力燃料费及车船使用税。可变费用中的人工工日数及动力燃料消耗量，应以机械台班费用定额中的数值为准。台班人工费工日单价同生产工人人工费单价。动力燃料费用则按材料费的计算规定计算。

当工程用电为自行发电时，电动机械每千瓦·时（度）电的单价可由下述近似公式计算：

$$A = 0.24\frac{K}{N} \tag{3-2}$$

式中：A——每千瓦·时电的单价（元）；

K——发电机组的台班单价（元）；

N——发电机组的总功率（kW）。

（二）其他工程费

其他工程费系指直接工程费以外施工过程中发生的直接用于工程的费用。内容包括冬季施工增加费、雨季施工增加费、安全及文明施工措施费、临时设施费、施工辅助费、工地转移费及大型养护设备摊销费共七项。高速公路养护工程中的水、电费及因场地狭小等特殊情况而发生的材料二次搬运等其他工程费已包括在预算定额中，不再另计。

1. 冬季施工增加费

冬季施工增加费系指按照公路养护工程规范所规定的冬季施工要求，为保证工程质量和安全生产所需采取的防寒保温设施、工效降低和机械作业效率降低以及技术操作过程的改变等所增加的有关费用。

冬季施工增加费的内容包括：

(1)因冬季施工所需增加的一切人工、机械与材料的费用。

(2)施工机具所需修建的暖棚（包括拆、移）、增加油脂及其他保温设备费用。

(3)因施工组织设计确定，需增加的一切保温、加温及照明等有关费用。

(4)与冬季施工有关的其他各项费用，如清除工作地点的冰雪等费用。

冬季气温区的划分：依据交通部《公路工程基本建设项目概算预算编制办法》(JTG B06—2007)的规定，将全省划分为准一区、准二区两个大区，全省冬季气温区的划分见附录三。

冬季施工增加费的计算方法，是根据各类工程的特点，规定各气温区的取费标准。为了简化计算手续，采用全年平均摊销的方法，即不论是否在冬季施工，均按规定的取费标准计取冬季施工增加费。一条路线穿过两个以上的气温区时，可分段计算或按各区的工程量比例求得全线的平均增加率，计算冬季施工增加费。

冬季施工增加费以各类工程的直接工程费之和为基数，按工程所在地的气温区选用表 3-3 的费率计算。

冬季施工增加费费率表（%） 表 3-3

工程类别	区域类别		工程类别	区域类别	
	准一区	准二区		准一区	准二区
人工土方	—	—	构造物 I	0.06	0.15
机械土方	—	—	构造物 II	0.08	0.19
汽车运输	—	—	构造物 III	0.12	0.29
人工石方	—	—	隧道	—	—
机械石方	—	—	钢材及钢结构	—	—
高级路面	0.06	0.16	日常保养	0.11	0.26
其他路面	0	0			

2. 雨季施工增加费

雨季施工增加费系指雨季期间施工为保证工程质量和安全生产所需采取的防雨、排水、防潮和防护措施，工效降低和机械作业效率降低以及技术作业过程的改变等，所需增加的有关费用。

雨季施工增加费的内容包括：

(1)因雨季施工所需增加的人工、材料、机械费用，包括工作效率的降低及易被雨水冲毁的工程所增加的工作内容等(如基坑坍塌和排水沟等堵塞的清理、路基边坡冲沟的填补等)。

(2)路基土方工程的开挖和运输，因雨季施工(非土壤中水影响)而引起的粘附工具，降低工效所增加的费用。

(3)因防止雨水必须采取的防护措施的费用，如挖临时排水沟，防止基坑坍塌所需的支撑、挡板等费用。

(4)材料因受潮、受湿的耗损费用。

(5)增加防雨、防潮设备的费用。

(6)其他有关雨季施工所需增加的费用，如因河水高涨致使工作困难而增加的费用等。

雨量区和雨季期的划分：依据交通部颁《公路工程基本建设项目概算预算编制办法》(JTG B06—2007)的规定计算，将全省划分为I区3个月、II区2个月和II区6个月三类，全省雨季施工雨量区及雨季期的划分见附录三。

雨季施工增加费的计算方法，是将全省划分为若干雨量区和雨季期，并根据各类工程的特点规定各雨量区和雨季期的取费标准，采用全年平均摊销的方法，即不论是否在雨季施工，均按规定的取费标准计取雨季施工增加费。

一条路线通过不同的雨量区和雨季期时，应分别计算雨季施工增加费或按工程量比例求得平均的增加率，计算全线雨季施工增加费。

雨季施工增加费以各类工程的直接工程费之和为基数，按工程所在地的雨量区、雨季期选用表3-4的费率计算。

雨季施工增加费费率表(%)　　表3-4

工程类别	区域类别		
	I区3	II区2	II区6
人工土方	0.11	0.11	0.31
机械土方	0.11	0.11	0.32
汽车运输	0.11	0.11	0.32
人工石方	0.07	0.07	0.23
机械石方	0.10	0.10	0.29
高级路面	0.10	0.10	0.29
其他路面	0.09	0.09	0.28
构造物I	0.07	0.08	0.23
构造物II	0.08	0.08	0.25
构造物III	0.17	0.17	0.47
隧道	—	—	—
钢材及钢结构	—	—	—
日常保养	0.15	0.15	0.42

3. 安全及文明施工措施费

安全及文明施工措施费系指工程施工期间为满足安全生产、文明施工、职工健康生活所发生的费用。该费用已包括施工期间为保证交通安全而设置的临时安全设施和标志、标牌的费用。安全及文明施工措施费以各类工程的直接工程费之和为基数,按表3-5的费率,以累进办法计算。

安全及文明施工措施费费率表(%)　　表3-5

直接工程费(万元)	费率(%)	算例(万元)	
		直接工程费	安全及文明施工措施费
500以下	3.05	500	500×3.05%=15.25
501~1000	2.85	1000	15.25+500×2.85%=29.5
1001~3000	2.65	3000	29.5+2000×2.65%=82.5
3001~5000	2.45	5000	82.5+2000×2.45%=131.5
5001~10000	2.25	10000	131.5+5000×2.25%=244.0
10000以上	2.05	11000	244.0+1000×2.05%=264.5

4.临时设施费

临时设施费系指公路养护工程施工中所必须的生活和生产用临时建筑物、构筑物和其他临时设施的费用等。

临时设施包括:临时生活及居住房屋(包括职工家属房屋及探亲房屋)、文化福利及公用房屋(如广播室、文体活动室等)和生产、办公房屋(如仓库、加工厂、加工棚、发电站、变电站、空压机站、停机棚等),工地范围内的各种临时的工作便道(包括汽车、畜力车、人力车道)、人行便道,工地临时用水、用电的水管支线和电线支线,临时构筑物(如水井、水塔等)以及其他小型临时设施。

临时设施费内容包括：临时设施的搭设、维修、拆除费或摊销费。

临时设施费以各类工程的直接工程费之和为基数，按表3-6的费率计算。

临时设施费费率表(%) 表3-6

工程类别	费率		工程类别	费率	
	日常养护	大、中修		日常养护	大、中修
人工土方	1.81	1.57	构造物Ⅰ	2.25	1.86
机械土方	1.63	1.42	构造物Ⅱ	3.61	3.14
机械运输	1.06	0.92	构造物Ⅲ	5.42	3.77
人工石方	1.84	1.6	隧道	2.96	2.57
机械石方	2.27	1.97	钢材及钢结构	2.85	2.48
高级路面	2.21	1.92	日常保养	4.88	—
其他路面	2.15	1.87			

5. 施工辅助费

施工辅助费包括生产工具用具使用费、检验试验费和工程定位复测、工程点交、场地清理等费用。

生产工具用具使用费系指施工所需不属于固定资产的生产工具、检验用具、试验用具和仪器、仪表等的购置、摊销和维修费，以及支付给生产工人自备工具的补贴费。

检验试验费系指养护作业单位对建筑材料、构件和建筑安装工程进行一般鉴定、检查所发生的费用，包括自设试验室进行试验所耗用的材料和化学药品的费用，以及技术革新和研究试验费，但不包括新结构、新材料的试验费和养护管理单位要求对具有出厂合格证明的材料进行检验、对构件进行破坏性试验及其他特殊要求检验的费用。

施工辅助费以各类工程的直接工程费之和为基数，按表3-7的费率计算。

施工辅助费费率表(%) 表3-7

工程类别	费率		工程类别	费率	
	日常养护	大、中修		日常养护	大、中修
人工土方	1.02	0.89	构造物Ⅰ	1.11	0.91
机械土方	0.56	0.49	构造物Ⅱ	1.79	1.56
机械运输	0.18	0.16	构造物Ⅲ	2.69	1.87
人工石方	0.98	0.85	隧道	1.41	1.23
机械石方	0.53	0.46	钢材及钢结构	0.64	0.56
高级路面	0.92	0.80	日常保养	2.42	—
其他路面	0.85	0.74			

6. 工地转移费

工地转移费系指养护作业单位根据养护工程的需要，由已竣工的工地或后方基地迁至新工地的搬迁费用。其内容包括：

(1)养护作业单位全体职工及随职工迁移的家属向新工地转移的车费、家具行李运费、途中住宿费、行程补助费、杂费及工资与工资附加费等。

(2)公物、工具、施工设备器材、施工机械的运杂费,以及外租机械的往返费及本工程内部各工地之间施工机械、设备、公物、工具的转移费等。

(3)非固定工人进退场及一条路线中各工地转移的费用。

工地转移费以各类工程的直接工程费之和为基数,按表3-8的费率计算。

工地转移费费率表(%) 表3-8

工程类别	工地转移距离(km)					
	50	100	300	500	1000	每增加100
人工土方	0.15	0.21	0.32	0.43	0.56	0.03
机械土方	0.50	0.67	1.05	1.37	1.82	0.08
机械运输	0.31	0.40	0.62	0.82	1.07	0.05
人工石方	0.16	0.22	0.33	0.45	0.58	0.03
机械石方	0.36	0.43	0.74	0.97	1.28	0.06
高级路面	0.61	0.83	1.30	1.70	2.27	0.12
其他路面	0.56	0.75	1.18	1.54	2.06	0.10
构造物I	0.48	0.64	1.00	1.31	1.75	0.09
构造物II	0.66	0.89	1.4	1.83	2.45	0.13
构造物III	0.99	1.34	2.10	2.75	3.68	0.20
隧道	0.52	0.71	1.11	1.45	1.94	0.10
钢材及钢结构	0.72	0.97	1.51	1.97	2.64	0.13
日常保养	0.89	1.21	1.89	2.48	3.31	0.18

转移距离以养护作业单位转移前后驻地距离或两路线中点的距离为准；编制预算时，如养护作业单位不明确时，转移距离可按省会城市（武汉市）至工地的里程计算工地转移费。工地转移里程数在表列里程之间时，费率可内插计算。工地转移距离在50km以内的工程不计列本项费用。

7. 大型养护设备摊销费

大型养护设备摊销费指用于养护工程中的固定大型设备（指表3-9中的设备），由于利用率较低，养护定额中仅计算其正常使用的台班费用，未考虑（或考虑不足）其停置期间的折旧和保养费用，因此在费用定额中进行计算。计算大型养护设备摊销费的机械名称及规格见表3-9。

大型养护设备摊销费计算方法如下：

$$\text{大型养护设备摊销费} = (\text{各类机械的年使用台班(台班)} \times \text{养护工期(年)} - \text{各类机械的定额台班数量}) \times \text{各类机械的台班不变费用之和} \quad (3\text{-}3)$$

计算大型设备摊销费的机械名称一览表 表3-9

序号	机械名称	规格	年使用台班（台班）
1	沥青混合料拌和设备	60t/h以上	160
2	水泥混凝土搅拌站	$25m^3/h$以上	200
3	基层稳定土厂拌设备	50t/h以上	160

大型养护设备摊销费为其他工程费中的单项费用，不作间接费及利润的计费基数。采用商品混凝土的养护项目不计列此项费用。

二、间 接 费

间接费由规费和企业管理费两项组成。

(一)规费

规费系指法律、法规、规章、规程规定养护作业单位必须缴纳的费用(简称规费),包括:

1. 养老保险费:系指养护作业单位按规定标准为职工缴纳的基本养老保险费;
2. 失业保险费:系指养护作业单位按国家规定标准为职工缴纳的失业保险费;
3. 医疗保险费:系指养护作业单位按规定标准为职工缴纳的基本医疗保险费和生育保险费;
4. 住房公积金:系指养护作业单位按规定标准为职工缴纳的住房公积金;
5. 工伤保险费:系指养护作业单位按规定标准为职工缴纳的工伤保险费;

各项规费以各类工程的人工费之和为基数,按表3-10的费率计算。

高速公路养护工程规费费率表(%) 表3-10

规费名称	养老保险费	失业保险费	医疗保险费	住房公积金	工伤保险费
费率	20	2	6.5	8	1.5

(二)企业管理费

企业管理费由基本费用、主副食运费补贴、职工探亲路费、职工取暖补贴和财务费用五项组成。

1. 基本费用

企业管理费基本费用系指养护作业单位为组织施工生产和经营管理所需的费用,内容包括:

(1)管理人员工资:系指管理人员的基本工资、工资性补贴、职工福利费、劳动保护费以及缴纳的养老、失业、医疗、生育、工伤保险费和住房公积金等。

(2)办公费:系指办公用的文具、纸张、账表、印刷、邮电、书报、会议、水、电、烧水和集体取暖(包括现场临时宿舍取暖)用煤(气)等费用。

(3)差旅交通费:系指职工因公出差和工作调动(包括随行家属的旅费)的差旅费、住勤补助费,市内交通费和误餐补助费,职工探亲路费,劳动力招募费,职工离退休、退职一次性路费,工伤人员就医路费,以及管理部门使用的交通工具的油料、燃料、养路费及牌照费。

(4)固定资产使用费:系指管理和试验部门及附属生产单位使用的属于固定资产的房屋、设备、仪器等的折旧、大修、维修或租赁费等。

(5)工具用具使用费:系指管理使用的不属于固定资产的生产工具、器具、家具、交通工具和检验、试验、测绘、消防用具等的购置、维修和摊销费。

(6)劳动保险费:系指养护作业单位支付离退休职工的易地安家补助费、职工退职金、6 个月以上的病假人员工资、职工死亡丧葬补助费、抚恤费、按规定支付给离休干部的各项经费。

(7)工会经费:系指养护作业单位按职工工资总额计提的工会经费。

(8)职工教育经费:系指养护作业单位为职工学习先进技术和提高文化水平,按职工工资总额计提的费用。

(9)保险费:系指养护作业单位财产保险、管理用车辆等保险费用。

(10)工程保修费:系指在规定保修期以内的修理费用。

(11)工程排污费:系指施工现场按规定缴纳的排污费用。

(12)税金:系指养护作业单位按规定缴纳的房产税、车船使用税、土地使用税、印花税等。

(13)其他:系指上述项目以外的其他必要的费用支出,包括技术转让费、技术开发费、业务招待费、绿化费、广告费、投标费、公证费、定额测定费、法律顾问费、审计费、咨询费等。

基本费用以各类工程的直接费之和扣除大型养护设备摊销费为基数,按表3-11的费率计算。

2. 职工探亲路费

职工探亲路费系指按照有关规定养护作业单位职工在探亲期间发生的往返车船费、市内交通费和途中住宿费等费用。该费用以各类工程的直接费之和(扣除大型养护设备摊销费)为基数,按表3-12的费率计算。

基本费用费率表(%) 表3-11

工程类别	费率		工程类别	费率	
	口常养护	大、中修		日常养护	大、中修
人工土方	3.36	2.86	构造物 I	3.77	3.11
机械土方	3.26	2.77	构造物 II	5.53	4.70
机械运输	1.44	1.22	构造物 III	8.30	7.05
人工石方	3.45	2.93	隧道	4.22	3.59
机械石方	3.28	2.79	钢材及钢结构	2.42	2.06
高级路面	1.91	1.62	日常保养	7.47	—
其他路面	3.28	2.79			

职工探亲路费费率表（%）　　表 3-12

工程类别	费率	工程类别	费率
人工土方	0.10	构造物 I	0.25
机械土方	0.22	构造物 II	0.34
机械运输	0.14	构造物 III	0.51
人工石方	0.10	隧道	0.27
机械石方	0.22	钢材及钢结构	0.16
高级路面	0.14	日常保养	0.46
其他路面	0.16		

3. 职工取暖补贴

职工取暖补贴系指按规定发放给职工的冬季取暖费或在施工现场设置的临时取暖设施的费用。该费用以各类工程的直接费之和扣除大型养护设备摊销费为基数，按工程所在地的气温区选用表 3-13 的费率计算。

4. 财务费用

财务费用系指养护作业单位为筹集资金而发生的各项费用，包括企业经营期间发生的短期贷款利息净支出、汇兑净损失、调剂外汇手续费、金融机构手续费，以及企业筹集资金发生的其他财务费用。

财务费用以各类工程的直接费之和扣除大型养护设备摊销费为基数，按表 3-14 的费率计算。

职工取暖补贴费费率表(%) 表3-13

工程类别	区域类别		工程类别	区域类别	
	准一区	准二区		准一区	准二区
人工土方	—	0.03	构造物 I	—	0.06
机械土方	—	0.06	构造物 II	—	0.06
汽车运输	—	0.06	构造物 III	—	0.09
人工石方	—	0.03	隧道	—	0.04
机械石方	—	0.05	钢材及钢结构	—	0.04
高级路面	—	0.04	日常保养	—	0.08
其他路面	—	0.04			

财务费用费率表(%) 表3-14

工程类别	费率	工程类别	费率
人工土方	0.23	构造物 I	0.31
机械土方	0.21	构造物 II	0.40
机械运输	0.21	构造物 III	0.60
人工石方	0.22	隧道	0.39
机械石方	0.20	钢材及钢结构	0.48
高级路面	0.27	日常保养	0.54
其他路面	0.30		

（三）辅助生产间接费

辅助生产间接费系指由养护作业单位自行开采加工的砂、石等材料及养护作业单位自办的人工装卸和运输的间接费。

日常养护和大中修工程辅助生产间接费均按人工费的5%计。该项费用并入材料预算单价内构成材料费，不直接出现在预算中。

三、利　　润

利润系指养护作业单位完成所承包工程应取得的盈利。日常养护和大中修工程利润均按直接费与间接费之和扣除规费及大型养护设备摊销费的7%计算。

四、税　　金

税金系指按国家税法规定应计入建筑安装工程造价内的营业税、城市维护建设税及教育费附加等，日常养护和大中修工程均按下列公式计算。

$$综合税金额=(直接费+间接费+利润)\times 综合税率 \tag{3-4}$$

1. 纳税地点在市区的企业，综合税率为3.41%；

2. 纳税地点在县城、乡镇的企业，综合税率为3.35%；

3. 纳税地点不在市区、县城、乡镇的企业，综合税率为3.22%。

第二节　设备、工具、器具购置费

设备购置费系指为满足高速公路管理、养护需要，购置或更换的设备费用，包括隧道照明、通风等设备，高速公路的收费、监控、通信、供电等设备的购置费用。养护工程若需计列此项费用时可按交通部《公路工程基本建设项目概算预算编制办法》(JTG B06—2007)的规定计算。

第三节　工程养护其他费用

一、土地征用及拆迁补偿费

土地征用及拆迁补偿费系指按照《中华人民共和国土地管理法》及《中华人民共和国土地管理法实施条例》、《中华人民共和国基本农田保护条例》等法律、法规的规定，为进行公路养护需新增征用土地所支付的土地征用及拆迁补偿费等费用。养护工程若需计列此项费用时可按交通部颁《公路工程基本建设项目概算预算编制办法》(JTG B06—2007)的规定计算。

二、养护项目管理费

养护项目管理费包括养护管理单位管理费、工程监理费、设计文件审查费和竣(交)工验收试验检测费。

(一)养护管理单位管理费

养护管理单位管理费系指养护管理单位为管理养护项目的招投标、竣(交)工验收、总结等工作所发生的管理费用,不包括应计入设备、材料预算价格的养护管理单位采购及保管设备、材料所需的费用。

费用内容包括:工作人员的工资、工资性补贴、施工现场津贴、社会保障费用(基本养老、基本医疗、失业、工伤保险)、住房公积金、职工福利费、工会经费、劳动保护费;办公费、会议费、差旅交通费、固定资产使用费(包括办公及生活房屋折旧、维修或租赁费,车辆折旧、维修、使用或租赁费,通信设备购置、使用费,测量、试验设备仪器折旧、维修或租赁费,其他设备折旧、维修或租赁费等)、零星固定资产购置费、招募生产工人费;技术图书资料费、职工教育经费、工程招标费(不含招标文件及标底或造价控制值编制费);合同契约公证费、法律顾问费、咨询费;养护管理单位的临时设施费、完工清理费、竣(交)工验收费(含其他行业或部门要求的竣工验收费用)、各种税费(包括房产税、车船使用税、印花税等);养护项目审计费、境内外融资费用(不含养护期贷款利息)、业务招待费、安全生产管理费和其他管理性开支。

由养护作业单位代养护管理单位办理"土地、青苗等补偿费"的工作人员所发生的费用,应在养护管理单位管理费项目中支付。当养护管理单位委托有资质的单位代理招标时,其代理费应在养护管理单位管理费中支出。

养护管理单位管理费以建筑安装工程费总额为基数,日常养护工程费率按3%计算,大中修工程费率按2%计算。

(二)工程监理费

工程监理费系指养护管理单位委托具有公路养护工程监理资格的单位,按施工监理规范进行全面的监督和管理所发生的费用。

费用内容包括:工作人员的基本工资、工资性津贴、社会保障费用(基本养老、基本医疗、失业、工伤保险)、住房公积金、职工福利费、工会经费、劳动保护费;办公费、会议费、差旅交通费、固定资产使用费(包括办公及生活房屋折旧、维修或租赁费,车辆折旧、维修、使用或租赁费,通信设备购置、使用费,测量、试验、检测设备仪器折旧、维修或租赁费,其他设备折旧、维修或租赁费等)、零星固定资产购置费、招募生产工人费;技术图书资料费、职工教育经费、投标费用;合同契约公证费、咨询费、业务招待费;财务费用、监理单位的临时设施费、各种税费和其他管理性开支。

工程监理费以建筑安装工程费总额为基数,日常养护工程费率按3.8%计算,大中修工程费率按2%计算。

养护管理单位管理费和工程监理费均为实施养护项目管理的费用,执行时根据养护管理单位和监理单位所实际承担的工作内容和工作量,在保证监理费用的前提下,可统筹使用。

(三)设计文件(方案)审查费

设计文件(方案)审查费系指国家和省级交通运输主管部门在审批前,为保证养护工程设计文件(方案)的质量,组织有关专家或委托有资质的单位,对提交的设计文件(方案)以及设计(方案)变更、养护预算等进行审查所需要的相关费用。

设计文件(方案)审查费以建筑安装工程费总额为基数,费率统一按0.15%计算。

(四)竣(交)工验收试验检测费

竣(交)工验收试验检测费系指在高速公路养护项目交工验收和竣工验收前,由养护管理单位或工程质量监督机构委托有资质的公路工程质量检测单位按照有关规定对养护项目的工程质量进行检测,并出具检测意见所需要的相关费用。

竣(交)工验收试验检测费统一按每公路公里1500元计算;桥梁大修工程则按一般大桥30000元/座、技术复杂大桥100000元/座计算。

三、研究试验费

研究试验费系指为本养护项目提供或验证设计数据、资料进行必要的研究试验和按照设计规定在施工过程中必须进行试验、验证所需的费用;支付科技成果、先进技术的一次性技术转让费;桥梁动(静)载荷载试验费及桥梁特殊检查费,其中:

1. 桥梁动(静)载荷载试验费:系指桥梁养护项目,在竣(交)工验收前或确定桥梁加固、改造方案前,按照设计规定的工程质量标准,进行动(静)载荷载试验所需的费用。

计算方法:按养护管理单位与具有相应资质的公路桥梁试验检测机构签订的动(静)载荷载试验合同所确定的费用计算。

2. 桥梁特殊检查费。系指桥梁因遭受洪水、流冰、漂流物、船舶撞击、滑坡、地震、风灾和超重车辆自行通过等自然灾害或事故后以及危桥,根据桥梁破损状况和性质,采用适当的仪器设备,以及现场勘探、试验等特殊手段和科学分析方法，查明桥梁病害原因、破坏程度和承载能力，确定桥梁的技术状态，以便采取相应的加固、改善措施所发生的费用。

计算方法：按养护管理单位与具有相应资质的公路桥梁试验检测机构签订的桥梁特殊检查合同所确定的费用计算。

3. 该费用不包括：

(1)应由科技三项费用(即新产品试制费、中间试验费和重要科学研究补助费)开支的项目。

(2)应由施工辅助费开支的养护作业单位对建筑材料、构件和建筑物进行一般鉴定、检查所发生的费用及技术革新研究试验费。

(3)应由勘察设计费或建筑安装工程费用中开支的项目。

四、养护项目前期工作费

养护项目前期工作费系指委托勘察设计、咨询单位对养护项目进行工程勘察设计，以及监理、施工招标文件及招标标底或造价控制值文件编制时，按规定应支付的费用。该费用包括：

(1)路况调查、设计所需的基础资料调查的费用；

(2)设计费、预算编制等费用；

(3)设计、监理、施工招标文件及招标标底(或造价控制值或清单预算)文件编制费等。

计算方法：依据委托合同计列，或按国家颁发的收费标准和有关规定进行编制。

第四节 预 备 费

预备费由价差预备费及基本预备费两部分组成。高速公路养护项目凡需动用预备费时,属于政府还贷项目的,由养护管理单位提出,报省高速公路管理机构批准。

一、价差预备费

价差预备费系指设计文件编制年至工程竣工年期间,第一部分费用的人工费、材料费、机械使用费、其他工程费、间接费等以及第二、三部分费用由于政策、价格变化可能发生上浮而预留的费用及外资贷款汇率变动部分的费用。

(1)计算方法:价差预备费以养护工程预算第一部分建筑安装工程费总额为基数,按设计文件编制年始至建设项目工程竣工年终的年数和年工程造价增涨率计算。

计算公式如下:

$$价差预备费 = P \times \left[(1+i)^{n-1} - 1 \right] \tag{3-5}$$

式中:P——建筑安装工程费总额(元);

i——年工程造价增长率(%);

n——设计文件编制年至养护项目开工年+养护项目养护期限(年)。

(2)年工程造价增长率按有关部门公布的工程投资价格指数计算，或由设计单位会同养护管理单位根据该工程人工费、材料费、施工机械使用费、其他工程费、间接费以及第二、三部分费用可能发生的上浮等因素，以第一部分建筑安装工程费为基数进行综合分析预测。

(3)设计文件编制至工程完工在一年以内的工程，不列此项费用。

二、基本预备费

基本预备费系指在设计文件和养护工程预算中难以预料的工程和费用。其用途如下：

(1)在施工过程中，批准的养护工程预算范围内所增加的工程费用；

(2)在设备订货时，由于规格、型号改变的价差；材料货源变更、运输距离或方式的改变以及因规格不同而代换使用等原因发生的价差；

(3)由于一般自然灾害所造成的损失和预防自然灾害所采取的措施费用；

(4)在组织竣(交)工验收时，验收委员会(或小组)为鉴定工程质量必须开挖和修复隐蔽工程的费用；

(5)投保的工程根据工程特点和保险合同发生的工程保险费用。

计算方法：以第一、二、三部分费用之和(扣除固定资产投资方向调节税和建设期贷款利息两项费用)为基数，费率按3%计算。

第五节　养护工程各项费用的计算程序及计算方式

养护工程各项费用计算程序及计算方式见表3-15。

表 3-15

序号	项　目	说明和计算式
1	直接工程费（即人工、材料、机械费）	按编制年工程所在地预算价格计算
2	其他工程费	（1）×其他工程费综合费率或各类工程人工费和机械费之和×其他工程费综合费率（注：大型养护设备摊销费按本办法的规定计算）
3	直接费	（1）+（2）
4	间接费	各类工程人工费×规费综合费率+[（3）-大型养护设备摊销费]×企业管理费综合费率
5	利润	[（3）-大型养护设备摊销费+（4）-规费]×利润率
6	税金	[（3）+（4）+（5）]×综合税率
7	建筑安装工程费	（3）+（4）+（5）+（6）
8	设备、工具、器具购置费	按有关规定计算
9	工程养护其他费用	（10）+（11）+（16）+（17）+（18）
10	土地征用及拆迁补偿费	按有关规定计算
11	养护项目管理费	（12）+（13）+（14）+（15）
12	养护管理单位管理费	（7）×费率
13	工程监理费	（7）×费率
14	设计文件审查费	（7）×费率
15	竣（交）工验收试验检测费	按有关规定计算
16	研究试验费	按批准的计划编制
17	养护项目前期工作费	按有关规定计算
18	其他新增费用	按有关规定计算
19	预备费	（20）+（21）
20	价差预备费	按规定的公式计算
21	基本预备费	[（7）+（8）+（9）]×费率
22	养护工程总费用	（7）+（8）+（9）+（19）

附　　录

附录一　养护工程预算项目表

项	目	节	细目	工程或费用名称	单位	备　注
				第一部分　建筑安装工程费	公路公里	
一				路基工程	公路公里	
	1			排水系统疏通	km	
		1		边沟、排水沟及截水沟疏通	km·次	
		2		涵洞及通道疏通	道·次	
			1	圆管涵	道·次	
			2	倒虹吸	道·次	
			3	盖板涵	道·次	
			4	通道	道·次	
			5	集水井	座·次	
				……	…	
	2			拆除构造物	m^3	
		1		干砌圬工	m^3	
		2		浆砌圬工	m^3	
		3		混凝土圬工	m^3	
		4		钢筋混凝土	m^3	
				……	…	
	3			构造物修补	km	
		1		裂缝灌浆、勾缝及抹面	km	
			1	裂缝灌浆	m	

续上表

项	目	节	细目	工程或费用名称	单位	备　　注
			2	勾缝	m^2	
			3	抹面	m^2	
		2		水泥砂浆修补	m^3	
		3		浆砌片石修补	m^3	
		4		现浇混凝土修补	m^3	
				……	…	
	4			路基土方	km	
		1		清除表土及场地平整	m^3	
			1	清除表土	m^3	
			2	场地平整	m^2	
		2		挖土方	m^3	
			1	人工挖运	m^3	
			2	机械挖运	m^3	
		3		填土方	m^3	
			1	人工夯实	m^3	
			2	机械压实	m^3	
		4		挖除非适用材料	m^3	
			1	人工挖除	m^3	
			2	机械挖除	m^3	
		5		填筑透水性材料	m^3	
				……	…	
	5			排水工程	km	
		1		石砌边沟、排水沟、截水沟、急流槽	m^3	
			1	浆砌片石边沟、排水沟及截水沟	m^3	
			2	浆砌块石边沟、排水沟及截水沟	m^3	
			3	浆砌片石急流槽	m^3	
			4	浆砌块石急流槽	m^3	

续上表

项	目	节	细目	工程或费用名称	单位	备　　注
		2		混凝土边沟、排水沟(截)水沟、急流槽	m^3	
			1	现浇混凝土边沟、排水沟及截水沟	m^3	
			2	预制安装混凝土边沟、排水沟及截水沟	m^3	
			3	预制安装边沟、排水沟及截水沟盖板	m^3	
			4	现浇混凝土急流槽	m^3	
			5	预制安装混凝土急流槽	m^3	
		3		雨水井、检查井	座	
			1	雨水井	座	
			2	检查井	座	
		4		中央分给带排水	m	
			1	横向排水管	m	
			2	纵向排水管	m	
				……	…	
	6			防护工程	km	
		1		砌石防护	m^3	
			1	干砌片石护脚	m^3	
			2	干砌片石护坡	m^3	
			3	浆砌片石护脚	m^3	
			4	浆砌片石护坡	m^3	
			5	浆砌片石护面墙	m^3	
			6	浆砌片石挡土墙	m^3	
		2		混凝土防护	m^3	
			1	现浇混凝土护坡	m^3	
			2	现浇混凝土挡土墙	m^3	
			3	浆砌预制块护坡	m^3	
		3		喷射混凝土防护	m^3	
			1	锚杆埋设	t	

续上表

项	目	节	细目	工程或费用名称	单位	备注
			2	挂钢筋网	t	
			3	喷射混凝土护坡	m^3	
		4		生物防护	m^2	
			1	草皮防护	m^2	
			2	人工植草	m^2	
			3	机械液压喷播植草	m^2	
			4	挂网喷播植草防护	m^2	
			5	喷混植草防护	m^2	
			6	客土喷播植草防护	m^2	
				……	…	
	7			路基加固	km	
		1		粉体喷射搅拌桩	m	
		2		高压旋喷桩	m	
		3		沉管碎石桩	m	
		4		CFG 桩	m^3	
				……	…	
二				路面工程	公路公里	
	1			路况巡查	km·次	
		1		日常巡查	km·次	
		2		定期巡查	km·次	
				……	…	
	2			路基、路面保洁		
		1		人工保洁	km·次	
		2		机械保洁	km·次	
				……	…	
	3			路面基层	m^2	
		1		挖除旧路面基层	m^3	

续上表

项	目	节	细目	工程或费用名称	单位	备注
		2		水泥稳定碎石路面基层(拌合及摊铺)	m^3	
				……	…	
	4			水泥混凝土路面		
		1		破碎路面混凝土	m^2	
			1	人工破碎	m^3	
			2	机械破碎	m^3	
		2		水泥混凝土路面修补	m	
			1	接缝灌缝	m	
			2	填充缝材料更换	m	
			3	裂缝维修	m	
			4	修补破损	m^3	
		3		现浇水泥混凝土路面	m^3	
			1	混凝土垫层	m^3	
			2	混凝土路面板	m^3	
			3	钢筋	t	
				……	…	
	5			沥青混凝土路面	m^2	
		1		沥青混凝土路面铣刨	m^2	
			1	铣刨厚度 4cm	m^2	
			2	铣刨厚度 10cm	m^2	
			3	铣刨厚度 18cm	m^2	
		2		沥青混凝土路面修补	m^2	
			1	灌缝	m	
			2	热料热补	m^3	
			3	热料冷补	m^3	
			4	冷料冷补	m^3	
		3		沥青混凝土路面加铺	m^2	

续上表

项	目	节	细目	工程或费用名称	单位	备注
			1	细粒式	m^2	
			2	中粒式	m^2	
			3	粗粒式	m^2	
			4	柔性基层	m^2	
		4		封层、透层、黏层及防水层	m^2	
			1	封层	m^2	
			2	透层	m^2	
			3	黏层	m^2	
			4	桥面防水层	m^2	
		5		沥青混凝土路面微表处及罩面	m^2	
			1	单层车辙填充	m^2	
			2	双层车辙填充	m^2	
			3	单层微表处	m^2	
			4	双层微表处	m^2	
			5	厚1.5cm超薄磨耗层罩面	m^2	
			6	厚2.5cm超薄磨耗层罩面	m^2	
				……	…	
	6			路面附属工程		
		1		路缘石、路肩石维修	m	
			1	路缘石、路肩石整修	m	
			2	路缘石、路肩石裂缝灌浆	m	
			3	路缘石、路肩石更换	m^3	
		2		路肩、中央分隔带加固	km	
			1	填土加固	m^3	
			2	砌石加固	m^3	
			3	现浇混凝土加固	m^3	
			4	预制混凝土加固	m^3	

续上表

项	目	节	细目	工程或费用名称	单位	备　注
			5	土工布	m^2	
		3		硙石盲沟	m	
			1	20×30 碎石盲沟	m	
			2	30×40 碎石盲沟	m	
			3	4C×40 碎石盲沟	m	
			4	60×80 碎石盲沟	m	
				……		
		4		路基、路面压浆	t	
			1	水泥浆	t	
			2	水泥砂浆	t	
			3	水泥粉煤灰浆	t	
				……	…	
三				桥涵工程	公路公里	
	1			桥涵检查	km	
		1		经常检查	km·次	
				涵洞、通道、天桥	座·次	
				中小桥	座·次	
				大桥	桥长米·次	
				特大桥	桥长米·次	
		2		定期检查	km	
				涵洞、通道、天桥	座·次	
				中小桥	座·次	
				大桥	桥长米·次	
				特大桥	桥长米·次	
				……	…	
	2			桥面排水系统疏通	桥长米·次	
				……	…	

续上表

项	目	节	细目	工程或费用名称	单位	备注
	3			支座、伸缩缝日常养护	桥长米	
		1		伸缩缝日常养护	m	
		2		支座日常养护	个	
			1	板式支座	个	
			2	盆式支座	个	
				……	…	
	4			桥面系维修	桥长米	
		1		水泥混凝土桥面铺装	m^3	
			1	凿除桥面混凝土	m^3	
			2	现浇桥面铺装混凝土	m^3	
			3	桥面铺装钢筋	t	
		2		桥头搭板	m^3	
			1	凿除桥头搭板混凝土	m^3	
			2	现浇桥头搭板混凝土	m^3	
			3	桥头搭板钢筋	t	
		3		支座更换	dm^3	
			1	板式橡胶支座	dm^3	
			2	四氟板式橡胶支座	dm^3	
		4		伸缩缝更换	座	
			1	模数式伸缩缝	m	
			2	板式橡胶伸缩缝	m	
			3	橡胶条	m	
				……	…	
	5			混凝土及钢筋混凝土结构维修加固	桥长米	
		1		混凝土裂缝修补	m	
			1	水泥砂浆封闭裂缝	m	
			2	环氧砂浆封闭裂缝	m	

续上表

项	目	节	细目	工程或费用名称	单位	备　注
			3	密封胶封闭裂缝	m	
			4	水泥浆灌缝	m	
			5	环氧树脂灌缝	m	
			6	灌缝胶灌缝	m	
		2		混凝土结构表面缺陷修补	m^2	
			1	水泥砂浆修补	m^2	
			2	现浇混凝土修补	m^2	
			3	环氧砂浆修补	m^2	
			4	环氧混凝土修补	m^2	
		3		贴钢板加固	m^2	
			1	主梁	m^2	
			2	其他结构	m^2	
		4		贴碳纤维布加固	m^2	
			1	主梁	m^2	
			2	其他结构	m^2	
		5		钻孔植筋(锚栓)	根	
			1	钢筋直径 $\phi12$	根	
			2	钢筋直径 $\phi14$	根	
			3	钢筋直径 $\phi16$	根	
			4	钢筋直径 $\phi18$	根	
			5	钢筋直径 $\phi20$	根	
			6	钢筋直径 $\phi22$	根	
			7	钢筋直径 $\phi25$	根	
			8	钢筋直径 $\phi28$	根	
			9	钢筋直径 $\phi32$	根	
		6		主梁挂网喷射混凝土加固	m^3	
			1	梁底喷射混凝土	m^3	

续上表

项	目	节	细目	工程或费用名称	单位	备注
			2	钢筋网	t	
		7		主梁体外预应力锚索加固	桥长米	
			1	锚固系统	套	
			2	转向装置	t	
			3	预应力钢绞线	t	
			4	环氧钢绞线	t	
	6			混凝土及钢筋混凝土结构钻孔、注浆加固	桥长米	
		1		水泥浆	t	
		2		水泥砂浆	t	
		3		水泥粉煤灰浆	t	
		4		钢筋	t	
		5		型钢	t	
		6		预应力钢筋	t	
	7			杂项工程	桥长米	
		1		防水层	m^2	
		2		基础垫层	m^3	
				……	…	
四				隧道工程	公路公里	待续
五				交通工程及沿线设施	公路公里	
	1			安全设施	km	
		1		交通安全设施巡查	km	
		2		日常养护	km	
			1	波形钢护栏清洗	km	
			2	波形钢板护栏调整	m	
			3	波形钢板护栏校正	块	
			4	金属标志牌清洗与维护	套	
			5	活动式钢护栏维护	m	

续上表

项	目	节	细目	工程或费用名称	单位	备　注
			6	隔离栅维护	m	
			7	防眩板维护	m	
			8	声屏障维护	m	
				……	…	
		3		钢筋混凝土护栏	m	
			1	柱式护栏	根	
			2	墙式护栏(现浇混凝土)	m^3	
			3	墙式护栏(现浇混凝土钢筋)	t	
			4	墙式护栏(钢护手)	t	
			5	墙式护栏(钢护手基座)	个	
				……	…	
		4		波形钢板护栏	m	
			1	板面(单面)	t	
			2	板面(双面)	t	
			3	钢管立柱	t	
			4	型钢立柱	t	
			5	其他组件(防阻块)	个	
			6	其他组件(螺栓)	套	
			7	其他组件(托架)	个	
			8	其他组件(立柱帽)	个	
			9	其他组件(立柱插座)	个	
			10	其他组件(分设型端头)	t	
			11	其他组件(组合型端头)	t	
			12	基础混凝土	m^3	
				……	…	
		5		活动式钢护栏	m	
		6		隔离栅	m	

续上表

项	目	节	细目	工程或费用名称	单位	备注
			1	网面(钢板网)	m^2	
			2	网面(焊接钢丝网)	m^2	
			3	网面(铁丝编织网)	m^2	
			4	网面(刺铁丝网)	t	
			5	钢筋混凝土立柱	m^3	
			6	钢管立柱	t	
			7	型钢立柱	t	
				……	…	
		7		金属标志牌	块	
			1	基础钢筋混凝土	m^3	
			2	立柱(单柱式)	t	
			3	立柱(双柱式)	t	
			4	立柱(单悬臂式)	t	
			5	立柱(双悬臂式)	t	
			6	立柱(门架式)	t	
			7	钢板板面(单柱式)	t	
			8	钢板板面(双柱式)	t	
			9	钢板板面(单悬臂式)	t	
			10	钢板板面(双悬臂式)	t	
			11	钢板板面(门架式)	t	
			12	铝合金板面(单柱式)	t	
			13	铝合金板面(双柱式)	t	
			14	铝合金板面(单悬臂式)	t	
			15	铝合金板面(双悬臂式)	t	
			16	铝合金板面(门架式)	t	
			17	铝合金板面(附着式)	t	
		8		反光膜	m^2	

续上表

项	目	节	细目	工程或费用名称	单位	备注
			1	一级	m^2	
			2	二级	m^2	
			3	三级	m^2	
			4	四级	m^2	
				……	…	
		9		防眩板	m	
			1	支架	t	
			2	板面	块	
				……	…	
		10		轮廓标	块	
			1	柱式轮廓标(钢板柱)	根	
			2	柱式轮廓标(玻璃钢柱)	根	
			3	附着式轮廓标	块	
				……	…	
		11		路面标线	m^2	
			1	普通标线	m^2	
			2	热熔标线(1号标线)	m^2	
			3	热熔标线(2号标线)	m^2	
			4	热熔标线(振动标线)	m^2	
			5	热熔标线(彩色防滑标线)	m^2	
			6	铲除热熔标线(1、2号标线)	m^2	
			7	铲除热熔标线(振动标线)	m^2	
				……	…	
		12		声屏障	m	
			1	水泥加压复合吸声板	m	
			2	铝合金吸声板	m	
			3	玻璃钢吸声板	m	

续上表

项	目	节	细目	工程或费用名称	单位	备注
			4	木屑吸声板	m	
			5	吸声砖	m	
				……	…	
		13		涂装及油漆	m^2	
			1	圬工面涂装	m^2	
			2	圬工面油漆	m^2	
			3	金属面油漆	m^2	
			4	网面油漆	m^2	
				……	…	
		14		其他交通安全设施	个	
			1	突起路标	个	
			2	水马	个	
			3	砂马	个	
			4	防撞桶	个	
				……	…	
	2			服务设施	km	参照相关专业定额或部颁定额
	3			管理、养护设施	km	参照相关专业定额或部颁定额
	4			其他工程	km	参照相关专业定额或部颁定额
				……	…	
六				绿化及环境保护工程	公路公里	
	1			绿化巡查	km·次	
	2			绿化日常养护	km·次	
		1		中央分隔带绿化	km·次	
		2		路侧边坡绿化	km·次	

续上表

项	目	节	细目	工程或费用名称	单位	备　注
		3		互通区域绿化	m^2·次	
	3			补种栽植	株	
		1		栽植乔木	株	按苗木种类划分
		2		栽植灌木	株	按苗木种类划分
		3		栽植绿篱	m	按高度划分
		4		栽植(片植)地被	m^2	按地被种类划分
		5		铺填种植土	m^3	
				……	…	
	4			污水处理	处	
	5			取弃土场防护	m^3	
七				临时工程	公路公里	参照现行部颁定额
	1			临时道路	km	
	2			临时便桥	m	
	3			临时电力线路	km	
	4			临时码头	座	
	5			临时用地	亩	
				……	…	
八				管理、养护及服务房屋	公路公里	参照相关专业定额
	1			管理房屋	m^2	按房屋名称分节
	2			养护房屋	m^2	按房屋名称分节
	3			服务房屋	m^2	按房屋名称分节
				第二部分　设备、工具、器具购置费	公路公里	参照现行部颁定额
一				设备购置	公路公里	
	1			需安装的设备	公路公里	按设备清单分别计算
	2			不需安装的设备	公路公里	按设备清单分别计算
				第三部分　工程养护其他费用	公路公里	
一				土地征用及拆迁补偿费	公路公里	
二				养护项目管理费	公路公里	

续上表

项	目	节	细目	工程或费用名称	单位	备　注
	1			养护管理单位管理费	公路公里	
	2			工程监理费	公路公里	
	3			设计文件审查费	公路公里	
	4			竣(交)工验收试验检测费	公路公里	
三				研究试验费	公路公里	
四				养护项目前期工作费	公路公里	
五				其他新增费用	公路公里	
				第一、二、三部分费用合计	公路公里	
				预备费	公路公里	
				1. 价差预备费	公路公里	
				2. 基本预备费	公路公里	
				养护预算总金额	公路公里	

附录二　封面、目录及预算表格样式

1. 封面格式

××× 养护工程预算

（K××+×××~K××+×××）

第　　册 共　　册

编制：[签字并加盖执业（从业）资格印章]
复核：[签字并加盖执业（从业）资格印章]
（编制单位）

年　　月　　日

2. 目录格式

目　　录

（甲组文件）

1. 编制说明
2. 总预算汇总表(01-1 表)
3. 总预算人工、主要材料、机械台班数量汇总表(02-1 表)
4. 总预算表(01 表)
5. 人工、主要材料、机械台班数量汇总表(02 表)
6. 建筑安装工程费计算表(03 表)
7. 其他工程费及间接费综合费率计算表(04 表)
8. 设备、工具、器具购置费计算表(05 表)
9. 工程养护其他费用计算表(06 表)
10. 人工、材料、机械台班单价汇总表(07 表)

……

（乙组文件）

1. 建筑安装工程费计算数据表(08-1 表)
2. 分项工程预算表(08-2 表)
3. 材料预算单价计算表(09 表)
4. 自采材料料场价格计算表(10 表)
5. 机械台班单价计算表(11 表)
6. 辅助生产人工、材料、机械台班单位数量表(12 表)

……

3. 预算表格样式

总 预 算 汇 总 表

养护项目名称：　　　　　　　　　　　　　　　　　　　　　　　　　　　　第　页　共　页 01-1 表

项次	工程或费用名称	单位	总数量	预算金额(元)				技术经济指标	各项费用比例(%)	备注
							合计			

填表说明：1. 一个养护项目分若干单项工程编制预算时，应通过本表汇总全部养护项目预算金额。

2. 本表反映一个养护项目的各项费用组成、预算总值和技术经济指标。

3. 本表“项次”、“工程或费用名称”、“单位”、“总数量”、“预算金额”应由各单项或单位工程总预算表(01 表)转来，“目”、“节”可视需要增减，“项”应保留。

4. “技术经济指标”以各项预算金额汇总合计除以相应总数量计算；“各项费用比例”以汇总的各项目预算金额合计除以总预算金额合计计算。

编制：　　　　　　　　　　　　　　　　　　　　　　　　　　　　　　　　复核：

总预算人工、主要材料、机械台班数量汇总表

养护项目名称：　　　　　　　　　　　　　　　　　　　　　　　　　　　　第　页　共　页 02-1 表

序号	规格名称	单位	总数量	编制范围									

填表说明：1. 一个养护项目分若干个单项工程编制预算时，应通过本表汇总全部养护项目的人工、主要材料、机械台班数量。

2. 本表各栏数据均由各单项或单位工程预算中的人工、主要材料、机械台班数量汇总表（02 表）转来，“编制范围”指单项或单位工程。

编制：　　　　　　　　　　　　　　　　　　　　　　　　　　　　　　　　复核：

总 预 算 表

养护项目名称：

编 制 范 围：　　　　　　　　　　　　　　　　　　　　　　第　页　共　页 01 表

项	目	节	细目	工程或费用名称	单　位	数　量	预算金额（元）	技术经济指标	各项费用比例（%）	备注

填表说明：1. 本表反映一个单项或单位工程的各项费用组成、预算金额、技术经济指标等。

2. 本表“项”、“目”、“节”、“细目”、“工程或费用名称”、“单位”等应按预算项目表的序列及内容填写。“目”、“节”、“细目”可视需要增减，但“项”应保留。

3. “数量”、“预算金额”由建筑安装工程费计算表（03 表），设备、工具、器具购置费计算表（05 表），工程养护其他费用计算表（06 表）转来。

4. “技术经济指标”以各项目预算金额除以相应数量计算，“各项费用比例”以各项预算金额除以总预算金额计算。

编制：　　　　　　　　　　　　　　　　　　　　　　　　　　　　复核：

人工、主要材料、机械台班数量汇总表

养护项目名称：

编 制 范 围：　　　　　　　　　　　　　　　　　　　　　第　页　共　页02表

序号	规格名称	单位	总数量	分项统计						场外运输损耗	
										%	数量

填表说明：1. 本表各栏数据由分项工程预算表(08-2 表)及辅助生产人工、材料、机械台班单位数量表(12 表)经分析计算后统计而来。

2. 发生的冬、雨季及夜间施工增工及临时设施用工，根据有关附录规定计算后列入本表有关项目内。

编制：　　　　　　　　　　　　　　　　　　　　　　　　　复核：

建筑安装工程费计算表

养护项目名称:

编 制 范 围:　　　　　　　　　　　　　　　　　　　　　　　第　页　共　页03表

序号	工程名称	单位	工程量	直接费(元)						间接费(元)	利润(元)费率(%)	税金(元)综合税率(%)	建筑安装工程费	
				直接工程费				其他工程费	合计				合计(元)	单价(元)
				人工费	材料费	机械使用费	合计							
1	2	3	4	5	6	7	8	9	10	11	12	13	14	15

填表说明:本表各栏数据之间关系,5～7均由08表经计算转来;8=5+6+7;9=8×9的费率或(5+7)×9的费率;10=8+9;11=5×规费综合费率+10×企业管理费综合费率;12=(10+11−规费)×12的费率;13=(10+11+12)×综合税率;14=10+11+12+13;15=14÷4。

编制:　　　　　　　　　　　　　　　　　　　　　　　　　　　复核:

其他工程费及间接费综合费率计算表

养护项目名称：

编 制 范 围：　　　　　　　　　　　　　　　　　　　　　　　第　页　共　页 04 表

序号	工程类别	其他工程费费率（%）									间接费费率（%）										
		冬季施工增加费	雨季施工增加费	安全及文明施工措施费	临时设施费	施工辅助费	工地转移费	大型养护设备摊销费	综合费率		规费					企业管理费					
									日常养护	大、中修工程	养老保险费	失业保险费	医疗保险费	住房公积金	工伤保险费	基本费用	职工探亲路费	职工取暖补贴	财务费用	综合费率	
																				日常养护	大、中修工程
1	2	3	4	5	6	7	8	9	10	11	12	13	14	15	16	17	18	19	20	21	22

填表说明：本表应根据养护工程项目具体情况，按日常养护工程和大、中修工程进行分类，并根据预算编制办法有关规定填入数据计算。其中：10、11 = 3 + 4 + 5 + 6 + 7 + 8 + 9；21、22 = 17 + 18 + 19 + 20

编制：　　　　　　　　　　　　　　　　　　　　　　　　　　复核：

设备、工具、器具购置费计算表

养护项目名称：

编 制 范 围：　　　　　　　　　　　　　　　　　　　　　第　页　共　页 05 表

序号	设备、工具、器具规格名称	单　位	数　量	单价(元)	金额(元)	说明
		填表说明：本表应根据具体的设备、工具、器具购置清单进行计算，包括设备规格、单位、数量、单价以及需要说明的有关问题。				

编制：　　　　　　　　　　　　　　　　　　　　　　　　复核：

工程养护其他费用计算表

养护项目名称：

编 制 范 围：　　　　　　　　　　　　　　　　　　　　第　页　共　页06表

序　　号	费 用 名 称	说明及计算式	金额(元)	备　　注
	填表说明：本表应按具体发生的工程养护其他费用项目填写，需要说明和具体计算的费用项目依次相应在说明及计算式栏内填写或具体计算，各项费用的具体填写如下： 1. 土地征用及拆迁补偿费应填写土地补偿单价、数量和安置补助费标准、数量等，列式计算所需费用，填入金额栏。 2. 养护项目管理费包括养护管理单位管理费、工程监理费、设计文件审查费、竣(交)工验收试验检测费，按建筑安装工程费 × 费率”或有关定额列式计算。 3. 研究试验费应根据设计需要进行研究试验的项目分别填写项目名称及金额，或列式计算或进行说明。 4. 养护项目前期工作费按国家有关规定填入本表，列式进行计算。 5. 其余有关工程养护其他费用的填入和计算方式，根据规定依此类推。			

编制：　　　　　　　　　　　　　　　　　　　　　　　　　　复核：

人工、材料、机械台班单价汇总表

养护项目名称：

编 制 范 围：　　　　　　　　　　　　　　　　　　　　第　页 共　页 07 表

序号	名称	单位	代号	预算单价(元)	备注	序号	名称	单位	代号	预算单价(元)	备注

填表说明：本表预算单价主要由材料预算单价计算表(09 表)和机械台班单价计算表(11 表)转来。

编制：　　　　　　　　　　　　　　　　　　　　复核：

建筑安装工程费计算数据表

编制范围：

工程名称：　　　　　　　　　　　　　　　　　　　　　　　第　页　共　页 08-1 表

项目代号	本项目数	目的代号	本目节数	节的代号	本节细目数	细目的代号	费率编号	定额个数	定额代号	项或目或节或细目或定额的名称	单位	数　量		定额调整情况

填表说明：1. 本表应逐行从左到右横向跨栏填写。

2. “项”、“目”、“节”、“细目”、“定额”等的代号应根据实际需要按本办法附录一“养护工程预算项目表”及《湖北省高速公路养护工程预算定额》的序列及内容填写。

3. 本表主要是为利用计算机软件编制预算提供基础数据，具体填表规则由软件用户手册详细制定。

编制：　　　　　　　　　　　　　　　　　　　　　　　　　　复核：

分项工程预算表

编制范围：

工程名称： 第　页　共　页 08-2 表

编号	工程项目													合计	
	工程细目														
	定额单位														
	工程数量														
	定额表号														
	工、料、机名称		单位	单价（元）	定额	数量	金额（元）	定额	数量	金额（元）	定额	数量	金额（元）	数量	金额（元）
1	人工		工日												
2	……														
	定额基价		元												
	直接工程费		元												
	其他工程费	I	元												
		II	元												
	间接费	规费	元												
		企业管理费	元												
	利润及税金		元												
	建筑安装工程费		元												

填表说明：1. 本表按具体分项工程项目数量、对应预算定额子目填写，单价由 07 表转来，金额 = 人工、材料、机械各项的单价 × 定额 × 数量。

2. 其他工程费按相应项目的直接工程费或人工费与施工机械使用费之和 × 规定费率计算。

3. 规费按相应项目的人工费 × 规定费率计算。

4. 企业管理费按相应项目的直接费 × 规定费率计算。

5. 利润按相应项目的（直接费 + 间接费 − 规费 − 大型养护设备摊销费）× 利润率计算。

6. 税金按相应项目的（直接费 + 间接费 + 利润）× 税率计算。

编制： 复核：

材料预算单价计算表

养护项目名称：

编 制 范 围：　　　　　　　　　　　　　　　　　　　　　　　　第　页　共　页09表

序号	规格名称	单位	原价（元）	运杂费					原价运费合计（元）	场外运输损耗		采购及保管费		预算单价（元）
				供应地点	运输方式、比重及运距	毛重系数或毛重	运杂费构成说明或计算式	单位运费（元）		费率（%）	金额（元）	费率（%）	金额（元）	

填表说明：1. 本表计算各种材料自供应地点或料场至工地的全部运杂费与材料原价及其他费用组成预算单价。

2. 运输方式按火车、汽车、船舶等及所占运输比重填写。

3. 毛重系数、场外运输损耗、采购及保管费按规定填写。

4. 根据材料供应地点、运输方式、运输单价、毛重系数等，通过运杂费构成说明或计算式，计算得出材料单位运费。

5. 材料原价与单位运费、场外运输损耗、采购及保管费组成材料预算单价。

编制：　　　　　　　　　　　　　　　　　　　　　　　　　　　　复核：

自采材料料场价格计算表

养护项目名称：

编 制 范 围： 第 页 共 页10表

序号	定额号	材料规格名称	单位	料场价格（元）	人工（工日）单价（元）		间接费（元）（占人工费%）	（ ）单价（元）		（ ）单价（元）		（ ）单价（元）		（ ）单价（元）	
					定额	金额		定额	金额	定额	金额	定额	金额	定额	金额

填表说明：1. 本表主要用于分析计算自采材料料场价格，应将选用的定额人工、材料、机械台班数量全部列出，包括相应的人工、材料、机械单价。

2. 材料规格用途相同而生产方式（如人工捶碎石、机械轧碎石）不同时，应分别计算单价，再以各种生产方式所占比重根据合计价格加权平均计算料场价格。

3. 定额中机械台班有调整系数时，应在本表内计算。

编制： 复核：

机械台班单价计算表

养护项目名称：

编 制 范 围：　　　　　　　　　　　　　　　　　　第　页　共　页11表

<table>
<tr><td rowspan="3">序号</td><td rowspan="3">定额号</td><td rowspan="3">机械规格名称</td><td rowspan="3">台班单价（元）</td><td colspan="2">不变费用(元)</td><td colspan="8">可变费用(元)</td><td rowspan="3">合计</td></tr>
<tr><td colspan="2">调整系数：</td><td colspan="2">人工：(元/工日)</td><td colspan="2">汽油：(元/kg)</td><td colspan="2">柴油：(元/kg)</td><td colspan="2">……</td></tr>
<tr><td>定额</td><td>调整值</td><td>定额</td><td>金额</td><td>定额</td><td>金额</td><td>定额</td><td>金额</td><td>定额</td><td>金额</td></tr>
</table>

填表说明：1. 本表应根据公路工程机械台班费用定额进行计算。不变费用如有调整系数，应填入调整值；可变费用各栏填入定额数量。

2. 人工、动力燃料单价由材料预算单价计算表(09 表)中转来。

编制：　　　　　　　　　　　　　　　　　　　　　复核：

辅助生产人工、材料、机械台班单位数量表

养护项目名称：

编 制 范 围：　　　　　　　　　　　　　　　　　　　　　　　　　　　　　　　第　页　共　页 12 表

序号	规格名称	单位	人工(工日)						
		填表说明：本表各栏数据由自采材料料场价格计算表(10 表)统计而来。							

编制：　　　　　　　　　　　　　　　　　　　　　　　　　　　　　　　　　　　复核：

附录三　湖北省冬季、雨季施工区划分表

地区	区划				
	冬季区划		雨季区划		
	准一区	准二区	Ⅰ区3个月	Ⅱ区2个月	Ⅱ区6个月
地区	武汉、黄石、荆州、荆门、鄂州、宜昌、咸宁、黄冈、天门、潜江、仙桃市、恩施自治州	孝感、十堰、襄阳、随州市、神农架林区	十堰、襄阳、随州市、神农架林区	宜昌(秭归县、远安县、兴山县)、荆门市(钟祥市、京山县)	武汉、黄石、荆州、孝感、黄冈、咸宁、荆门(钟祥市、京山县除外)、天门、潜江、仙桃、鄂州、宜昌市(秭归县、远安县、兴山县除外)、恩施自治州

湖　北　省
高速公路养护工程预算定额

Hubeisheng Gaosu Gonglu Yanghu Gongcheng Yusuan Ding′e

（试行）

总 说 明

一、《湖北省高速公路养护工程预算定额》(以下简称本定额)是湖北省高速公路养护工程专业的统一定额。它是编制湖北省高速公路养护工程施工图预算、竣工决算及施工招标文件的依据;适用于湖北省高速公路养护工程(含日常养护或维修保养、专项及大修或改善工程),不适用于新建工程及独立核算执行产品出厂价格的构件厂生产的构配件,一般公路养护工程可参照执行。

二、本定额是以人工、材料、机械台班消耗量表现的工程预算定额。编制预算时,其人工费、材料费、机械使用费,应按《湖北省高速公路养护工程预算编制办法》及《湖北省高速公路养护工程机械台班费用定额》的规定计算。

三、本定额包括路基工程、路面工程、桥涵工程、交通安全设施、绿化工程共五章及附录。

四、本定额中缺少的定额项目,可按现行交通部《公路工程预算定额》(JTG/B 06 02—2007)的标准计算,但费用定额应执行本定额的规定,还缺少的项目,由各高速公路项目管理部门按本定额的编制原则、方法进行补充定额的编制,并抄报湖北省交通厅造价管理站,经批准后方可执行。

五、本定额是按照合理的施工组织和一般正常的施工条件编制的。定额中所采用的施工方法和工程质量标准,是根据国家现行的公路养护工程施工技术及验收规范、质量评定标准、安全操作规程等及湖北省高速公路养护行业的有关规定取定的,除定额中规定允许换算者外,均不得因具体工程的施工组织、操作方法和材料消耗与定额的规定不同而变更定额。

六、本定额工作时间均按每工日八小时计算,并考虑了养护工程的特点,生产工人上下班的路途时间已在定额中考虑,不得另行计算。

七、定额中的工程内容,均包括定额项目的全部施工过程。定额内除扼要说明施工的主要操作工序外,均包括准备与结束、场内操作范围内的水平与垂直运输、材料工地小搬运、辅助和零星用工、工具及机械小修、场地清理等工程内容。

八、定额中的工程内容已包括养护工程施工现场转移及安全标志摆放等工作,安全标志的费用应按《湖北省高速公路养护工程预算定额编制办法》的规定计算。

九、本定额中的材料消耗量系按现行材料标准的合格料和标准规格料计算的。定额内材料、成品、半成品均已包括场内运输及操作损耗,编制预算时,不得另行增加。其场外运输损耗、仓库保管损耗以及由于材料供应规格和质量不符合定额规定而发生的加工损耗,应在材料预算价格内考虑。

十、本定额中周转性的材料、模板、支撑、脚手杆、脚手板和挡土板等的数量,已考虑了材料的正常周转次数并计入定额内。其中就地浇筑钢筋混凝土梁用的支架及拱圈用的拱盔、支架,如确因施工安排达不到规定的周转次数时,可根据具体情况进行换算并按规定计算回收,其余工程一般不予抽换。

十一、定额中列有的混凝土、砂浆的标号和用量,其材料用量已按附录中配合比表规定的数量列入定额,不得重算。如设计采用的混凝土、砂浆标号或水泥标号与定额所列标号不同时,可按配合比表进行换算。但实际施工配合比材料用量与定额配合比表用量不同时,除配合比表说明中允许换算者外,均不得调整。

混凝土、砂浆配合比表的水泥用量,已综合考虑了采用不同品种水泥的因素,实际施工中不论采用何种水泥,均不得调整定额用量(设计图纸有特殊规定的除外)。另外,本定额使用过程中,各单位应注意收集相关水泥混凝土配合比资料，及时上报本定额的编制单位。

十二、本定额中各类混凝土均按施工现场拌和进行编制，当采用商品混凝土时，可将相关定额中的混凝土材料的消耗量扣除，并按定额中所列的混凝土消耗量增加商品混凝土的消耗。

十三、水泥混凝土、钢筋、模板工程的一般规定列在第三章说明中，该规定同样适用于其他各章。

十四、本定额中各项目的施工机械种类、规格是按一般合理的施工组织确定的，如施工中实际采用机械的种类、规格与定额规定的不同时，一律不得换算。

十五、本定额中的施工机械的台班消耗，已考虑了工地合理的停置、空转和必要的备用量等因素。编制预算的台班单价，应按《湖北省高速公路养护工程机械台班费用定额》分析计算。

十六、本定额中只列工程所需的主要材料用量和主要机械台班数量。次要、零星材料和小型施工机具均未一一列出，分别列入“其他材料费”及“小型机具使用费”内，以元计，编制预算即按此计算。

十七、定额表中注明“某某数以下”者，均包括“某某数”本身；而注明“某某数以外”或“某某数以上”者，则不包括“某某数”本身。定额内数量带“( )”者，则表示基价中未包括其价值。

十八、凡定额名称中带有“※”号者，均为参考定额，使用定额时，可根据情况进行调整。

十九、本定额的基价是人工费、材料费、机械使用费的合计价值。基价中的人工费单价是按《湖北省高速公路养护工程预算编制办法》的有关规定取定的，材料费基本上是按武汉市 2009 年 1 月份的材料平均价格取定的，机械使用费是按《湖北省高速公路养护工程机械台班费用定额》的规定计算的。

二十、定额中的“工料机代号”系编制概预算采用电子计算机计算时作为对工、料、机械名称识别的符号，不可随意变动。编制补充定额时，遇有新增材料或机械名称，可取相近品种材料或机械代号间的空号。

二十一、本定额由湖北省交通基本建设造价管理站负责解释。

目　录

第一章　路基工程

说　明

1. 本章定额包括路基养护及路基修复共两节。

2. 土壤岩石类别划分：

本章定额按开挖的难易程度将土壤、岩石分为六类：

土壤分为三类：松土、普通土、硬土。

岩石分为三类：软石、次坚石、坚石。

本定额土、石分类与六级土、石分类和十六级土、石分类对照表如下：

本定额分类	松　土	普通土	硬　土	软　石	次坚石	坚　石
六级分类	Ⅰ	Ⅱ	Ⅲ	Ⅳ	Ⅴ	Ⅵ
十六级分类	Ⅰ~Ⅱ	Ⅲ	Ⅳ	Ⅴ~Ⅵ	Ⅶ~Ⅸ	Ⅹ~Ⅻ

3. 定额工程内容除注明者外，均包括：

(1)各种机械1km内由停车场至工作地点的往返空驶；

(2)工具小修；

(3)钢钎淬火。

4. 本章内容详见各节说明。

5. 本章如有未包括的项目,可参照相关行业定额。

第一节　路 基 养 护

说　明

1. 本节定额包括排水系统疏通、裂缝灌浆、勾缝及抹面、拆除结构物、结构物修补共四个项目。

2. 排水系统疏通:包括边沟、排水沟及截水沟疏通、涵洞及通道疏通、积水井疏通。边沟、排水沟及截水沟疏通:清除沟底杂草及抛洒,保证边沟排水通畅、不积水;涵洞及通道疏通、积水井疏通:保证排水设施无淤塞、无杂草、排水通畅、进出水口完好。边沟、排水沟及截水沟疏通以公路公里·1 次为定额单位,工程量按养护路段里程 × 疏通次数计算;涵洞及通道疏通以 10 道·次为定额单位,集水井疏通以 10 座·次为定额单位,工程量按养护道(座)数 × 疏通次数计算。

3. 排水系统疏通:边沟、排水沟及截水沟疏通定额按每年疏通 2 次计算,涵洞及通道疏通、积水井疏通按每年疏通 2 次计算。若实际疏通养护频率与定额频率不相同时可参考使用。

4. 裂缝灌浆、勾缝及抹面:裂缝灌浆按砌石圬工及预制块圬工划分定额子目,以 1000m 为定额单位;水泥砂浆勾缝按平凹缝(片石圬工、块石圬工、预制块圬工)、凸缝(片石圬工、块石圬工、预制块圬工)划分定额子目,以 $100m^2$ 为定额单位;水泥砂浆抹面(2cm),以 $100m^2$ 为定额单位。

5. 拆除结构物：包括干砌圬工、浆砌圬工、混凝土及钢筋混凝土拆除，以 10m^3 实体为定额单位。干砌圬工采用人工拆除；浆砌圬工采用人工拆除；混凝土及钢筋混凝土采用人工、风镐拆除。以上均不包括弃渣工程，弃渣可按相关定额计算。本定额适用于排水、防护工程、沿线设施工程及小型构造物的拆除。

6. 结构物修补：包括水泥砂浆修补、浆砌片石修补、现浇混凝土修补，以 10m^3 为定额单位。

1-1-1 排水系统疏通

工作内容:1.安全设施摆放;2.清除排水系统内杂草、垃圾等淤塞物;3.清除杂物的运输及堆放等全部工作内容。

单位:表列单位

<table>
<tr><th rowspan="4">序号</th><th rowspan="4">项目</th><th rowspan="4">单位</th><th rowspan="4">代号</th><th rowspan="2">边沟、排水沟及截水沟</th><th colspan="4">涵洞及通道</th><th rowspan="2">积水井</th></tr>
<tr><th>圆管涵</th><th>倒虹吸</th><th>盖板涵</th><th>通道</th></tr>
<tr><th>公路公里·1次</th><th colspan="5">10道(座)·次</th></tr>
<tr><th>1</th><th>2</th><th>3</th><th>4</th><th>5</th><th>6</th></tr>
<tr><td>1</td><td>人工</td><td>工日</td><td>1</td><td>6.9</td><td>26.5</td><td>29.6</td><td>23.7</td><td>17.8</td><td>7.6</td></tr>
<tr><td>2</td><td>其他材料费</td><td>元</td><td>996</td><td>5.5</td><td>25.9</td><td>28.9</td><td>23.1</td><td>17.3</td><td>7.4</td></tr>
<tr><td>3</td><td>3t以内载货汽车</td><td>台班</td><td>1371</td><td>0.73</td><td>2.93</td><td>3.27</td><td>2.62</td><td>1.96</td><td>0.84</td></tr>
<tr><td>4</td><td>基价</td><td>元</td><td>1999</td><td>502</td><td>1967</td><td>2196</td><td>1759</td><td>1319</td><td>564</td></tr>
</table>

注:本定额中清理淤泥的工程量已按正常淤积情况计入定额工程内容,若实际养护频率达不到定额规定的频率或因非正常原因导致清理淤泥工程量较大时,可按相关定额另计清淤工程。

1-1-2　裂缝灌浆、勾缝及抹面

工作内容:1. 裂缝灌浆:清扫,配、拌、运砂浆,灌缝,养生;2. 勾缝:剔缝,洗刷,配、拌、运砂浆,勾缝,养生;3. 抹面:清扫、洗刷,配、拌、运砂浆,抹面,养生。

单位:表列单位

序号	项目	单位	代号	裂缝灌浆		水泥砂浆勾缝						水泥砂浆抹面(2cm)
				砌石圬工	预制块圬工	平凹缝			凸缝			
						片石圬工	块石圬工	预制块圬工	片石圬工	块石圬工	预制块圬工	
				1000m		$100m^2$						
				1	2	3	4	5	6	7	8	9
1	人工	工日	1	61.2	58.3	9.0	8.7	7.6	14.5	14.0	11.9	14.3
2	M10 水泥砂浆	m^3	67	(1.21)	(1.21)	(0.87)	(0.52)	(0.35)	(1.22)	(0.73)	(0.49)	(2.60)
3	32.5 级水泥	t	832	0.375	0.375	0.280	0.167	0.113	0.393	0.235	0.158	0.837
4	水	m^3	866	1	1	14	14	14	14	14	14	15
5	中(粗)砂	m^3	899	1.29	1.29	0.93	0.56	0.37	1.31	0.78	0.52	2.78
6	其他材料费	元	996	56.0	56.0	-	-	-	-	-	-	-
7	3t 以内载货汽车	台班	1371	3.06	2.92	0.45	0.44	0.38	0.73	0.70	0.59	0.71
8	配置机械台班停置费	元	1997	410.4	391.0	60.4	58.3	51.0	97.3	93.9	79.8	95.9
9	基价	元	1999	4130	3948	735	660	560	1143	1029	854	1356

注:裂缝灌浆定额工程量以实际灌浆长度计算。

1-1-3 拆除结构物

工作内容:撬除圬工,凿除混凝土,清理现场。

单位:$10m^3$ 实体

序号	项目	单位	代号	干砌圬工	浆砌圬工	混凝土圬工	钢筋混凝土
				1	2	3	4
1	人工	工日	1	4.6	7.2	16.5	19.8
2	3t 以内载货汽车	台班	1371	0.23	0.36	0.41	0.50
3	$3m^3$/min 以内机动空气压缩机	台班	1840	-	-	1.86	2.23
4	配置机械台班停置费	元	1997	30.9	48.3	55.3	66.4
5	小型机具使用费	元	1998	-	28.1	36.0	43.2
6	基价	元	1999	292	484	1427	1714

注:本定额中不包括拆除结构物废料的运输。若拆除结构物废料需远运时,可按相应定额计算混凝土废料运输。

1－1－4　结构物修补

工作内容:1.水泥砂浆修补:清理需修整的防护工程、拌制砂浆、浆砌砌筑;2.浆砌片石修补:清除破损浆砌石、拌制砂浆、浆砌、勾缝;3.现浇混凝土修补:清理需修整的防护工程、模板安装、拆除、修理、涂脱膜剂、堆放;混凝土配运料、拌和、运输、浇筑、养生。

单位:10m^3 实体

序号	项　　目	单位	代号	水泥砂浆修补	浆砌片石修补	现浇混凝土修补
				1	2	3
1	人工	工日	1	19.3	19.0	28.9
2	C20水泥混凝土	m^3	18	-	-	(10.50)
3	M7.5水泥砂浆	m^3	66	-	(3.50)	-
4	M10水泥砂浆	m^3	67	(10.50)	(0.32)	-
5	32.5级水泥	t	832	3.266	1.031	3.308
6	水	m^3	866	18	16	18
7	中(粗)砂	m^3	899	11.24	4.16	5.15
8	片石	m^3	931	-	11.50	-
9	碎石(2cm)	m^3	951	-	-	8.61
10	其他材料费	元	996	8.0	3.6	25.2

续前页　　　　　　　　　　　　　　　　　　　　　　　　　　　　　　　　　　单位：$10m^3$ 实体

序号	项　　目	单位	代号	水泥砂浆修补	浆砌片石修补	现浇混凝土修补
				1	2	3
11	350L以内强制式混凝土搅拌机	台班	1273	–	–	0.52
12	3t以内载货汽车	台班	1371	0.97	0.95	1.45
13	配置机械台班停置费	元	1997	129.4	127.4	193.8
14	小型机具使用费	元	1998	–	–	20.0
15	基价	元	1999	2955	2318	3930

第二节 路 基 修 复

说 明

1. 本节定额包括清淤回填、清除表土、人工挖运土方、夯实填土、挖掘机挖装土方、土方运输、机械碾压路基土方、开挖边沟、截水沟、排水沟、石砌边沟、排水沟、截水沟、急流槽、混凝土边沟、排(截)水沟、急流槽、雨水井、检查井、中央分隔带排水、砌石防护、混凝土防护、喷射混凝土防护、路基加固等项目。

2. 机械施工土方,挖方部分机械达不到需由人工完成的工程量由施工组织设计确定。其中,人工操作部分,按相应定额乘以1.15的系数。

3. 土方运输定额项目,包括小型载货汽车配合人工运输土方、自卸汽车配合挖掘机运输土方。当运距超过第一个定额运距单位时,其运距尾数不足一个增运定额单位的半数时不计,等于或超过半数时按一个增运定额运距单位计算。

4. 边沟、排水沟、截水沟的挖基费用按开挖边沟、截水沟、排水沟定额计算,其他排水工程的挖基费用按其他的相关定额计算。

5. 边沟、排水沟、截水沟、急流槽定额均未包括垫层的费用,需要时按有关定额另行计算。

6. 雨水箅子的规格与定额不同时,可按设计用量抽换定额中铸铁箅子的消耗。

7. 本节定额未列出的其他结构形式的砌石防护工程,需要时按"桥涵工程"项目的有关定额计算。

8. 本节定额中防护工程除注明者外,均不包括挖基、基础垫层的工程内容,需要时按"桥涵工程"项目的有关定额计算。

9. 本节定额中防护工程除注明者外，均已包括按设计要求需要设置的伸缩缝、沉降缝的费用。

10. 本节定额中防护工程除注明者外，均已包括水泥混凝土的拌和费用。

11. 现浇拱形骨架护坡可参考本节定额中的现浇框格(架)式护坡进行计算。

12. 喷射混凝土防护定额中施工材料按现场制作、配制计算，定额综合了 40m 内的材料运输，若需远运应按相关定额计算。

13. 粉体喷射搅拌桩、高压旋喷桩、沉管碎石桩路基加固定额的工程量为设计桩长。

14. 高压旋喷桩定额中的浆液系按普通水泥浆编制的，当设计采用添加剂或水泥用量与定额不同时，可按设计要求进行抽换。

15. 沉管碎石桩定额中包括 30% 的充盈系数、2% 的材料场内运输及操作损耗，充盈系数与定额规定不同时可以调整材料用量，其他系数不得调整。

16. 工程量计算规则：

(1)土石方体积的计算。除定额中另有说明者外，土方挖方按天然密实体积计算，填方按压(夯)实后的体积计算。当以填方压实体积为工程量，采用以天然密实方为计量单位的定额时，所采用的定额应乘以下列系数：

土类 \ 公路等级	土方			石方
	松土	普通土	硬土	
二级及二级以上等级公路	1.23	1.16	1.09	0.92

其中：推土机施工土方的增运定额按普通土栏目的系数计算；人工挖运土方的增运定额、自卸汽车运输土方的运输定额在上表系数的基础上增加 0.03 的土方运输损耗，但弃方运输不应计算运输损耗。

(2)本节定额砌筑工程的工程量为砌体的实际体积，包括构成砌体的砂浆体积。

(3)本节定额预制混凝土构件的工程量为预制构件的实际体积，不包括预制构件中空心部分的体积。

(4)挖边沟、排水沟、截水沟的工程量为设计水沟断面积乘以水沟长度与水沟圬工体积之和。

1－2－1 清淤回填

工作内容：1. 人工挖运：挖土、装土、运输、卸除、空回；2. 挖掘机挖装：安设挖掘机、挖淤泥、流沙、装车或堆放一边、移动位置、清理工作面；3. 回填石渣：铺筑、整平、分层碾压。

单位：1000m^3 实体

序号	项目	单位	代号	人工挖运		挖掘机挖装	回填石渣
				第一个 20m	每增运 10m		
				1	2	3	4
1	人工	工日	1	333.5	31.6	11.1	50.3
2	石渣	m^3	939	–	–	–	1200.00
3	135kW 以内履带式推土机	台班	1006	–	–	2.27	2.74
4	1.0m^3 以内履带式单斗挖掘机	台班	1029	–	–	3.90	–
5	12～15t 光轮压路机	台班	1078	–	–	–	3.84
6	3t 以内载货汽车	台班	1371	8.34	0.79	0.28	1.26
7	配置机械台班停置费	元	1997	1118.2	105.9	37.2	168.7
8	基价	元	1999	17734	1680	7368	35024

1-2-2 清除表土

工作内容:推土机推挖表土,推出路基外。

单位:100m³ 实体

序号	项目	单位	代号	机械清除	
				推土机功率(kW)	
				90 以内	135 以内
				1	2
1	人工	工日	1	0.4	0.4
2	90kW 以内履带式推土机	台班	1004	0.28	-
3	135kW 以内履带式推土机	台班	1006	-	0.17
4	3t 以内载货汽车	台班	1371	0.02	0.02
5	配置机械台班停置费	元	1997	2.7	2.7
6	基价	元	1999	246	243

1－2－3　人工挖运土方、夯实填土

工作内容：1.人工挖运土方：挖松、装土、运送、卸除、空回；2.夯实填土：打碎土块并耙平、洒水或风干土壤、分层夯实。

单位：$100m^3$

序号	项目	单位	代号	人工挖运土方					夯实填土	
				第一个20m			每增运10m		人工夯实	夯土机夯实
				松土	普通土	硬土	人工挑抬	手推车		
				1	2	3	4	5	6	7
1	人工	工日	1	10.8	16.0	22.9	1.6	0.6	16.1	10.8
2	200～620N·m蛙式夯土机	台班	1094	–	–	–	–	–	–	4.29
3	3t以内载货汽车	台班	1371	0.54	0.80	1.15	0.08	0.03	0.80	0.54
4	配置机械台班停置费	元	1997	72.4	107.3	153.6	10.7	4.0	108.0	72.4
5	基价	元	1999	684	1014	1452	101	38	1019	813

1-2-4 挖掘机挖装土方

工作内容:安设挖掘机,开辟工作面,挖土、装车、移位,清理工作面。

单位:1000m^3 天然密实方

序号	项目	单位	代号	挖掘机斗容量(m^3)								
				0.6 以内			1.0 以内			2.0 以内		
				松土	普通土	硬土	松土	普通土	硬土	松土	普通土	硬土
				1	2	3	4	5	6	7	8	9
1	人工	工日	1	4.2	4.8	5.3	4.2	4.8	5.3	4.2	4.8	5.3
2	90kW 以内履带式推土机	台班	1004	1.02	1.17	1.34	0.81	0.88	1.00	0.59	0.67	0.77
3	0.6m^3 以内履带式单斗挖掘机	台班	1027	3.61	4.15	4.74	–	–	–	–	–	–
4	1.0m^3 以内履带式单斗挖掘机	台班	1035	–	–	–	2.26	2.61	2.96	–	–	–
5	2.0m^3 以内履带式单斗挖掘机	台班	1037	–	–	–	–	–	–	1.37	1.59	1.82
6	基价	元	1999	2891	3320	3787	2816	3207	3632	2692	3109	3553

注:土方不需装车时,应乘以 0.87 的系数。

1-2-5 土方运输

工作内容:1. 小型载货汽车配合人工运输土方:人工装卸,等待装车、运输、空回;2. 自卸汽车配合挖掘机运输土方:等待装车、运、卸、空回。

单位:1000m³ 天然密实方

序号	项目	单位	代号	3t以内载货汽车配合人工运输土方					8t以内自卸汽车配合挖掘机运输土方				
				第一个1km	每增运1km 平均运距(km)				第一个1km	每增运1km 平均运距(km)			
					5以内	15以内	30以内	30以上		5以内	15以内	30以内	30以上
				1	2	3	4	5	6	7	8	9	10
1	人工	工日	1	91.8	-	-	-	-	-	-	-	-	-
2	3t以内载货汽车	台班	1371	17.34	4.89	4.50	4.16	3.91	-	-	-	-	-
3	8t以内自卸汽车	台班	1385	-	-	-	-	-	11.95	1.90	1.65	1.48	1.22
4	基价	元	1999	8690	1338	1231	1138	1070	6382	1015	881	790	652

续前页

单位:1000m³ 天然密实方

<table>
<tr><td rowspan="4">序号</td><td rowspan="4">项　　目</td><td rowspan="4">单位</td><td rowspan="4">代号</td><td colspan="5">12t 以内自卸汽车配合挖掘机运输土方</td><td colspan="5">15t 以内自卸汽车配合挖掘机运输土方</td></tr>
<tr><td rowspan="3">第一个1km</td><td colspan="4">每增运 1km</td><td rowspan="3">第一个1km</td><td colspan="4">每增运 1km</td></tr>
<tr><td colspan="4">平均运距(km)</td><td colspan="4">平均运距(km)</td></tr>
<tr><td>5 以内</td><td>15 以内</td><td>30 以内</td><td>30 以上</td><td>5 以内</td><td>15 以内</td><td>30 以内</td><td>30 以上</td></tr>
<tr><td></td><td></td><td></td><td></td><td>11</td><td>12</td><td>13</td><td>14</td><td>15</td><td>16</td><td>17</td><td>18</td><td>19</td><td>20</td></tr>
<tr><td>1</td><td>人工</td><td>工日</td><td>1</td><td>–</td><td>–</td><td>–</td><td>–</td><td>–</td><td>–</td><td>–</td><td>–</td><td>–</td><td>–</td></tr>
<tr><td>2</td><td>12t 以内自卸汽车</td><td>台班</td><td>1387</td><td>7.77</td><td>1.29</td><td>1.13</td><td>1.02</td><td>0.84</td><td>–</td><td>–</td><td>–</td><td>–</td><td>–</td></tr>
<tr><td>3</td><td>15t 以内自卸汽车</td><td>台班</td><td>1388</td><td>–</td><td>–</td><td>–</td><td>–</td><td>–</td><td>6.87</td><td>1.07</td><td>0.93</td><td>0.84</td><td>0.69</td></tr>
<tr><td>4</td><td>基价</td><td>元</td><td>1999</td><td>5314</td><td>882</td><td>773</td><td>698</td><td>574</td><td>5172</td><td>806</td><td>700</td><td>632</td><td>519</td></tr>
</table>

1-2-6 机械碾压路基土方

工作内容：机械推松、整平，压路机前进、后退、往复碾压。

单位：1000m^3 压实方

序号	项目	单位	代号	高速公路、一级公路					二级以下公路			
				光轮压路机		振动压路机			光轮压路机		振动压路机	
				15t 以内	20t 以内	10t 以内	15t 以内	20t 以内	15t 以内	20t 以内	10t 以内	15t 以内
				1	2	3	4	5	6	7	8	9
1	人工	工日	1	3.3	3.3	3.3	3.3	3.3	3.3	3.3	3.3	3.3
2	135kW 以内履带式推土机	台班	1006	0.96	0.96	0.96	0.96	0.96	0.96	0.96	0.96	0.96
3	120kW 以内平地机	台班	1057	(1.79)	(1.79)	(1.79)	(1.79)	(1.79)	(1.79)	(1.79)	(1.79)	(1.79)
4	12~15t 光轮压路机	台班	1078	7.74	–	–	–	–	6.13	–	–	–
5	18~21t 光轮压路机	台班	1080	–	5.68	–	–	–		4.39	–	–
6	10t 以内振动压路机	台班	1087	–	–	4.62	–	–	–	–	3.65	–
7	15t 以内振动压路机	台班	1088	–	–	–	3.50	–	–	–	–	2.71
8	20t 以内振动压路机	台班	1089	–	–	–	–	2.58	–	–	–	–
9	基价	元	1999	4849	4719	4499	4315	4224	4125	3958	3842	3650

注：1. 本定额按推土机整平土方编列，如采用自行式平地机整平土方时，可采用括号内数字并扣除定额中推土机的全部台班数量；

2. 如需洒水，其费用另行计算。

1-2-7 开挖边沟、截水沟、排水沟

工作内容:1. 土质边沟、截水沟、排水沟:挂线、挖松、将土挖出筑成挡水埝并修坡;2. 石质边沟、截水沟、排水沟:打眼、爆破、清理、用手锤及钢钎将水沟断面修理到设计要求。

单位:100m³ 天然密实方

序号	项目	单位	代号	土质边沟、截水沟、排水沟			石质边沟、截水沟、排水沟		
				松土	普通土	硬土	软石	次坚石	坚石
				1	2	3	4	5	6
1	人工	工日	1	12.1	17.0	24.0	36.0	44.6	66.0
2	钢钎	kg	211	–	–	–	2.7	3.4	6.0
3	硝铵炸药	kg	841	–	–	–	22.1	31.5	46.2
4	导火线	m	842	–	–	–	132.5	210.0	30.5
5	普通雷管	个	845	–	–	–	9.6	139.0	199.9
6	煤	t	864	–	–	–	0.017	0.021	0.027
7	其他材料费	元	996	–	–	–	40.8	59.9	88.2
8	3t 以内载货汽车	台班	1371	0.61	0.85	1.20	1.80	2.23	3.30
9	配置机械台班停置费	元	1997	81.2	114.0	160.9	241.4	299.1	442.6
10	基价	元	1999	768	1077	1521	2613	3400	4805

注:本定额中已综合了开挖土石方 40m 范围内的运输、回填、夯实费用,若余料需远运时,可按相关定额计算。

1-2-8 石砌边沟、排水沟、截水沟、急流槽

工作内容：1. 拌、运砂浆；2. 选修石料；3. 砌筑、勾缝、养生。

单位：10m³ 实体

序号	项目	单位	代号	边沟、排水沟、截水沟		急流槽	
				浆砌片石	浆砌块石	浆砌片石	浆砌块石
				1	2	3	4
1	人工	工日	1	14.9	14.6	16.7	16.1
2	M5 水泥砂浆	m³	65	(3.50)	(2.70)	(3.50)	(2.70)
3	M10 水泥砂浆	m³	67	(0.33)	(0.20)	(0.23)	(0.14)
4	32.5 级水泥	t	832	0.869	0.653	0.837	0.630
5	水	m³	866	18	18	17	13
6	中(粗)砂	m³	899	4.27	3.24	4.17	3.17
7	片石	m³	931	11.50	-	11.50	-
8	块石	m³	981	-	10.50	-	10.50
9	其他材料费	元	996	2.4	2.4	2.4	2.4
10	3t 以内载货汽车	台班	1371	0.74	0.73	0.83	0.58
11	配置机械台班停置费	元	1997	99.9	97.9	112.0	108.0
12	基价	元	1999	2011	2241	2108	2255

1-2-9　混凝土边沟、排(截)水沟、急流槽

工作内容:1. 现浇混凝土:模板安装、拆除、修理、涂脱膜剂、堆放;混凝土配运料、拌和、运输、浇筑、养生;2. 混凝土预制块预制:模板安装、拆除、修理、涂脱膜剂、堆放;混凝土配运料、拌和、运输、浇筑、养生;预制块堆放;3. 预制块铺砌:拌、运砂浆;预制块就位、铺砌、勾缝、填缝、养生。

单位:$10m^3$ 实体及 1t 钢筋

序号	项目	单位	代号	边沟			排(截)水沟		水沟盖板			急流槽		
				现浇混凝土	预制混凝土	安装	预制混凝土	安装	预制混凝土	钢筋	安装	现浇混凝土	预制混凝土	安装
				$10m^3$ 实体						1t	$10m^3$ 实体			
				1	2	3	4	5	6	7	8	9	10	11
1	人工	工日	1	22.3	16.7	11.1	17.8	11.3	18.7	13.4	7.9	24.4	18.2	13.4
2	预制构件	m^3	–	–	–	(9.86)	–	(10.30)	–	–	(9.86)	–	–	(9.86)
3	C20 水泥混凝土	m^3	18	(10.40)	(10.30)	–	(10.30)	–	(10.30)	–	–	(10.40)	(10.30)	–
4	M10 水泥砂浆	m^3	67	–	–	(0.44)	–	(0.44)	–		(0.38)	–	–	(0.57)
5	光圆钢筋	t	111	–	–	–	–	–	–	0.119	–	–	–	–
6	带肋钢筋	t	112	–	–	–	–	–	–	0.906	–	–	–	–
7	钢模板	t	271	–	0.040	–	0.036	–	0.016	–	–	–	0.094	–

续前页

单位:10m³ 实体及1t钢筋

序号	项目	单位	代号	边沟			排(截)水沟		水沟盖板			急流槽		
				现浇混凝土	预制混凝土	安装	预制混凝土	安装	预制混凝土	钢筋	安装	现浇混凝土	预制混凝土	安装
				10m³ 实体						1t	10m³ 实体			
				1	2	3	4	5	6	7	8	9	10	11
8	组合钢模板	t	272	0.026	–	–	–	–	–	–	–	0.020	–	–
9	铁件	kg	651	7.8	–	–	–	–	–	–	–	6.1	–	–
10	20~22号铁丝	kg	656	–	–	–	–	–	3.4	3.6	–	–	–	–
11	32.5级水泥	t	832	3.099	3.069	0.137	3.069	0.137	3.069	–	0.118	3.099	3.069	0.177
12	石油沥青	t	851	0.013	–	0.013	–	0.013	–	–	–	–	–	–
13	水	m^3	866	12	16	13	16	13	16	–	10	5	16	13
14	中(粗)砂	m^3	899	5.10	5.05	0.47	5.05	0.47	5.05	–	0.41	0.01	5.05	0.61
15	碎石(4cm)	m^3	952	8.74	8.65	–	8.65	–	8.65	–	–	12.00	8.65	–
16	其他材料费	元	996	16.2	29.5	0.9	29.5	0.9	29.5	–	–	15.3	56.7	–
17	350L以内强制式混凝土搅拌机	台班	1273	0.53	0.51	–	0.51	–	0.51	–	–	0.53	0.51	–
18	3t以内载货汽车	台班	1371	1.12	0.42	0.56	0.45	0.56	0.47	0.67	0.40	1.22	0.45	0.67

续前页　　　　　　　　　　　　　　　　　　　　　　　　单位：$10m^3$ 实体及 1t 钢筋

序号	项　目	单位	代号	边沟			排(截)水沟		水沟盖板			急流槽		
				现浇混凝土	预制混凝土	安装	预制混凝土	安装	预制混凝土	钢筋	安装	现浇混凝土	预制混凝土	安装
				$10m^3$ 实体						1t	$10m^3$ 实体			
				1	2	3	4	5	6	7	8	9	10	11
19	配置机械台班停置费	元	1997	149.6	56.0	74.4	59.7	75.8	62.7	89.8	53.0	163.6	61.0	89.8
20	小型机具使用费	元	1998	–	7.8	–	7.8	–	7.8	7.1	–	–	7.8	–
21	基价	元	1999	3691	3167	849	3198	859	3130	5247	578	3639	3643	961

1-2-10 雨水井、检查井

工作内容:1. 钢筋混凝土井身:模板制作、安装、拆除、修理、涂脱模剂、堆放;混凝土配运料、拌和、运输、浇筑、养生;钢筋制作、绑扎、安放、定位、校正、安装梯磴;2. 钢筋混凝土井盖:模板制作、安装、拆除、修理、涂脱模剂、堆放;混凝土配运料、拌和、运输、浇筑、养生;钢筋制作、绑扎、安放、定位、校正、拉手制安;3. 雨水箅安放:清理井口,箅子安放。

单位:$10m^3$ 实体及10套

序号	项目	单位	代号	现浇井身混凝土	钢筋混凝土井盖制作安装	铸铁箅子安装
				$10m^3$		10套
				1	2	3
1	人工	工日	1	45.2	39.4	5.6
2	C15 水泥混凝土	m^3	17	(10.40)	–	–
3	C20 水泥混凝土	m^3	18	–	(10.30)	–
4	锯材	m^3	102	0.627	0.095	–
5	光圆钢筋	t	111	0.046	0.450	–
6	铁钉	kg	653	15.4	0.1	–
7	8~12 号铁丝	kg	655	1.8	–	–
8	20~22 号铁丝	kg	656	1.0	–	–

续前页　　单位:$10m^3$ 实体及 10 套

序号	项　目	单位	代号	现浇井身混凝土	钢筋混凝土井盖制作安装	铸铁箅子安装
				$10m^3$		10 套
				1	2	3
9	铸铁箅子	kg	681	–	–	60.0
10	32.5 级水泥	t	832	2.777	3.245	0.154
11	水	m^3	866	12	16	–
12	中(粗)砂	m^3	899	5.20	5.05	0.27
13	碎石(2cm)	m^3	951	–	8.45	–
14	碎石(4cm)	m^3	952	8.84	–	–
15	其他材料费	元	996	10.8	106.3	39.8
16	350L 以内强制式混凝土搅拌机	台班	1273	0.50	0.65	–
17	3t 以内载货汽车	台班	1371	1.1	1.0	0.1
18	配置机械台班停置费	元	1997	151.5	132.1	18.8
19	小型机具使用费	元	1998	146.5	11.5	–
20	基价	元	1999	5959	6388	934

1－2－11　中央分隔带排水

工作内容:1. 横向排水管安装:挖沟槽、安放排水管、回填夯实;2. 纵向排水管安装:挖沟槽、安放排水管、填碎石、铺设土工布、回填土。

单位:10m

序号	项目	单位	代号	横向排水管安装	纵向排水管安装
				1	2
1	人工	工日	1	1.1	6.7
2	土工布	m^2	770	-	19.90
3	塑料波纹管(ϕ100mm)	m	786	10.20	-
4	塑料打孔波纹管(ϕ100mm)	m	789	-	10.20
5	碎石(2cm)	m^3	951	-	1.41
6	3t 以内载货汽车	台班	1371	0.05	0.34
7	配置机械台班停置费	元	1997	7.4	44.9
8	基价	元	1999	211	790

1-2-12 砌石防护

工作内容:1. 石砌护坡、护面墙:选修石料;拌、运砂浆;搭移跳板;砌筑、勾缝、养生;2. 石砌挡土墙:选修石料;拌、运砂浆;搭、拆脚手架;砌筑、勾缝、养生;沉降缝胶泥制作与填抹;排水孔下的胶泥铺设与孔口填石。

单位:10m³ 实体

序号	项目	单位	代号	干砌片石防护		浆砌片石防护					
				护脚	护坡	护脚	护坡	护面墙		挡土墙	
								实体式	窗口式	基础	墙身
				1	2	3	4	5	6	7	8
1	人工	工日	1	9.8	7.7	12.9	12.4	15.4	18.7	11.7	13.7
2	M5 水泥砂浆	m³	65	-	-	(3.50)	(3.50)	(3.50)	(3.50)	(3.50)	(3.50)
3	M10 水泥砂浆	m³	67	-	-	(0.07)	(0.32)	(0.07)	(0.07)	-	(0.07)
4	原木	m³	101	0.001	-	0.001	-	0.033	0.059	-	0.030
5	锯材	m³	102	0.004	-	0.004	-	0.019	0.034	-	0.017
6	铁钉	kg	653	-	-	-	-	0.2	0.4	-	0.1
7	8~12 号铁丝	kg	655	0.2	-	0.2	-	3.6	6.5	-	2.7
8	32.5 级水泥	t	832	-	-	0.786	0.866	0.786	0.786	0.763	0.786
9	水	m³	866	-	-	7	18	7	7	7	7

续前页　　　　单位:10m³ 实体

序号	项　目	单位	代号	干砌片石防护		浆砌片石防护					
				护脚	护坡	护脚	护坡	护面墙		挡土墙	
								实体式	窗口式	基础	墙身
				1	2	3	4	5	6	7	8
10	中(粗)砂	m^3	899	–	–	3.99	4.26	3.99	3.99	3.92	3.99
11	黏土	m^3	911	–	–	–	–	0.18	0.18	0.03	0.18
12	片石	m^3	931	11.50	11.50	11.50	11.50	11.50	11.50	11.50	11.50
13	碎石(8cm)	m^3	954	–	–	–	–	0.11	0.11	–	0.11
14	其他材料费	元	996	–	–	–	3.6	2.6	2.6	2.3	3.6
15	3t 以内载货汽车	台班	1371	0.49	0.38	0.65	0.62	0.77	0.94	0.59	0.68
16	配置机械台班停置费	元	1997	65.7	51.6	86.5	83.2	103.3	125.4	78.5	91.9
17	基价	元	1999	1149	1004	1836	1854	2098	2391	1741	1976

注:当采用骨架护坡时,人工工日乘 1.3 的系数。

1-2-13　混凝土防护

工作内容:1. 现浇混凝土护坡:1)满铺式:清理边坡;模板制作、安装、拆除、修理;混凝土配运料、拌和、运输、浇筑、抹平、养生;2)框格(架)式:清理边坡;模板制作、安装拆除、修理;混凝土配运料、拌和、运输、浇筑、抹平、养生;2. 现浇混凝土挡土墙:模板组拼拆、安装、拆除、修理、涂脱膜剂、堆放;混凝土配运料、拌和、运输、浇筑(掺片石)、捣固、养生;安泄水管;钢筋制作、绑扎、入模定位;3. 浆砌预制块护坡:1)预制:模板制作、安装、拆除、修理;混凝土配运料、拌和、运输、浇筑、捣固、抹平、养生;块件堆放;2)铺砌:整平边坡;制钉小木桩;拌、运砂浆,运混凝土块件;浆砌块件、填缝。

单位:$10m^3$ 实体及 1t 钢筋

序号	项目	单位	代号	现浇混凝土护坡		现浇混凝土挡土墙			浆砌预制块护坡		
				满铺式	框格(架)式	片石混凝土	混凝土	钢筋	预制混凝土	铺砌	
										满铺式护坡	菱形格(拱形)护坡
				$10m^3$ 实体				1t	$10m^3$ 实体		
				1	2	3	4	5	6	7	8
1	人工	工日	1	19.6	21.8	11.4	11.5	7.3	18.8	9.3	10.2
2	预制构件	m^3	-	-	-	-	-	-	-	(9.93)	(9.93)
3	C15 片石混凝土	m^3	12	-	-	(10.40)	-	-	-	-	-
4	C15 水泥混凝土	m^3	17	(10.40)	-	-	-	-	-	-	-

续前页　　　　　　　　　　　　　　　　　　　　单位:10m³ 实体及 1t 钢筋

序号	项目	单位	代号	现浇混凝土护坡		现浇混凝土挡土墙			浆砌预制块护坡		
				满铺式	框格(架)式	片石混凝土	混凝土	钢筋	预制混凝土	铺砌	
										满铺式护坡	菱形格(拱形)护坡
				10m³ 实体				1t	10m³ 实体		
				1	2	3	4	5	6	7	8
5	C20 水泥混凝土	m^3	18	–	(10.40)	–	(10.40)	–	(10.30)	–	–
6	M10 水泥砂浆	m^3	67	–	–	–	–	–	–	(0.37)	(0.37)
7	原木	m^3	101	–	–	0.040	0.040	–	–	–	–
8	锯材	m^3	102	0.013	0.014	–	–	–	–	–	–
9	光圆钢筋	t	111	–	–	–	–	1.025	–	–	–
10	型钢	t	182	–	0.022	–	–	–	0.012	–	–
11	电焊条	kg	231	–	–	–	–	3.5	0.2	–	–
12	组合钢模板	t	272	–	0.015	0.020	0.020	–	–	–	–
13	铁件	kg	651	–	2.0	50.7	50.7	–	1.1	–	–
14	8～12 号铁丝	kg	655	–	–	2.1	2.1	–	–	–	–
15	20～22 号铁丝	kg	656	–	–	–	–	2.6	–	–	–

续前页　　单位:10m³ 实体及1t 钢筋

<table>
<tr><th rowspan="4">序号</th><th rowspan="4">项　目</th><th rowspan="4">单位</th><th rowspan="4">代号</th><th colspan="2">现浇混凝土护坡</th><th colspan="3">现浇混凝土挡土墙</th><th colspan="3">浆砌预制块护坡</th></tr>
<tr><th rowspan="2">满铺式</th><th rowspan="2">框格(架)式</th><th rowspan="2">片石混凝土</th><th rowspan="2">混凝土</th><th rowspan="2">钢筋</th><th rowspan="2">预制混凝土</th><th colspan="2">铺砌</th></tr>
<tr><th>满铺式护坡</th><th>菱形格(拱形)护坡</th></tr>
<tr><th colspan="4">10m³ 实体</th><th>1t</th><th colspan="3">10m³ 实体</th></tr>
<tr><td></td><td></td><td></td><td></td><td>1</td><td>2</td><td>3</td><td>4</td><td>5</td><td>6</td><td>7</td><td>8</td></tr>
<tr><td>16</td><td>32.5级水泥</td><td>t</td><td>832</td><td>2.777</td><td>3.099</td><td>2.236</td><td>3.099</td><td>–</td><td>3.069</td><td>0.115</td><td>0.258</td></tr>
<tr><td>17</td><td>石油沥青</td><td>t</td><td>851</td><td>0.021</td><td>0.007</td><td>–</td><td>–</td><td>–</td><td>–</td><td>0.022</td><td>0.024</td></tr>
<tr><td>18</td><td>水</td><td>m³</td><td>866</td><td>13</td><td>13</td><td>10</td><td>10</td><td>–</td><td>16</td><td>10</td><td>11</td></tr>
<tr><td>19</td><td>中(粗)砂</td><td>m³</td><td>899</td><td>5.20</td><td>5.10</td><td>4.89</td><td>5.10</td><td>–</td><td>5.05</td><td>0.40</td><td>0.86</td></tr>
<tr><td>20</td><td>片石</td><td>m³</td><td>931</td><td>–</td><td>–</td><td>2.24</td><td>–</td><td>–</td><td>–</td><td>–</td><td>–</td></tr>
<tr><td>21</td><td>碎石(4cm)</td><td>m³</td><td>952</td><td>8.84</td><td>8.74</td><td>–</td><td>–</td><td>–</td><td>8.65</td><td>–</td><td>–</td></tr>
<tr><td>22</td><td>碎石(8cm)</td><td>m³</td><td>954</td><td>–</td><td>–</td><td>7.38</td><td>8.74</td><td>–</td><td>–</td><td>–</td><td>–</td></tr>
<tr><td>23</td><td>其他材料费</td><td>元</td><td>996</td><td>69.0</td><td>25.7</td><td>30.8</td><td>30.8</td><td>–</td><td>20.9</td><td>71.1</td><td>78.2</td></tr>
<tr><td>24</td><td>350L以内强制式混凝土搅拌机</td><td>台班</td><td>1273</td><td>0.52</td><td>0.52</td><td>0.51</td><td>0.59</td><td>–</td><td>0.51</td><td>–</td><td>–</td></tr>
<tr><td>25</td><td>3t以内载货汽车</td><td>台班</td><td>1371</td><td>0.98</td><td>1.09</td><td>0.57</td><td>0.58</td><td>0.37</td><td>0.47</td><td>0.47</td><td>0.51</td></tr>
<tr><td>26</td><td>32kV·A以内交流电弧焊机</td><td>台班</td><td>1726</td><td>–</td><td>–</td><td>–</td><td>–</td><td>0.86</td><td>0.04</td><td>–</td><td>–</td></tr>
</table>

续前页　　　　单位:10m³ 实体及 1t 钢筋

序号	项　目	单位	代号	现浇混凝土护坡		现浇混凝土挡土墙			浆砌预制块护坡		
				满铺式	框格(架)式	片石混凝土	混凝土	钢筋	预制混凝土	铺砌 满铺式护坡	铺砌 菱形格(拱形)护坡
				10m³ 实体				1t	10m³ 实体		
				1	2	3	4	5	6	7	8
27	配置机械台班停置费	元	1997	131.5	146.2	76.4	77.1	49.0	63.0	62.4	68.4
28	小型机具使用费	元	1998	–	4.8	22.4	22.4	27.2	0.2	–	–
29	基价	元	1999	3309	3666	2961	3260	5123	3058	827	972

1-2-14 喷射混凝土防护

工作内容:1.挂钢筋网:钢筋网制作、挂网、绑扎、混凝土块支垫、点焊锚杆;2.锚杆埋设:放样布孔、钻孔、清孔、移动钻具,锚杆制作、安装、砂浆配置、运输、灌浆;3.喷射混凝土:坡面清理、搭拆脚手架,混凝土配运料、拌和、运输、喷射、养生、清理现场等全部工程内容。

单位:$10m^3$ 实体及1t钢筋、锚杆

序号	项目	单位	代号	钢筋网		锚杆埋设		喷射混凝土	
				边坡高度					
				10m以内	10m以上	10m以内	10m以上	10m以内	10m以上
				1	2	3	4	5	6
1	人工	工日	1	10.1	12.4	35.0	38.5	15.9	18.4
2	C20喷射混凝土	m^3	15	–	–	–	–	(10.71)	(10.71)
3	M20水泥砂浆	m^3	70	–	–	(0.72)	(0.72)	–	–
4	光圆钢筋	t	111	1.025	1.025	0.007	0.007	–	–
5	带肋钢筋	t	112	–	–	1.025	1.025	–	–
6	钢管	t	191	–	–	–	–	0.006	0.007
7	空心钢钎	kg	212	–	–	21.7	21.7	–	–
8	ϕ50mm以内合金钻头	个	213	–	–	9.0	9.0	–	–

续前页 单位:10m³ 实体及 1t 钢筋、锚杆

序号	项目	单位	代号	钢筋网		锚杆埋设		喷射混凝土	
				边坡高度					
				10m 以内	10m 以上	10m 以内	10m 以上	10m 以内	10m 以上
				1	2	3	4	5	6
9	电焊条	kg	231	8.2	8.2	0.1	0.1	–	–
10	铁件	kg	651	–	–	–	–	2.1	2.3
11	20~22 号铁丝	kg	656	0.8	0.9	–	–	–	–
12	32.5 级水泥	t	832	–	–	0.323	0.323	4.766	4.766
13	水	m³	866	–	–	13	13	21	21
14	中(粗)砂	m³	899	–	–	0.76	0.76	6.53	6.53
15	碎石(2cm)	m³	951	–	–	–	–	6.10	6.10
16	其他材料费	元	996	–	–	29.1	29.1	528.3	526.2
17	气腿式风动凿岩机	台班	1102	–	–	9.58	11.02	–	–
18	350L 以内强制式混凝土搅拌机	台班	1273	–	–	–	–	2.31	2.64
19	4~6m³/h 混凝土喷射机	台班	1283	–	–	–	–	2.50	2.87
20	3t 以内载货汽车	台班	1371	0.50	0.62	1.75	1.93	0.80	0.92

续前页

单位:$10m^3$ 实体及1t钢筋、锚杆

序号	项目	单位	代号	钢筋网		锚杆埋设		喷射混凝土	
				边坡高度					
				10m以内	10m以上	10m以内	10m以上	10m以内	10m以上
				1	2	3	4	5	6
21	32kV·A以内交流电弧焊机	台班	1726	3.01	3.01	0.02	0.02	-	-
22	$9m^3$/min以内机动空气压缩机	台班	1842	-	-	4.79	5.51	2.07	2.37
23	配置机械台班停置费	元	1997	67.7	83.2	234.7	258.2	106.6	123.4
24	小型机具使用费	元	1998	38.4	38.4	278.7	278.7	5.4	5.4
25	基价	元	1999	5662	5810	10659	11346	6104	6579

1-2-15 路基加固

工作内容:1.粉体喷射搅拌桩:1)清理场地;2)放样定位;3)钻机安拆;4)钻进搅拌,提钻并喷粉搅拌,复拌;5)移位;6)机具清洗及操作范围内料具搬运;2.高压旋喷桩(单管法):1)钻机就位,调整钻架并试运转;2)钻导孔;3)制备水泥浆液;4)下旋喷管,旋喷成桩;5)喷射结束、拔管、器械清洗;6)机具移位、桩顶补灌;3.沉管碎石桩:1)清理场地、整平;2)测量放样、打桩机就位;3)准备钻具、振动沉管;4)碎石运料、灌注、拔管移位;5)场地清理等;4.CFG桩:钻孔成桩:1)清理场地、整平;2)测量放样、钻机就位;3)准备钻具、钻孔;4)混凝土配运料、拌和、灌注、提管移位;5)凿桩头及操作范围内料具搬运;5.沉管成桩:1)清理场地、整平;2)测量放样、机具就位;3)振动沉管;4)混凝土配运料、拌和、灌注、拔管移位;5)凿桩头及操作范围内料具搬运。

单位:表列单位

序号	项目	单位	代号	粉体喷射搅拌桩		高压旋喷桩(单管法)	沉管碎石桩	CFG桩	
				水泥粉喷桩(ϕ500mm)	石灰粉喷桩(ϕ500mm)	(ϕ500mm)	(ϕ500mm)	钻孔成桩(ϕ415mm以内)	沉管成桩(ϕ400mm以内)
				10m				$10m^3$	
				1	2	3	4	5	6
1	人工	工日	1	0.5	0.7	3.2	1.4	7.9	11.2
2	C10水泥混凝土(含粉煤灰)	m^3	16	-	-	-	-	(12.90)	(12.50)

续前页　　　　单位:表列单位

序号	项　　目	单位	代号	粉体喷射搅拌桩		高压旋喷桩(单管法)	沉管碎石桩	CFG 桩	
				水泥粉喷桩(ϕ500mm)	石灰粉喷桩(ϕ500mm)	(ϕ500mm)	(ϕ500mm)	钻孔成桩(ϕ415mm以内)	沉管成桩(ϕ400mm以内)
				10m				10m^3	
				1	2	3	4	5	6
3	ϕ50mm 小以内合金钻头	个	213	–	–	0.4	–	–	–
4	32.5 级水泥	t	832	0.520	–	2.000	–	2.586	1.847
5	水	m^3	866	–	–	3	–	3	3
6	生石灰	t	891	–	0.990	–	–	–	–
7	中(粗)砂	m^3	899	–	–	–	–	6.86	4.58
8	碎石(4cm)	m^3	952	–	–	–	2.60	9.04	9.13
9	干排 II 级粉煤灰	t	2011	–	–	–	–	2.08	2.72
10	其他材料费	元	996	20.0	20.0	40.7	2.1	21.1	20.6
11	设备摊销费	元	997	–	–	–	12.5	17.8	71.2
12	1.0m^3 以内轮胎式装载机	台班	1048	–	–	–	0.15	0.77	0.77
13	500L 以内强制式混凝土搅拌机	台班	1274	–	–	–	–	0.50	0.50
14	400L 以内灰浆搅拌机	台班	1281	–	–	0.29	–	–	–

续前页　　　　　　　　　　　　　　　　　　　　　　　　　　　　单位:表列单位

序号	项　目	单位	代号	粉体喷射搅拌桩		高压旋喷桩(单管法)	沉管碎石桩	CFG 桩	
				水泥粉喷桩(φ500mm)	石灰粉喷桩(φ500mm)	(φ500mm)	(φ500mm)	钻孔成桩(φ415mm 以内)	沉管成桩(φ400mm 以内)
				10m				$10m^3$	
				1	2	3	4	5	6
15	$60m^3/h$ 以内混凝土输送泵	台班	1316	–	–	–	–	0.27	–
16	3t 以内载货汽车	台班	1371	0.02	0.04	0.16	0.07	0.40	0.56
17	4t 以内载货汽车	台班	1372	0.02	0.04	0.16	0.07	0.40	0.56
18	25t 以内履带式起重机	台班	1434	–	–	–	–	–	0.77
19	600kN 以内振动打拔桩锤	台班	1583	–	–	–	0.15	–	0.77
20	粉体发送器	台班	1641	0.11	0.12	–	–	–	–
21	15m 以内深层喷射搅拌机	台班	1645	0.11	0.12	–	–	–	–
22	混凝土钻孔取芯机(机动)	台班	2460	–	–	0.20	–	–	–
23	单管旋喷钻机(电动)	台班	2470	–	–	0.28	–	–	–
24	高压注浆泵	台班	2473	–	–	0.28	–	–	–
25	φ600mm 以内螺旋钻孔机	台班	2475	–	–	–	–	0.62	–
26	$3m^3/min$ 以内机动空气压缩机	台班	1840	0.12	0.13	–	–	–	–

续前页　　　　单位:表列单位

序号	项　目	单位	代号	粉体喷射搅拌桩		高压旋喷桩（单管法）	沉管碎石桩	CFG 桩	
				水泥粉喷桩（φ500mm）	石灰粉喷桩（φ500mm）	（φ500mm）	（φ500mm）	钻孔成桩（φ415mm 以内）	沉管成桩（φ400mm 以内）
				10m				$10m^3$	
				1	2	3	4	5	6
27	配置机械台班停置费	元	1997	7.2	10.1	46.2	20.2	114.2	161.9
28	小型机具使用费	元	1998	5.0	5.0	17.8	4.8	20.0	13.0
29	基价	元	1999	338	357	1370	488	4576	4353

注:1. 粉体喷射搅拌桩定额是按桩径 50cm 编制的,当设计桩径不同时,桩径每增加 5cm,定额人工和机械增加 5%;

2. 粉体喷射搅拌桩定额中的固化材料的掺入比是按水泥 15%、石灰 25% 计算的,当掺入比不同或桩径不同时,可按下式调整固化材料的消耗:

$$Q=(D^2\times m)\times Q_0/(D_0^2\times m_0)$$

式中:Q——设计固化材料消耗;

Q_0——定额固化材料消耗;

D——设计桩径;

D_0——定额桩径;

m——设计固化材料掺入比;

m_0——定额固化材料掺入比。

第二章　路 面 工 程

说　　明

1. 本章定额包括水泥混凝土路面和沥青混凝土路面养护、病害处置和修补以及路面基层的处治。

2. 路面项目中挖除废料计量方为实体体积。

3. 本章定额中凡列有洒水车的子目，均按照5km范围内洒水车在水源处自行吸水编制，不计水费。如工地附近没有天然水源可利用，必须采用供水部门供水时，可根据定额子目中洒水汽车的台班数量，按每台班35m^3计算定额用水量，乘以供水部门规定的水价增列水费。洒水汽车取水的平均运距超过5km时，水的费用可按材料费计算。

4. 本章定额中的水泥混凝土均已包括其拌和的费用，使用定额时不得再另行计算。

5. 压路机台班按行驶速度：两轮光轮压路机为2.0km/h、三轮光轮压路机为2.5km/h、轮胎式压路机为5.0km/h、振动压路机为3.0km/h进行编制。在施工前及施工完毕后均以平板拖车组携带。

第一节　路面日常养护

说　明

1. 路况日常巡查综合了路基、路面日常巡查的全部工程内容，包括路基主体、路基路面排水、路基防护，路面主体、路面附属工程等项目的完好程度检查、发现各类病害及可能诱发病害的因素，发现可能妨碍交通的路障等工程内容，巡查方法以行车为主，人工观测及手工计量，辅以摄像或摄影，巡查频率为每天一次双向全程。

2. 路况定期巡查综合了路基、路面定期巡查的全部工程内容，包括路基主体、路基路面排水、路基防护，路面主体、路面附属工程等养护单元的全部养护项目，巡查方法以车行为主，步行巡查路段不少于双向1km，定性与定量巡查相结合，重要情况予摄像或摄影，检查频率为每月一次双向全程。

3. 路面保洁综合了路基、路面保洁的全部工程内容，包括路面清扫、路基边坡、排水设施及路基红线范围内的杂物清除等全部工程内容。

4. 路况巡查按日常巡查、定期巡查划分定额子目，以100公路公里·1次为定额单位，综合了主线、互通区等全部工程范围，工程量按主线里程计算，定额使用时可按实际发生的次数进行计算，其中特殊巡查及专项巡查可参考定期检查进行计算。

5. 路面保洁按人工保洁及机械保洁划分定额子目，以100公路公里·1月为定额单位，综合了主线、互通区等全部工程范围，工程量按主线里程计算，其中基本定额按每月清扫8次计算，并增加每增减一次清扫的辅助定额，若清扫次数与基本定额不符，可套用辅助定额进行调整。

2-1-1 路况巡查及路面保洁

工作内容:1. 路况巡查含路基、路面的巡查;2. 路面保洁含路基、路面保洁。

单位:表列单位

序号	项目	单位	代号	路况巡查		路面保洁			
						人工保洁		机械保洁	
				日常巡查	定期巡查	基本次数(每月8次)	每增减1次	基本次数(每月8次)	每增减1次
				100公路公里·1次		100公路公里·1月			
				1	2	3	4	5	6
1	人工	工日	1	3.8	4.6	227.0	25.8	22.9	2.6
2	其他材料费	元	996	–	–	2516.8	286.0	1584.0	180.0
3	路面清扫车(宝加秀灵 Cityfant60)	台班	2377	–	–	–	–	14.70	1.67
4	3t以内载货汽车	台班	1371	0.64	0.77	15.31	1.74		–
5	6000L以内洒水汽车	台班	1405	–	–	2.73	0.31	–	–
6	配置机械台班停置费	元	1997	–	–	1087.7	123.6	–	–
7	小型机具使用费	元	1998	–	–	–	–	–	–
8	基价	元	1999	338	408	19065	2167	24865	2825

第二节　路面基层养护

说　明

1. 本定额中水泥碎石稳定基层以 $1000m^3$ 为定额单位，压实厚度按 20cm、水泥剂量按 5% 计算，如超过上述压实厚度进行分层拌和、碾压时，压路机的台班消耗按定额数量加倍计算，每 $1000m^3$ 增加 15 个工日。若采用其它各类稳定土基层可按现行部颁定额计算，但水泥剂量与表列不一致时不得调整定额人工及机械数量。

2. 水泥稳定碎石基层定额中的材料消耗系按一定配合比编制的，当设计配合比与定额标明的配合比不同时，有关材料可按下式进行换算：

$$C_i = C_d \times L_i / L_d$$

式中：C_i——按设计配合比换算后的材料数量；

C_d——定额中基本水泥剂量的材料数量；

L_d——定额中标明的材料百分率；

L_i——设计配合比的材料百分率。

【例】　水泥稳定碎石基层，定额标明的配合比为：水泥∶碎石 = 5∶95；设计配合比为：水泥∶碎石 = 6∶94 各种材料调整后的数量为：

水泥：$112.806 \times 6/5 = 135.37$(t)，碎石：$1483.34 \times 94/95 = 1467.73(m^3)$

2－2－1　水泥稳定碎石基层修补

工作内容：1. 人工挖除：人工打钢钎钻孔，锤破，挖除、清理零星残渣、废料装车；2. 机械挖除：人工打钢钎钻孔、推土机铲运破除，人工清理零星残渣，废料装车；3. 厂拌水泥稳定碎石：装载机铲运料、上料，配运料，出料。

单位：表列单位

序号	项目	单位	代号	水泥稳定碎石				
				挖除		拌和及铺筑（水泥剂量5%）		
						稳定土厂拌设备生产能力（t/h）		
				人工挖除	机械挖除	50以内	100以内	200以内
				100m^3		1000m^3		
				1	2	3	4	5
1	人工	工日	1	50.1	3.2	100.7	74.0	51.4
2	水泥稳定碎石	m^3	100	－	－	(1020.00)	(1020.00)	(1020.00)
3	32.5级水泥	t	832	－	－	112.806	112.806	112.806
4	水	m^3	866	－	－	141	141	141
5	碎石	m^3	958	－	－	1483.34	1483.34	1483.34
6	其他材料费	元	996	48.0	－	－	－	－
7	135kW以内履带式推土机	台班	1006	－	1.20	－	－	－

续前页 单位:表列单位

序号	项目	单位	代号	水泥稳定碎石				
				挖除		拌和及铺筑(水泥剂量5%)		
				人工挖除	机械挖除	稳定土厂拌设备生产能力(t/h)		
						50以内	100以内	200以内
				100m³		1000m³		
				1	2	3	4	5
8	2.0m³以内轮台式装载机	台班	1050	-	-	6.49	5.68	5.68
9	12~15t光轮压路机	台班	1078	-	-	10.85	10.85	10.85
10	50t/h以内稳定土厂拌设备	台班	1157	-	-	10.79	-	-
11	100t/h以内稳定土厂拌设备	台班	1158	-	-	-	5.43	-
12	200t/h以内稳定土厂拌设备	台班	1159	-	-	-	-	2.72
13	9.5m以内稳定土摊铺机	台班	1165	-	-	1.70	1.70	1.70
14	3t以内载货汽车	台班	1371	1.25	0.08	1.57	1.57	1.57
15	配置机械台班停置费	台班	1997	168.0	10.7	210.3	210.3	210.3
16	基价	元	1999	2711	1704	142576	139366	137502

2-2-2 基层混合料运输

工作内容:等待装、运、卸、空回。

单位:1000m^3 实体

序号	项目	单位	代号	基层稳定土混合料运输														
				自卸汽车载重质量(t)														
				8以内					12以内					15以内				
				第一个1km	每增运1km 平均运距(km)				第一个1km	每增运1km 平均运距(km)				第一个1km	每增运1km 平均运距(km)			
					5以内	15以内	30以内	30以上		5以内	15以内	30以内	30以上		5以内	15以内	30以内	30以上
				1	2	3	4	5	6	7	8	9	10	11	12	13	14	15
1	8t以内自卸汽车	台班	1385	12.67	2.97	2.54	2.29	2.17	–	–	–	–	–	–	–	–	–	–
2	12t以内自卸汽车	台班	1387	–	–	–	–	–	8.25	2.14	1.83	1.65	1.57	–	–	–	–	–
3	15t以内自卸汽车	台班	1388	–	–	–	–	–	–	–	–	–	–	6.93	1.86	1.58	1.42	1.38
4	基价	元	1999	6767	1586	1357	1223	1159	5642	1464	1252	1128	1074	5217	1400	1189	1069	1039

2-2-3 基层稳定土厂拌设备安装、拆除

工作内容:1. 修建拌和设备基座的全部工作;2. 砌筑上料台;3. 拌和设备的安装、调试;4. 竣工后拆除清理。

单位:1 座

序号	项目	单位	代号	拌和设备生产能力(t/h)		
				50 以内	100 以内	200 以内
				1	2	3
1	人工	工日	1	394.3	452.0	618.3
2	锯材	m^3	102	0.003	0.004	0.007
3	型钢	t	182	0.013	0.016	0.029
4	组合钢模板	t	272	0.028	0.035	0.062
5	铁件	kg	651	40.2	48.0	70.8
6	32.5 级水泥	t	832	27.180	33.167	53.850
7	水	m^3	866	145	176	280
8	中(粗)砂	m^3	899	95.58	116.23	183.81
9	片石	m^3	931	240.04	151.94	235.25
10	碎石(4cm)	m^3	952	25.71	170.87	272.66
11	其他材料费	元	996	71.1	87.5	145.4

续前页

单位:1 座

序号	项目	单位	代号	拌和设备生产能力(t/h)		
				50 以内	100 以内	200 以内
				1	2	3
12	1.0m^3 以内履带式单斗挖掘机	台班	1029	0.82	1.16	2.14
13	350L 以内强制式混凝土搅拌机	台班	1273	1.76	2.20	3.96
14	15t 以内平板拖车组	台班	1392	7.26	7.94	–
15	20t 以内平板拖车组	台班	1393	–	–	9.62
16	12t 以内汽车式起重机	台班	1451	12.21	1.00	1.80
17	20t 以内汽车式起重机	台班	1453	11.41	12.23	–
18	40t 以内汽车式起重机	台班	1456	–	12.23	13.59
19	75t 以内汽车式起重机	台班	1458	–	–	13.59
20	小型机具使用费	元	1998	240.5	291.5	455.9
21	基价	元	1999	71507	101825	167131

第三节 水泥混凝土路面养护

说 明

1. 水泥混凝土路面面层的压实厚度为25cm。

2. 水泥混凝土拌和、水泥混凝土运输、水泥混凝土路面修补定额中，均已包括混合料拌和、运输、摊铺作业时的损耗因素，路面实体按路面设计面积乘以压实厚度计算。

3. 修补破损混凝土中已包括外加剂费用，使用时不得增加，但未考虑环氧树脂，需要时可另行计算。

4. 本定额系按一定的配合比编制的。当设计采用的配合比与定额不同时，可按定额附录中水泥混凝土配比表进行抽换或按实际配比调整定额混凝土材料数量，当采用实际配比进行调整时应按相关规定计算混合料及材料场内运输及操作损耗。

2-3-1 混凝土路面破碎

工作内容:1. 混凝土破碎:1)混凝土面板锯缝;2)人工或机械破碎;3)清运废渣;4)人工或机械清除槽内残渣。2. 混凝土废料运输:等待装、运、卸、空回。

I. 混凝土破碎

单位:$10m^3$ 实体

序号	项目	单位	代号	人工破碎	风镐破碎	挖掘机+破碎锤破碎
				1	2	3
1	人工	工日	1	17.9	10.8	3.6
2	其他材料费	元	996	90.0	36.0	9.0
3	破碎机(W4-60C 挖掘机动力)	台班	2302	-	-	0.35
4	风冷汽油机混凝土切缝机	台班	1246	0.46	0.13	-
5	3t 以内载货汽车	台班	1371	0.17	0.07	0.03
6	$3m^3$/min 以内机动空气压缩机	台班	1840	-	1.18	0.74
7	配置机械台班停置费	台班	1997	93.7	65.6	21.8
8	小型机具使用费	元	1998	15.0	15.0	50.0
9	基价	元	1999	1105	952	677

II. 混凝土废料运输

单位:1000m³ 实体

序号	项目	单位	代号	3t以内载货汽车配合人工运输					8t以内自卸汽车配合装载机运输				
				第一个1km	每增运1km 平均运距(km)				第一个1km	每增运1km 平均运距(km)			
					5以内	15以内	30以内	30以上		5以内	15以内	30以内	30以上
				4	5	6	7	8	9	10	11	12	13
1	人工	工日	1	136.8	–	–	–	–	13.7	–	–	–	–
2	2.0m³ 以内轮胎式装载机	台班	1050	–	–	–	–	–	3.83	–	–	–	–
3	3t以内载货汽车	台班	1371	24.24	7.13	6.56	6.06	5.70	–	–	–	–	–
4	8t以内自卸汽车	台班	1385	–	–	–	–	–	18.63	3.41	2.95	2.65	2.19
5	基价	元	1999	12512	1951	1795	1658	1560	13602	1821	1576	1415	1170

续前页

单位:1000m^3 实体

序号	项目	单位	代号	12t以内自卸汽车配合装载机运输					15t以内自卸汽车配合装载机运输				
				第一个1km	每增运1km				第一个1km	每增运1km			
					平均运距(km)					平均运距(km)			
					5以内	15以内	30以内	30以上		5以内	15以内	30以内	30以上
				14	15	16	17	18	19	20	21	22	23
1	人工	工日	1	13.7	-	-	-	-	13.7	-	-	-	-
2	3.0m^3 以内轮胎式装载机	台班	1051	3.49	-	-	-	-	3.33	-	-	-	-
3	12t以内自卸汽车	台班	1387	12.7	2.43	2.13	1.92	1.58	-	-	-	-	-
4	15t以内自卸汽车	台班	1388	-	-	-	-	-	11.29	2.05	1.80	1.62	1.34
5	基价	元	1999	12824	1662	1457	1313	1081	12475	1543	1355	1220	1009

2-3-2　水泥混凝土路面修补

工作内容：1. 接缝灌缝：清除缝中杂物，安拆熬油设备，熬油，灌注，清理场地；2. 裂缝灌缝：清扫缝中杂物，人工或机械灌缝，填缝或填多孔性垫底材料或泡沫塑料支撑条再填缝，清理场地；3. 修补边角：划线、放样、切割，凿除破损部分，凿毛垂面，混凝土配运料，拌和，运输，浇筑，摊铺，捣实，养生；4. 薄层修补：划线，放样，槽内切割混凝土，凿除混凝土，垂面，清理槽内碎屑，混凝土配送料，拌和，运输，浇筑，摊铺，捣实，养生；5. 水泥混凝土路面刻纹：自行式刻槽机就位，刻槽，清理现场；6. 机械磨平错台混凝土：放样，人工凿毛或机械凿磨错台，清理；7. 板端切割板端起拱混凝土：放样，拱起混凝土板块切割，释放板块应力，板块复原，封填接缝，清理现场。

单位：表列单位

<table>
<tr><th rowspan="5">序号</th><th rowspan="5">项目</th><th rowspan="5">单位</th><th rowspan="5">代号</th><th colspan="2">接缝灌缝</th><th colspan="4">更换填嵌缝材料</th><th colspan="2">裂缝灌缝</th><th colspan="2">修补破损</th><th rowspan="3">水泥混凝土路面刻纹</th><th rowspan="3">机械磨平错台混凝土</th><th rowspan="3">板端切割板端起拱混凝土</th></tr>
<tr><th rowspan="2">石油沥青</th><th rowspan="2">聚氨脂沥青</th><th colspan="2">不填支撑条</th><th colspan="2">填支撑条</th><th rowspan="2">石油沥青</th><th rowspan="2">聚氨脂沥青</th><th rowspan="2">修补边角</th><th rowspan="2">薄层修补坑洞（厚5cm）</th></tr>
<tr><th>胀缝</th><th>纵（缩）缝</th><th>胀缝</th><th>纵（缩）缝</th></tr>
<tr><th colspan="8">100m</th><th>10m³</th><th colspan="4">100m²</th></tr>
<tr><th>1</th><th>2</th><th>3</th><th>4</th><th>5</th><th>6</th><th>7</th><th>8</th><th>9</th><th>10</th><th>11</th><th>12</th><th>13</th></tr>
<tr><td>1</td><td>人工</td><td>工日</td><td>1</td><td>3.9</td><td>4.3</td><td>2.7</td><td>2.3</td><td>4.5</td><td>3.6</td><td>4.7</td><td>5.2</td><td>26.5</td><td>16.2</td><td>1.2</td><td>6.2</td><td>5.8</td></tr>
</table>

续前页　　　　　　　　　　　　　　　　　　　　　　　　　　　单位:表列单位

序号	项目	单位	代号	接缝灌缝		更换填嵌缝材料				裂缝灌缝		修补破损		水泥混凝土路面刻纹	机械磨平错台混凝土	板端切割板端起拱混凝土
						不填支撑条		填支撑条								
				石油沥青	聚氨脂沥青	胀缝	纵(缩)缝	胀缝	纵(缩)缝	石油沥青	聚氨脂沥青	修补边角	薄层修补坑洞(厚5cm)			
				100m								$10m^3$	$100m^2$			
				1	2	3	4	5	6	7	8	9	10	11	12	13
2	C35 水泥混凝土	m^3	21	–	–	–	–	–	–	–	–	(10.40)	(5.20)	–	–	–
3	锯材	m^3	102	–	–	–	–	–	–	–	–	0.015	0.008	–	–	–
4	型钢	t	182	–	–	–	–	–	–	–	–	0.015	0.008	–	–	–
5	石油沥青	t	851	0.032	–	–	–	–	–	0.039	–	–	–	–	–	0.032
6	42.5 级水泥	t	833	–	–	–	–	–	–	–	–	3.869	2.106	–	–	–
7	煤	t	864	0.006	0.006	–	–	–	–	0.007	0.007	–	–	–	–	0.007
8	水	m^3	866	–	–	–	–	–	–	–	–	17	9	–	–	–
9	中(粗)砂	m^3	899	0.03	0.03	0.01	0.02	0.01	0.02	0.04	0.04	4.78	2.44	–	–	0.46
10	碎石(2cm)	m^3	951	–	–	–	–	–	–	–	–	–	4.11	–	–	–

续前页　　　　单位:表列单位

序号	项目	单位	代号	接缝灌缝		更换填嵌缝材料				裂缝灌缝		修补破损		水泥混凝土路面刻纹	机械磨平错台混凝土	板端切割板端起拱混凝土
						不填支撑条		填支撑条								
				石油沥青	聚氨脂沥青	胀缝	纵(缩)缝	胀缝	纵(缩)缝	石油沥青	聚氨脂沥青	修补边角	薄层修补坑洞(厚5cm)			
				100m								$10m^3$	$100m^2$			
				1	2	3	4	5	6	7	8	9	10	11	12	13
11	碎石(4cm)	m^3	952	–	–	–	–	–	–	–	–	8.63		–	–	–
12	聚氨酯沥青	kg	2015	–	30.9	–	–	–	–	–	37.9	–	–	–	–	–
13	其他材料费	元	996	20.0	20.0	180.0	60.0	345.0	126.0	20.0	20.0	220.0	110.0	–	–	20.9
14	设备摊销费	元	997	0.9	1.4	–	–	–	–	0.9	1.4	–	–	–	–	–
15	机动混凝土抹光机	台班	1242	–	–	–	–	–	–	–	–	–	–	–	4.07	–
16	机动混凝土刻纹机	台班	1244	–	–	–	–	–	–	–	–	–	–	0.36	–	–
17	风冷汽油机混凝土切缝机	台班	1246	–	–	–	–	–	–	–	–	2.60	1.30	–	–	3.99
18	350L以内强制式混凝土搅拌机	台班	1273	–	–	–	–	–	–	–	–	0.65	0.33	–	–	–
19	3t以内载货汽车	台班	1371	0.20	0.22	0.14	0.11	0.23	0.18	0.23	0.26	0.66	0.41	0.03	0.16	0.14

续前页　　　　　　　　　　　　　　　　　　　　　　　　　　单位:表列单位

序号	项　　目	单位	代号	接缝灌缝		更换填嵌缝材料				裂缝灌缝		修补破损		水泥混凝土路面刻纹	机械磨平错台混凝土	板端切割板端起拱混凝土
						不填支撑条		填支撑条								
				石油沥青	聚氨脂沥青	胀缝	纵(缩)缝	胀缝	纵(缩)缝	石油沥青	聚氨脂沥青	修补边角	薄层修补坑洞(厚5cm)			
				100m								$10m^3$	$100m^2$			
				1	2	3	4	5	6	7	8	9	10	11	12	13
20	6000L以内洒水汽车	台班	1405	–	–	–	–	–	–	–	–	–	–	0.08	–	–
21	$0.3m^3/min$以内电动空气压缩机	台班	1832	0.39	0.43	0.44	0.30	0.44	0.30	0.47	0.52	–	–	–	–	–
22	配置机械台班停置费	元	1997	26.2	28.8	18.1	15.4	30.2	24.1	31.5	34.9	88.8	54.3	4.0	20.8	19.4
23	小型机具使用费	元	1998	1.7	2.6	2.0	0.9	2.0	0.9	2.3	3.5	21.2	14.7	4.8	–	–
24	基价	元	1999	435	1260	387	228	666	378	519	1534	4692	2568	206	646	1270

注:修补破损混凝土中已包括外加剂费用,使用时不得增加,但未考虑环氧树脂,需要时可另行计算。

2-3-3 现浇水泥混凝土路面

工作内容：1. 模板制作，安装拆除，修理，涂脱模剂；2. 拉杆、传力杆及补强钢筋制作安装；3. 混凝土配运料、拌和、运输、浇筑、捣固、真空吸水、抹平、压(刻)纹、养生；4. 切缝，灌注填缝料。

单位：$10m^3$ 实体及1t钢筋

序号	项目	单位	代号	现浇混凝土		
				垫层	路面板	钢筋
				1	2	3
1	人工	工日	1	16.5	17.3	6.3
2	C20 水泥混凝土	m^3	18	(10.40)	-	-
3	C35 水泥混凝土	m^3	21	-	(10.40)	-
4	锯材	m^3	102	-	0.003	-
5	光圆钢筋	t	111	-	0.001	0.019
6	带肋钢筋	t	112	-	-	1.006
7	型钢	t	182	0.003	0.003	-
8	20~22号铁丝	kg	656	-	-	5.1
9	32.5级水泥	t	832	3.099	-	-
10	42.5级水泥	t	833	-	3.869	-
11	石油沥青	m^3	851	-	0.005	-

续前页　　　　单位：10m³ 实体及 1t 钢筋

序号	项　目	单位	代号	现浇混凝土		
				垫层	路面板	钢筋
				1	2	3
12	水	m^3	866	17	17	-
13	中(粗)砂	m^3	899	5.10	4.78	-
14	碎石(4cm)	m^3	952	8.74	8.63	-
15	其他材料费	元	996	20.5	220.0	-
16	电动混凝土切缝机	台班	1245	0.43	0.85	-
17	750L 以内强制式混凝土搅拌机	台班	1275	0.35	0.35	-
18	3t 以内载货汽车	台班	1371	0.83	0.86	0.32
19	配置机械台班停置费	元	1997	110.6	116.0	42.2
20	小型机具使用费	元	1998	12.7	21.2	16.7
21	基价	元	1999	3174	3946	4808

第四节　沥青混凝土路面养护

说　明

1. 本定额中沥青路面厚度按上面层4cm,中面层6cm,下面层8cm(均为压实厚度),定额使用时,不论压实厚度是否超过上述压实厚度,均不得调整定额人工及压实、摊铺机械数量。

2. 沥青混凝土路面定额中,已包括混合料拌和、运输、摊铺作业时的损耗因素,路面实体按设计面积乘以压实厚度计算。

3. 沥青混凝土路面修补(冷料冷补除外)及机械摊铺罩面层定额中不包括沥青混合料的拌合费用,定额使用时应根据结构层的材料组成按相关定额计算。但微表处定额中已包括混合料的拌和及运输费用,定额使用时不得另行计算。

4. 沥青路面定额中均未包括透层、黏层和封层,需要时可按有关定额另行计算。

5. 沥青路面定额中的乳化沥青和改性沥青,均按外购成品料进行编制;如在现场自行配制时,其配制费用计入材料预算价格中。

6. 桥面防水层定额中对“桥面防水剂”的材料名称进行了综合,定额使用时可按具体的防水剂材料名称、单价及设计数量进行调整,但不得调整人工及机械定额。

7. 沥青玛蹄脂碎石混合料(SMA)纤维稳定剂设计基数为木质素纤维,若设计纤维种类与的掺加比例与定额不同时,可按设计用量调整定额中纤维稳定剂的种类和消耗。

8. 沥青路面定额中,均未考虑为保证石料与沥青的黏附性而采用的抗剥离措施的费用,需要时,应根据石料的性质,按设计提出的抗剥离措施,计算其费用。

9. 粗粒式、中粒式、细粒式混凝土结构的界定:粗粒式:AC25;中粒式:AC20、AC16、Sup19、SMA16;细粒式:AC13、AC10、Sup12.5、SMA13、SMA10。

10. 沥青路面摊铺定额中,沥青玛蹄脂摊铺定额参照对应级配结构增加摊铺机消耗,增加系数为8%。

11. 沥青路面摊铺(2-4-4)混合料损耗。日常保养沥青路面摊铺损耗按照8%计算,计算方法为:材料使用量=定额材料用量×108÷105。专项工程不得进行调整。

12. 本定额系按一定的沥青混合料配合比进行编制的。当设计采用的沥青混合料配合比与定额不同时,可按设计配合比调整定额中的沥青混凝土材料数量。计算公式如下:

$$S_i = S_d / L_d \times L_i$$

式中:S_i——按设计配合比计算后的沥青混合料各组成材料数量;

S_d——设计配合比中沥青混合料各组成材料数量(重量比);

L_d——定额中沥青混合料各组成材料重量比;

L_i——定额中沥青混合料各组成材料数量。

定额取定沥青混合料各组成材料重量比详见下表

路面结构层	AC-25	AC-20	AC-16	AC-13	AC-10	SMA-16	SMA-13	SMA-10	Sup19	Sup12.5	超薄磨耗层	柔性基层
石油沥青	4	–	–	–	–	–	–	–	–	–	–	3.5
改性沥青	–	4.2	4.5	5	5.5	6	6.1	6.2	4.3	5.1	5.6	–
纤维稳定剂	–	–	–	–	–	0.30%	0.30%	0.30%	–	–	–	–
矿粉	5	4	2	4	3	11	10	5	4	2	3	3
路面用玄武岩碎石	–	–	–	–	35	89	90	95	–	67	97	–
路面用碎石(1.5cm 以内)	31	56	98	96	62	–	–	–	68	31	–	42
路面用碎石(2.5cm 以内)	32	40	–	–	–	–	–	–	28	–	–	36
路面用碎石(3.5cm 以内)	32	–	–	–	–	–	–	–	–	–	–	19

13. 沥青混凝土路面铣刨工程量计算示例

某养护项目:铣刨总数量为:20361.96m^3,其中加铺数量见下表:

结　构　层	数量(m^3)	面积(m^2)
AC25(厚 8cm)	5617.97	70224.63
AC20(厚 6cm)	7356.36	122606.00
SMA13(厚 4cm)	1083.16	27079.00
SUP12.5(厚 4cm)	6304.47	157611.75
合计	20361.96	

18cm 路面铣刨一般分两层铣刨:第一次铣刨 10cm,第二次铣刨 8cm;另外一种情况是仅铣刨上面层的 4cm。因此工程量应由下向上按面积计算。需进行两次铣刨的面积为 70224.63m^2,体积为 70224.63×0.18 = 12640.43m^3;铣刨 10cm 的面积为:122606 - 70224.63 = 52381.37m^2,体积为 52381.37×0.1 = 5238.14m^3;仅铣刨 4cm 的面积计算,由于上面层面积(27079 + 157611.75)小于中下面层面积(70224.63 + 122606),因此应按体积进行换算,体积 = 20361.96 - 12640.43 - 5238.14 = 2483.39m^3,面积为 2483.39/0.04 = 62084.75m^2。定额工程量取定见下表:

定 额	工 程 量	定 额	工 程 量
2-4-2-7	70.2246	2-4-2-7	52.3814
2-4-2-8×8	70.2246	2-4-2-5	62.0848

方量验算:(70.2246×0.1 + 70.2246×0.08 + 52.3814×0.1 + 62.0848×0.04)×1000 = 20361.96m^3

2－4－1　沥青混凝土路面修补

工作内容：1. 灌缝：摆放交安设施，切缝机开槽，清理断面，灌缝机灌缝，冷却，清除安全设施；2. 坑槽修补：摆放交安设施，人工挖除、清理损坏部分，洒沥青粘层油、摊铺、压实、冷却、清除安全设施。

单位：表列单位

序号	项日	单位	代号	灌缝				沥青路面修补							
				裂缝宽度5mm以内		裂缝宽度5mm以上		热料热补（修补面积 m^2）							
				橡胶沥青	道路密封胶	橡胶沥青	道路密封胶	0.5以内		2以内		5以内		10以内	
								一层摊铺	双层摊铺	一层摊铺	双层摊铺	一层摊铺	双层摊铺	一层摊铺	双层摊铺
				100m				$1m^3$							
				1	2	3	4	5	6	7	8	9	10	11	12
1	人工	工日	1	2.9	2.9	3.2	3.2	6.2	5.5	3.9	3.5	3.7	3.3	3.1	2.8
2	AC16	m^3	90	–	–	–	–	(1.06)	(1.06)	(1.06)	(1.06)	(1.06)	(1.06)	(1.06)	(1.06)
3	乳化沥青	t	853	–	–	–	–	0.003	0.004	0.003	0.004	0.003	0.004	0.003	0.004
4	橡胶改性沥青	kg	2016	29.0	–	66.2	–	–	–	–	–	–	–	–	–
5	道路密封胶	kg	2017	–	29.1	–	66.3	–	–	–	–	–	–	–	–

续前页　　　　　　　　　　　　　　　　　　　　　　　　　　　单位:表列单位

<table>
<tr><td rowspan="5">序号</td><td rowspan="5">项　　目</td><td rowspan="5">单位</td><td rowspan="5">代号</td><td colspan="4">灌　　缝</td><td colspan="8">沥青路面修补</td></tr>
<tr><td colspan="2">裂缝宽度 5mm 以内</td><td colspan="2">裂缝宽度 5mm 以上</td><td colspan="8">热料热补(修补面积 m^2)</td></tr>
<tr><td rowspan="2">橡胶沥青</td><td rowspan="2">道路密封胶</td><td rowspan="2">橡胶沥青</td><td rowspan="2">道路密封胶</td><td colspan="2">0.5 以内</td><td colspan="2">2 以内</td><td colspan="2">5 以内</td><td colspan="2">10 以内</td></tr>
<tr><td>一层摊铺</td><td>双层摊铺</td><td>一层摊铺</td><td>双层摊铺</td><td>一层摊铺</td><td>双层摊铺</td><td>一层摊铺</td><td>双层摊铺</td></tr>
<tr><td colspan="4">100m</td><td colspan="8">$1m^3$</td></tr>
<tr><td></td><td></td><td></td><td></td><td>1</td><td>2</td><td>3</td><td>4</td><td>5</td><td>6</td><td>7</td><td>8</td><td>9</td><td>10</td><td>11</td><td>12</td></tr>
<tr><td>6</td><td>其他材料费</td><td>元</td><td>996</td><td>14.4</td><td>14.4</td><td>14.4</td><td>14.4</td><td>24.8</td><td>31.0</td><td>24.8</td><td>31.0</td><td>24.8</td><td>31.0</td><td>24.8</td><td>31.0</td></tr>
<tr><td>7</td><td>风冷汽油机混凝土切缝机</td><td>台班</td><td>1246</td><td>0.40</td><td>0.40</td><td>0.44</td><td>0.44</td><td>–</td><td>–</td><td>–</td><td>–</td><td>–</td><td>–</td><td>–</td><td>–</td></tr>
<tr><td>8</td><td>沥青灌缝机</td><td>台班</td><td>1252</td><td>0.48</td><td>0.48</td><td>0.53</td><td>0.53</td><td>–</td><td>–</td><td>–</td><td>–</td><td>–</td><td>–</td><td>–</td><td>–</td></tr>
<tr><td>9</td><td>多功能养护车(MV－5000)</td><td>台班</td><td>2384</td><td>–</td><td>–</td><td>–</td><td>–</td><td>0.93</td><td>0.83</td><td>0.58</td><td>0.52</td><td>0.55</td><td>0.49</td><td>0.46</td><td>0.41</td></tr>
<tr><td>10</td><td>3t 以内载货汽车</td><td>台班</td><td>1371</td><td>0.14</td><td>0.14</td><td>0.16</td><td>0.16</td><td>0.31</td><td>0.28</td><td>0.2</td><td>0.17</td><td>0.19</td><td>0.17</td><td>0.16</td><td>0.14</td></tr>
<tr><td>11</td><td>$0.3m^3$/min 以内电动空气压缩机</td><td>台班</td><td>1832</td><td>0.44</td><td>0.44</td><td>0.48</td><td>0.48</td><td>–</td><td>–</td><td>–</td><td>–</td><td>–</td><td>–</td><td>–</td><td>–</td></tr>
<tr><td>12</td><td>$1m^3$/min 以内电动空气压缩机</td><td>台班</td><td>1834</td><td>–</td><td>–</td><td>–</td><td>–</td><td>0.56</td><td>0.5</td><td>0.35</td><td>0.31</td><td>0.33</td><td>0.29</td><td>0.28</td><td>0.25</td></tr>
<tr><td>13</td><td>配置机械台班停置费</td><td>台班</td><td>1997</td><td>19.4</td><td>19.4</td><td>21.4</td><td>21.4</td><td>41.6</td><td>36.9</td><td>26.2</td><td>23.5</td><td>24.8</td><td>22.1</td><td>20.8</td><td>18.8</td></tr>
<tr><td>14</td><td>小型机具使用费</td><td>元</td><td>1998</td><td>–</td><td>–</td><td>–</td><td>–</td><td>43.0</td><td>27.4</td><td>24.7</td><td>17.3</td><td>15.9</td><td>12.4</td><td>16.0</td><td>12.4</td></tr>
<tr><td>15</td><td>基价</td><td>元</td><td>1999</td><td>598</td><td>774</td><td>933</td><td>1332</td><td>4158</td><td>3713</td><td>2608</td><td>2344</td><td>2467</td><td>2210</td><td>2073</td><td>1861</td></tr>
</table>

续前页　　单位:表列单位

序号	项　目	单位	代号	沥青路面修补							
				热料冷补修补面积(m^2)				冷料冷补修补面积(m^2)			
				0.5以内	2以内	5以内	5以上	0.5以内	2以内	5以内	5以上
				$1m^3$							
				13	14	15	16	17	18	19	20
1	人工	工日	1	5.6	3.5	3.3	2.8	10.8	6.7	6.3	5.4
2	AC16	m^3	90	(1.06)	(1.06)	(1.06)	(1.06)	–	–	–	–
3	乳化沥青	t	853	0.003	0.003	0.003	0.003	–	–	–	–
4	SBS改性沥青碎石冷修补填料	t	2018	–	–	–	–	2.498	2.498	2.498	2.498
5	其他材料费	元	996	24.8	24.8	24.8	24.8	–	–	–	–
6	0.6t手扶式振动碾	台班	1083	–	–	–	–	1.44	0.90	0.85	0.72
7	多功能养护车(MV-5000)	台班	2384	0.83	0.52	0.49	0.42	–	–	–	–
8	3t以内载货汽车	台班	1371	0.28	0.17	0.17	0.14	1.60	1.00	0.94	0.80
9	$1m^3$/min以内电动空气压缩机	台班	1834	0.50	0.31	0.29	0.25	1.44	0.90	0.85	0.72
10	配置机械台班停置费	台班	1997	37.5	23.5	22.1	18.8	–	–	–	–
11	小型机具使用费	元	1998	43.0	24.7	15.9	17.0	43.0	24.7	15.9	17.0
12	基价	元	1999	3723	2342	2204	1895	3236	2768	2715	2613

2－4－2　沥青混凝土路面铣刨及清理

工作内容：施工准备、机械铣刨、废料堆积及装车或自动回收、清理现场等全部工作内容。

单位：$1000m^2$

序号	项　　目	单位	代号	铣刨宽度（人工清理）												机械清理
				1m 以内				2m 以内				3.75m 以内				
				铣刨厚度												
				4cm	每±1cm	10cm	每±1cm	4cm	每±1cm	10cm	每±1cm	4cm	每±1cm	10cm	每±1cm	4cm
				1	2	3	4	5	6	7	8	9	10	11	12	13
1	人工	工日	1	7.7	1.7	17.2	1.5	3.8	0.9	8.8	0.8	5.0	1.1	11.1	1.0	0.5
2	其他材料费	元	996	27.0	–	27.0	–	45.0	–	45.0	–	90.0	–	90.0	–	–
3	$2.0m^3$ 以内轮胎式装载机	台班	1050	0.67	0.15	1.48	0.13	0.29	0.07	0.68	0.06	0.38	0.09	0.85	0.08	0.24
4	1000mm 以内路面铣刨机	台班	2372	0.64	0.14	1.42	0.13	–	–	–	–	–	–	–	–	–
5	2000mm 以内路面铣刨机	台班	2373	–	–	–	–	0.276	0.066	0.650	0.055	0.366	0.083	0.813	0.073	–
6	3t 以内载货汽车	台班	1371	0.12	0.03	0.26	0.02	0.19	0.01	0.13	0.01	0.08	0.02	0.17	0.02	–
7	5t 以内载货汽车	台班	1373	–	–	–	–	–	–	–	–	–	–	–	–	0.27

续前页　　　　　　　　　　　　　　　　　　　　　　　　　　　　单位:1000m^2

<table>
<tr><td rowspan="4">序号</td><td rowspan="4">项　目</td><td rowspan="4">单位</td><td rowspan="4">代号</td><td colspan="12">铣刨宽度(人工清理)</td><td>机械清理</td></tr>
<tr><td colspan="4">1m 以内</td><td colspan="4">2m 以内</td><td colspan="5">3.75m 以内</td></tr>
<tr><td colspan="13">铣 刨 厚 度</td></tr>
<tr><td>4cm</td><td>每±1cm</td><td>10cm</td><td>每±1cm</td><td>4cm</td><td>每±1cm</td><td>10cm</td><td>每±1cm</td><td>4cm</td><td>每±1cm</td><td>10cm</td><td>每±1cm</td><td>4cm</td></tr>
<tr><td></td><td></td><td></td><td></td><td>1</td><td>2</td><td>3</td><td>4</td><td>5</td><td>6</td><td>7</td><td>8</td><td>9</td><td>10</td><td>11</td><td>12</td><td>13</td></tr>
<tr><td>8</td><td>30t 以内平板拖车组</td><td>台班</td><td>1394</td><td>0.04</td><td>0.01</td><td>0.09</td><td>0.01</td><td>0.06</td><td>0.01</td><td>0.04</td><td>0.01</td><td>0.02</td><td>0.01</td><td>0.05</td><td>0.01</td><td>–</td></tr>
<tr><td>9</td><td>6000L 以内洒水汽车</td><td>台班</td><td>1405</td><td>0.140</td><td>0.030</td><td>0.310</td><td>0.030</td><td>0.060</td><td>0.010</td><td>0.140</td><td>0.010</td><td>0.080</td><td>0.020</td><td>0.180</td><td>0.020</td><td>–</td></tr>
<tr><td>10</td><td>9m³/min 以内机动空气压缩机</td><td>台班</td><td>1842</td><td>–</td><td>–</td><td>–</td><td>–</td><td>–</td><td>–</td><td>–</td><td>–</td><td>–</td><td>–</td><td>–</td><td>–</td><td>0.29</td></tr>
<tr><td>11</td><td>滑移装载机(带封闭式清扫器)(山猫 S160)</td><td>台班</td><td>2388</td><td>–</td><td>–</td><td>–</td><td>–</td><td>–</td><td>–</td><td>–</td><td>–</td><td>–</td><td>–</td><td>–</td><td>–</td><td>0.24</td></tr>
<tr><td>12</td><td>配置机械台班停置费</td><td>元</td><td>1997</td><td>309.2</td><td>69.3</td><td>687.9</td><td>61.8</td><td>136.7</td><td>32.7</td><td>321.1</td><td>27.6</td><td>181.0</td><td>40.7</td><td>402.2</td><td>36.2</td><td>–</td></tr>
<tr><td>13</td><td>小型机具使用费</td><td>元</td><td>1998</td><td>30.0</td><td>–</td><td>30.0</td><td>–</td><td>50.0</td><td>–</td><td>50.0</td><td>–</td><td>100.0</td><td>–</td><td>100.0</td><td>–</td><td>–</td></tr>
<tr><td>14</td><td>基价</td><td>元</td><td>1999</td><td>2709</td><td>587</td><td>5941</td><td>531</td><td>2565</td><td>575</td><td>5721</td><td>486</td><td>3358</td><td>726</td><td>7235</td><td>644</td><td>608</td></tr>
</table>

注:1.本定额中不包括沥青混凝土废料的运输,若铣刨的沥青混凝土废料需远运时,可按沥青混合料运输定额计算;

2.若套用沥青混凝土路面铣刨后人工清理定额而实际采用机械清理时,应将人工消耗量乘以 0.8 的系数;

3.机械清理定额中不包括沥青混凝路面铣刨的费用。

2－4－3　沥青混凝土拌和

工作内容:1. 沥青加热、保温、输送;2. 装载机铲运料、上料、配运;3. 添加纤维稳定剂(SMA);4. 矿料加热、烘干;5. 拌和、出料。

单位:$100m^3$ 实体

序号	项目	单位	代号	拌和设备生产能力(t/h)											
				120t/h											
				沥青混凝土路面结构层											
				AC-25	AC-20	AC-16	AC-13	AC-10	SMA-16	SMA-13	SMA 10	Sup 19	Sup 12.5	超薄磨耗层	柔性基层
				1	2	3	4	5	6	7	8	9	10	11	12
1	人工	工日	1	5.4	5.6	5.8	5.7	5.8	6.0	6.2	6.3	6.5	5.7	8.5	4.6
2	沥青混合料	m^3	–	(105)	(105)	(105)	(105)	(105)	(105)	(105)	(105)	(105)	(105)	(105)	(105)
3	石油沥青	t	851	10.295	–	–	–	–	–	–	–	–	–	–	8.657
4	改性沥青	t	852	–	10.815	11.839	12.715	13.808	15.078	15.482	15.848	11.214	12.963	19.294	–
5	纤维稳定剂	t	856	–	–	–	–	–	0.791	0.800	0.806	–	–	–	–
6	矿粉	t	949	12.744	10.200	5.210	10.074	7.458	27.374	25.135	12.656	10.330	5.034	8.043	7.348
7	路面用玄武岩碎石	m^3	964	–	–	–	–	50.59	128.77	131.52	139.81	–	96.12	151.20	–

续前页　　　　　　　　　　　　　　　　　　　　单位：$100m^3$ 实体

序号	项目	单位	代号	拌和设备生产能力(t/h)											
				120t/h											
				沥青混凝土路面结构层											
				AC-25	AC-20	AC-16	AC-13	AC-10	SMA-16	SMA-13	SMA-10	Sup 19	Sup 12.5	超薄磨耗层	柔性基层
				1	2	3	4	5	6	7	8	9	10	11	12
8	路面用碎石(1.5cm)	m^3	965	55.17	98.65	174.59	163.76	108.56	-	-	-	120.21	55.66	-	71.67
9	路面用碎石(2.5cm)	m^3	966	54.37	68.00	-	-	-	-	-	-	48.21	-	-	58.78
10	路面用碎石(3.5cm)	m^3	967	54.37	-	-	-	-	-	-	-	-	-	-	31.02
11	其他材料费	元	996	28.8	34.5	34.5	43.1	43.1	34.5	43.1	43.1	34.5	43.1	71.9	28.8
12	设备摊销费	元	997	448.9	481.2	481.2	519.6	519.6	481.2	519.6	519.6	481.2	519.6	866.0	448.9
13	$2.0m^3$ 以内轮胎式装载机	台班	1050	1.09	1.13	1.17	1.15	1.16	1.21	1.24	1.27	1.31	1.15	1.71	0.92
14	120t/h 以内沥青混凝土拌和设备	台班	2326	0.483	0.502	0.52	0.512	0.515	0.538	0.552	0.563	0.581	0.512	0.76	0.41
15	5t 以内自卸汽车	台班	1383	0.48	0.50	0.52	0.51	0.51	0.54	0.55	0.56	0.58	0.51	0.76	0.41
16	基价	元	1999	70087	86740	92558	97080	110399	137581	140550	142829	91206	112094	162676	60378

续前页　　　　　　　　　　　　　　　　　　　　　　　　　单位：100m³ 实体

序号	项目	单位	代号	拌和设备生产能力(t/h) 160t/h 沥青混凝土路面结构层											
				AC-25	AC-20	AC-16	AC-13	AC-10	SMA-16	SMA-13	SMA-10	Sup 19	Sup 12.5	超薄磨耗层	柔性基层
				13	14	15	16	17	18	19	20	21	22	23	24
1	人工	工日	1	3.9	4.0	4.2	4.1	4.1	4.3	4.4	4.5	4.1	4.1	6.1	3.3
2	沥青混合料	m³	–	(105)	(105)	(105)	(105)	(105)	(105)	(105)	(105)	(105)	(105)	(105)	(105)
3	石油沥青	t	851	10.295	–	–	–	–	–	–	–	–	–	–	8.657
4	改性沥青	t	852	–	10.815	11.839	12.715	13.808	15.078	15.482	15.848	11.214	12.963	19.294	–
5	纤维稳定剂	t	856	–	–	–	–	–	0.791	0.800	0.806	–	–	–	–
6	矿粉	t	949	12.744	10.200	5.210	10.074	7.458	27.374	25.135	12.656	10.330	5.034	8.043	7.348
7	路面用玄武岩碎石	m³	964	–	–	–	–	50.59	128.77	131.52	139.81	–	96.12	151.20	–
8	路面用碎石(1.5cm)	m³	965	55.17	98.65	174.59	163.76	108.56	–	–	–	120.21	55.66	–	71.67
9	路面用碎石(2.5cm)	m³	966	54.37	68.00	–	–	–	–	–	–	48.21	–	–	58.78
10	路面用碎石(3.5cm)	m³	967	54.37	–	–	–	–	–	–	–	–	–	–	31.02
11	其他材料费	元	996	28.8	34.5	34.5	43.1	43.1	34.5	43.1	43.1	34.5	43.1	71.9	28.8

续前页　　　　单位:100m³ 实体

序号	项　　目	单位	代号	拌和设备生产能力(t/h)											
				160t/h											
				沥青混凝土路面结构层											
				AC-25	AC-20	AC-16	AC-13	AC-10	SMA-16	SMA-13	SMA-10	Sup 19	Sup 12.5	超薄磨耗层	柔性基层
				13	14	15	16	17	18	19	20	21	22	23	24
12	设备摊销费	元	997	401.6	430.4	430.4	464.8	464.8	430.4	464.8	464.8	430.4	464.8	774.7	401.6
13	2.0m³ 以内轮胎式装载机	台班	1050	0.77	0.81	0.84	0.82	0.83	0.86	0.89	0.91	0.82	0.82	1.23	0.66
14	160t/h 以内沥青混凝土拌和设备	台班	2327	0.344	0.358	0.371	0.366	0.367	0.384	0.394	0.403	0.364	0.366	0.544	0.293
15	5t 以内自卸汽车	台班	1383	0.34	0.36	0.37	0.37	0.37	0.38	0.39	0.40	0.36	0.37	0.54	0.29
16	基价	元	1999	68908	85538	91322	95880	109152	136298	139239	141530	88053	110893	160908	59409

续前页　　单位:100m^3 实体

序号	项目	单位	代号	拌和设备生产能力(t/h)											
				240t/h											
				沥青混凝土路面结构层											
				AC-25	AC-20	AC-16	AC-13	AC-10	SMA-16	SMA-13	SMA-10	Sup 19	Sup 12.5	超薄磨耗层	柔性基层
				25	26	27	28	29	30	31	32	33	34	35	36
1	人工	工日	1	2.4	2.5	2.6	2.6	2.6	2.7	2.8	2.8	2.6	2.6	3.8	2.1
2	沥青混合料	m^3	–	(105)	(105)	(105)	(105)	(105)	(105)	(105)	(105)	(105)	(105)	(105)	(105)
3	石油沥青	t	851	10.30	–	–	–	–	–	–	–	–	–	–	8.66
4	改性沥青	t	852	–	10.815	11.839	12.715	13.808	15.078	15.482	15.848	11.214	12.963	19.294	–
5	纤维稳定剂	t	856	–	–	–	–	–	0.791	0.800	0.806	–	–	–	–
6	矿粉	t	949	12.744	10.200	5.210	10.074	7.458	27.374	25.135	12.656	10.330	5.034	8.043	7.348
7	路面用玄武岩碎石	m^3	964	–	–	–	–	50.59	128.77	131.52	139.81	–	96.12	151.20	–
8	路面用碎石(1.5cm)	m^3	965	55.17	98.65	174.59	163.76	108.56	–	–	–	120.21	55.66	–	71.67
9	路面用碎石(2.5cm)	m^3	966	54.37	68.00	–	–	–	–	–	–	48.21	–	–	58.78
10	路面用碎石(3.5cm)	m^3	967	54.37	–	–	–	–	–	–	–	–	–	–	31.02
11	其他材料费	元	996	28.8	34.5	34.5	43.1	43.1	34.5	43.1	43.1	34.5	43.1	71.9	28.8

续前页　　　　　　　　　　　　　　　　　　　　　　　　　　　　　　单位:100m³ 实体

序号	项目	单位	代号	拌和设备生产能力(t/h)											
				240t/h											
				沥青混凝土路面结构层											
				AC-25	AC-20	AC-16	AC-13	AC-10	SMA-16	SMA-13	SMA-10	Sup 19	Sup 12.5	超薄磨耗层	柔性基层
				25	26	27	28	29	30	31	32	33	34	35	36
12	设备摊销费	元	997	391.9	420.0	420.0	453.6	453.6	420.0	453.6	453.6	420.0	453.6	756.1	391.9
13	2.0m³ 以内轮胎式装载机	台班	1050	0.49	0.51	0.53	0.52	0.52	0.55	0.56	0.56	0.52	0.52	0.76	0.42
14	240t/h 以内沥青混凝土拌和设备	台班	2330	0.218	0.227	0.236	0.232	0.233	0.243	0.250	0.251	0.230	0.232	0.339	0.186
15	5t 以内自卸汽车	台班	1383	0.22	0.23	0.24	0.23	0.23	0.24	0.25	0.25	0.23	0.23	0.34	0.19
16	基价	元	1999	68736	85359	91177	95696	108980	136091	139054	141082	87835	110709	160312	59281

2-4-4 沥青混凝土混合料铺筑

工作内容:1. 清扫整理下承层;2. 机械摊铺沥青混合料;3. 找平、碾压;4. 初期养护。

I. 沥青混凝土 单位:100m³ 实体

序号	项目	单位	代号	沥青混凝土摊铺											
				拌和设备生产能力(t/h)											
				120t/h								160t/h			
				摊铺机摊铺宽度											
				9.0m 以内沥青混合料摊铺机				12.5m 以内沥青混合料摊铺机				9.0m 以内沥青混合料摊铺机			
				粗粒式	中粒式	细粒式	柔性基层	粗粒式	中粒式	细粒式	柔性基层	粗粒式	中粒式	细粒式	柔性基层
				1	2	3	4	5	6	7	8	9	10	11	12
1	人工	工日	1	11.3	12.0	12.8	10.7	9.0	9.6	10.2	8.6	9.6	10.2	10.9	9.1
2	水	m³	866	5	6	9	6	5	6	9	6	5	6	9	6
3	其他材料费	元	996	20.0	30.0	40.0	20.0	20.0	30.0	40.0	20.0	20.0	30.0	40.0	20.0
4	6t 以内振动压路机	台班	1085	0.30	0.32	0.34	0.29	0.24	0.26	0.27	0.23	0.25	0.27	0.29	0.24
5	12.5m 以内自动找平沥青混合料摊铺机	台班	1214	-	-	-	-	0.44	0.47	0.50	0.42	-	-	-	-

续前页　　　　　　　　　　　　　　　　　　　　　　　　　　　　单位:100m³ 实体

序号	项目	单位	代号	沥青混凝土摊铺											
				拌和设备生产能力(t/h)											
				120t/h								160t/h			
				摊铺机摊铺宽度											
				9.0m 以内沥青混合料摊铺机				12.5m 以内沥青混合料摊铺机				9.0m 以内沥青混合料摊铺机			
				粗粒式	中粒式	细粒式	柔性基层	粗粒式	中粒式	细粒式	柔性基层	粗粒式	中粒式	细粒式	柔性基层
				1	2	3	4	5	6	7	8	9	10	11	12
6	15t 以内双钢轮振动压路机	台班	1220	0.96	1.15	1.23	0.91	0.77	0.92	0.98	0.73	0.92	0.98	1.04	0.87
7	16～20t 轮胎式压路机	台班	1224	0.60	0.64	0.68	0.57	0.48	0.51	0.54	0.46	0.51	0.54	0.58	0.34
8	9.0m 以内自动找平沥青混合料摊铺机	台班	2334	0.55	0.58	0.62	0.52	-	-	-	-	0.46	0.49	0.53	0.44
9	3t 以内载货汽车	台班	1371	0.13	0.13	0.14	0.12	0.10	0.11	0.11	0.10	0.11	0.11	0.12	0.10
10	30t 以内平板拖车组	台班	1394	0.13	0.13	0.14	0.12	0.10	0.11	0.11	0.10	0.11	0.11	0.12	0.10
11	6000L 以内洒水汽车	台班	1405	0.13	0.13	0.14	0.12	0.10	0.11	0.11	0.10	0.11	0.11	0.12	0.10
12	配置机械台班停置费	元	1997	299.8	319.3	339.9	284.5	240.2	255.7	272.0	227.9	254.6	278.2	288.6	241.4
13	基价	元	1999	4401	4838	5180	4168	3769	4171	4434	3602	3861	4115	4416	3571

续前页　　　　单位:100m³ 实体

序号	项目	单位	代号	沥青混凝土摊铺											
				拌和设备生产能力(t/h)											
				160t/h								240t/h			
				摊铺机摊铺宽度											
				12.5m 以内沥青混合料摊铺机				9.0m 以内沥青混合料摊铺机				12.5m 以内沥青混合料摊铺机			
				粗粒式	中粒式	细粒式	柔性基层	粗粒式	中粒式	细粒式	柔性基层	粗粒式	中粒式	细粒式	柔性基层
				13	14	15	16	17	18	19	20	21	22	23	24
1	人工	工日	1	7.7	8.2	8.7	7.3	7.8	8.8	9.4	7.4	6.6	7.0	7.5	5.9
2	水	m³	866	5	6	9	6	5	6	9	6	5	6	9	6
3	其他材料费	元	996	20.0	30.0	40.0	20.0	20.0	30.0	40.0	20.0	20.0	30.0	40.0	20.0
4	6t 以内振动压路机	台班	1085	0.20	0.22	0.23	0.19	0.21	0.23	0.25	0.20	0.17	0.19	0.20	0.16
5	12.5m 以内自动找平沥青混合料摊铺机	台班	1214	0.37	0.40	0.42	0.35	–	–	–	–	0.32	0.34	0.36	0.28
6	15t 以内双钢轮振动压路机	台班	1220	0.73	0.78	0.83	0.70	0.74	0.84	0.90	0.70	0.63	0.67	0.72	0.56
7	16～20t 轮胎式压路机	台班	1224	0.28	0.30	0.32	0.27	0.29	0.32	0.35	0.27	0.24	0.26	0.28	0.22
8	9.0m 以内自动找平沥青混合料摊铺机	台班	2334	–	–	–	–	0.37	0.43	0.45	0.36	–	–	–	–

续前页　　　　　　　　　　　　　　　　　　　　　　　　　　　　单位：100m³ 实体

序号	项目	单位	代号	沥青混凝土摊铺											
				拌和设备生产能力（t/h）											
				160t/h								240t/h			
				摊铺机摊铺宽度											
				12.5m 以内沥青混合料摊铺机				9.0m 以内沥青混合料摊铺机				12.5m 以内沥青混合料摊铺机			
				粗粒式	中粒式	细粒式	柔性基层	粗粒式	中粒式	细粒式	柔性基层	粗粒式	中粒式	细粒式	柔性基层
				13	14	15	16	17	18	19	20	21	22	23	24
9	3t 以内载货汽车	台班	1371	0.07	0.08	0.08	0.07	0.09	0.10	0.10	0.08	0.06	0.07	0.07	0.07
10	30t 以内平板拖车组	台班	1394	0.08	0.09	0.10	0.08	0.09	0.10	0.10	0.08	0.07	0.08	0.08	0.07
11	6000L 以内洒水汽车	台班	1405	0.08	0.09	0.10	0.08	0.09	0.10	0.10	0.08	0.07	0.08	0.08	0.07
12	配置机械台班停置费	元	1997	203.4	216.7	231.1	193.1	205.4	233.1	248.5	195.1	174.6	186.8	199.2	156.1
13	基价	元	1999	3200	3454	3672	3056	3042	3474	3694	2899	2764	2966	3166	2473

注：1. 沥青混凝土结构划分为：粗粒式：AC25；中粒式：AC20、AC16、Sup19、SMA16；细粒式：AC13、AC10、Sup12.5、SMA13、SMA10；

2. 若沥青混凝土采用商品混凝土时，不应再计算拌合费用，可将沥青混凝土作为“材料”计入摊铺定额中。

II. SMA 沥青混凝土

单位:100m³ 实体

序号	项目	单位	代号	SMA 沥青混凝土摊铺					
				拌和设备生产能力(t/h)					
				120t/h		160t/h		240t/h	
				摊铺机摊铺宽度					
				9.0m 以内沥青混合料摊铺机	12.5m 以内沥青混合料摊铺机	9.0m 以内沥青混合料摊铺机	12.5m 以内沥青混合料摊铺机	9.0m 以内沥青混合料摊铺机	12.5m 以内沥青混合料摊铺机
				25	26	27	28	29	30
1	人工	工日	1	15.7	13.9	13.4	11.3	11.7	10.0
2	水	m³	866	9	9	9	9	9	9
3	其他材料费	元	996	40.0	40.0	40.0	40.0	40.0	40.0
4	6t 以内振动压路机	台班	1085	0.42	0.37	0.36	0.30	0.31	0.27
5	12.5m 以内自动找平沥青混合料摊铺机	台班	1214	–	0.67	–	0.55	–	0.49
6	15t 以内双钢轮振动压路机	台班	1220	2.00	1.77	1.71	1.44	1.49	1.28
7	9.0m 以内自动找平沥青混合料摊铺机	台班	2334	0.76	–	0.65	–	0.56	–
8	3t 以内载货汽车	台班	1371	0.17	0.15	0.15	0.13	0.13	0.11

续前页

单位:100m³ 实体

序号	项目	单位	代号	SMA 沥青混凝土摊铺					
				拌和设备生产能力(t/h)					
				120t/h		160t/h		240t/h	
				摊铺机摊铺宽度					
				9.0m 以内沥青混合料摊铺机	12.5m 以内沥青混合料摊铺机	9.0m 以内沥青混合料摊铺机	12.5m 以内沥青混合料摊铺机	9.0m 以内沥青混合料摊铺机	12.5m 以内沥青混合料摊铺机
				25	26	27	28	29	30
9	30t 以内平板拖车组	台班	1394	0.17	0.15	0.15	0.13	0.13	0.11
10	6000L 以内洒水汽车	台班	1405	0.17	0.15	0.15	0.13	0.13	0.11
11	配置机械台班停置费	元	1997	427.9	378.6	364.6	307.6	317.8	273.2
12	基价	元	1999	6464	6097	5541	4999	4816	4443

2-4-5 沥青混凝土混合料运输

工作内容:等待装、运、卸、空回。

单位:100m³ 实体

<table>
<tr><th rowspan="6">序号</th><th rowspan="6">项 目</th><th rowspan="6">单位</th><th rowspan="6">代号</th><th colspan="10">沥青混合料运输</th></tr>
<tr><th colspan="10">自卸汽车载重质量(t)</th></tr>
<tr><th colspan="5">8 以内</th><th colspan="5">12 以内</th></tr>
<tr><th rowspan="3">第一个1km</th><th colspan="4">每增运 1km</th><th rowspan="3">第一个1km</th><th colspan="4">每增运 1km</th></tr>
<tr><th colspan="4">平均运距(km)</th><th colspan="4">平均运距(km)</th></tr>
<tr><th>5 以内</th><th>15 以内</th><th>30 以内</th><th>30 以上</th><th>5 以内</th><th>15 以内</th><th>30 以内</th><th>30 以上</th></tr>
<tr><td></td><td></td><td></td><td></td><td>1</td><td>2</td><td>3</td><td>4</td><td>5</td><td>6</td><td>7</td><td>8</td><td>9</td><td>10</td></tr>
<tr><td>1</td><td>8t 以内自卸汽车</td><td>台班</td><td>1385</td><td>1.72</td><td>0.33</td><td>0.28</td><td>0.26</td><td>0.24</td><td>-</td><td>-</td><td>-</td><td>-</td><td>-</td></tr>
<tr><td>2</td><td>12t 以内自卸汽车</td><td>台班</td><td>1387</td><td>-</td><td>-</td><td>-</td><td>-</td><td>-</td><td>1.11</td><td>0.24</td><td>0.20</td><td>0.18</td><td>0.17</td></tr>
<tr><td>3</td><td>基价</td><td>元</td><td>1999</td><td>919</td><td>176</td><td>150</td><td>139</td><td>128</td><td>759</td><td>164</td><td>137</td><td>123</td><td>116</td></tr>
</table>

续前页　　　　　　　　　　　　　　　　　　单位:$100m^3$ 实体

<table>
<tr><th rowspan="6">序号</th><th rowspan="6">项　　目</th><th rowspan="6">单位</th><th rowspan="6">代号</th><th colspan="10">沥青混合料运输</th></tr>
<tr><th colspan="10">自卸汽车载重质量(t)</th></tr>
<tr><th colspan="5">15 以内</th><th colspan="5">20 以内</th></tr>
<tr><th rowspan="3">第一个 1km</th><th colspan="4">每增运 1km</th><th rowspan="3">第一个 1km</th><th colspan="4">每增运 1km</th></tr>
<tr><th colspan="4">平均运距(km)</th><th colspan="4">平均运距(km)</th></tr>
<tr><th>5 以内</th><th>15 以内</th><th>30 以内</th><th>30 以上</th><th>5 以内</th><th>15 以内</th><th>30 以内</th><th>30 以上</th></tr>
<tr><th></th><th></th><th></th><th></th><th>11</th><th>12</th><th>13</th><th>14</th><th>15</th><th>16</th><th>17</th><th>18</th><th>19</th><th>20</th></tr>
<tr><td>1</td><td>15t 以内自卸汽车</td><td>台班</td><td>1388</td><td>0.94</td><td>0.21</td><td>0.17</td><td>0.16</td><td>0.15</td><td>–</td><td>–</td><td>–</td><td>–</td><td>–</td></tr>
<tr><td>2</td><td>20t 以内自卸汽车</td><td>台班</td><td>1390</td><td>–</td><td>–</td><td>–</td><td>–</td><td>–</td><td>0.72</td><td>0.17</td><td>0.14</td><td>0.13</td><td>0.12</td></tr>
<tr><td>3</td><td>基价</td><td>元</td><td>1999</td><td>708</td><td>158</td><td>128</td><td>120</td><td>113</td><td>660</td><td>156</td><td>128</td><td>119</td><td>110</td></tr>
</table>

2-4-6 沥青混合料拌和设备安装、拆除

工作内容:1. 修建拌和设备、加热炉、储油罐(池)等基座及沉淀池的全部工作;2. 砌筑上料台;3. 拌和设备、加热炉、输油管线的安装、拆除;4. 设备调试。

单位:1座

序号	项目	单位	代号	拌和设备生产能力(t/h)		
				120以内	160以内	240以内
				1	2	3
1	人工	工日	1	1355.0	1707.3	2120.2
2	锯材	m^3	102	0.009	0.012	0.017
3	型钢	t	182	0.035	0.049	0.069
4	组合钢模板	t	272	0.076	0.105	0.148
5	铁件	kg	651	63.8	81.3	103.9
6	42.5级水泥	t	833	125.499	165.348	215.956
7	水	m^3	866	801	1057	1382
8	中(粗)砂	m^3	899	442.47	578.19	746.11
9	片石	m^3	931	471.82	609.55	774.13
10	碎石(4cm)	m^3	952	70.34	97.93	138.03

续前页　　单位:1座

序号	项　　目	单位	代号	拌和设备生产能力(t/h)		
				120以内	160以内	240以内
				1	2	3
11	块石	m^3	981	646.20	834.82	1060.23
12	其他材料费	元	996	320.4	427.7	569.4
13	设备摊销费	元	997	30791.3	37041.2	43291.2
14	1.0m^3以内履带式单斗挖掘机	台班	1029	8.05	10.19	12.67
15	350L以内强制式混凝土搅拌机	台班	1273	4.81	6.71	9.45
16	15t以内平板拖车组	台班	1392	12.76	–	–
17	20t以内平板拖车组	台班	1393	–	14.04	15.45
18	12t以内汽车式起重机	台班	1451	2.19	3.06	4.30
19	20t以内汽车式起重机	台班	1453	21.88	24.10	–
20	40t以内汽车式起重机	台班	1456	21.88	–	26.51
21	75t以内汽车式起重机	台班	1458	–	24.10	26.51
22	小型机具使用费	元	1998	1133.4	1516.4	1947.8
23	基价	元	1999	333127	440577	565485

2－4－7　封层、透层、黏层及防水层

工作内容:1. 封层:安全设施摆放、施工测量、混合料配制、铺筑、压实、养护;2. 透层、黏层:安全设施摆放、施工测量、路表清扫、撒布乳化沥青等全部工作内容;3. 防水层:摊铺前准备工作、安全设施摆放、施工测量、防水材料铺设、检验等全部工程内容。

单位:1000m²

序号	项目	单位	代号	乳化沥青稀浆封层			透层	黏层	桥面防水层	
				ES-1 型	ES-2 型	ES-3 型			喷砂打磨	喷涂防水层
				1	2	3	4	5	6	7
1	人工	工日	1	4.8	5.3	5.4	2.3	1.8	6.5	4.7
2	钢砂	t	562	–	–	–	–	–	1.736	–
3	乳化沥青	t	853	1.096	1.476	1.560	0.824	0.515	–	–
4	砂	m^3	897	0.38	0.60	0.66	–		–	–
5	矿粉	t	949	0.265	0.278	0.318	–	–	–	–
6	石屑	m^3	961	1.75	2.95	3.81	–	–	–	–
7	桥面硅胶防水剂	kg	2019	–	–	–	–	–	–	364.0
8	其他材料费	元	996	–	–	–	34.1	25.7	–	–

续前页

单位:1000m²

序号	项　　目	单位	代号	乳化沥青稀浆封层			透层	黏层	桥面防水层	
				ES-1 型	ES-2 型	ES-3 型			喷砂打磨	喷涂防水层
				1	2	3	4	5	6	7
9	设备摊销费	元	997	–	–	–	15.3	7.7	–	–
10	4000L 以内液态沥青运输车	台班	1185	0.22	0.33	0.37	–	–	–	–
11	4000L 以内沥青洒布车	台班	1193	–	–	–	0.33	0.44	–	0.57
12	摊铺宽度 2.5～3.5m 稀浆封层机	台班	1216	0.21	0.31	0.36	–	–	–	–
13	3t 以内载货汽车	台班	1371	–	–	–	–	–	0.16	–
14	6000L 以内洒水汽车	台班	1405	0.22	0.33	0.37	–	–	–	–
15	抛丸机	台班	2584	–	–	–	–	–	1.53	–
16	配置机械台班停置费	元	1997	–	–	–	–	–	21.8	15.7
17	小型机具使用费	元	1998	–	–	–	3.3	1.8	–	–
18	基价	元	1999	5355	7303	7874	3432	2268	9867	13579

注:桥面防水剂按硅胶防水剂编制,采用其他防水材料时应根据产品说明调整材料用量及材料单价。

2-4-8 沥青混凝土路面微表处及罩面

工作内容:1.微表处:微表处封层作业前的路表车辙、裂缝、凹陷等修补工作、施工场地转移、安全设施摆放、施工测量、混合料配制、铺筑、压实、养护等全部工程内容;2.机械摊铺罩面层:摊铺前准备工作、施工场地转移、安全设施摆放、施工测量、混合料摊铺、压实、养护等全部工程内容。

单位:1000m²

序号	项目	单位	代号	微表处				机械摊铺罩面层							
				车辙填充		微表处		拌和设备生产能力(t/h)							
								120t/h				160t/h			
								9.0m以内沥青混合料摊铺机		12.5m以内沥青混合料摊铺机		9.0m以内沥青混合料摊铺机		12.5m以内沥青混合料摊铺机	
						单层	双层								
				厚15mm	±10mm	厚10mm	厚20mm	厚25mm	±10mm	厚25mm	±10mm	厚25mm	±10mm	厚25mm	±10mm
				1	2	3	4	5	6	7	8	9	10	11	12
1	人工	工日	1	16.2	12.6	14.0	24.8	3.7	-	3.2	-	3.4	-	2.9	-
2	细粒式沥青混合料	m³	86	(15.00)	(10.00)	(10.00)	(20.00)	(25.00)	(10.00)	(25.00)	(10.00)	(25.00)	(10.00)	(25.00)	(10.00)
3	乳化沥青	t	853	3.272	2.181	2.181	4.362	-	-	-	-	-	-	-	-

续前页　　　　单位：1000m²

序号	项目	单位	代号	微表处				机械摊铺罩面层							
				车辙填充		微表处		拌和设备生产能力(t/h)							
								120t/h				160t/h			
								9.0m以内沥青混合料摊铺机		12.5m以内沥青混合料摊铺机		9.0m以内沥青混合料摊铺机		12.5m以内沥青混合料摊铺机	
						单层	双层								
				厚15mm	±10mm	厚10mm	厚20mm	厚25mm	±10mm	厚25mm	±10mm	厚25mm	±10mm	厚25mm	±10mm
				1	2	3	4	5	6	7	8	9	10	11	12
4	32.5级水泥	t	832	0.662	0.441	0.441	0.882	–	–	–	–	–	–	–	–
5	水	m³	866	–	–	–	–	2	1	2	1	1	1	1	1
6	路面用玄武岩碎石	m³	964	18.87	12.58	12.58	25.16	–	–	–	–	–	–	–	–
7	其他材料费	元	996	105.0	–	105.0	105.0	126.0	–	126.0	–	126.0	–	126.0	–
8	3.0m³以内轮胎式装载机	台班	1051	0.15	0.1	0.10	0.20	–	–	–	–	–	–	–	–
9	6t以内振动压路机	台班	1085	–	–	–	–	0.06	0.02	0.08	0.02	0.06	0.02	0.05	0.01
10	12.5m以内自动找平沥青混合料摊铺机	台班	1214	–	–	–	–	–	–	0.24	0.07	–	–	0.15	0.04
11	15t以内双钢轮振动压路机	台班	1220	–	–	–	–	0.41	0.12	0.53	0.16	0.38	0.11	0.32	0.1

续前页 单位:1000m²

序号	项目	单位	代号	微表处				机械摊铺罩面层							
								拌和设备生产能力(t/h)							
								120t/h				160t/h			
				车辙填充		微表处		9.0m以内沥青混合料摊铺机		12.5m以内沥青混合料摊铺机		9.0m以内沥青混合料摊铺机		12.5m以内沥青混合料摊铺机	
						单层	双层								
				厚15mm	±10mm	厚10mm	厚20mm	厚25mm	±10mm	厚25mm	±10mm	厚25mm	±10mm	厚25mm	±10mm
				1	2	3	4	5	6	7	8	9	10	11	12
12	16~20t轮胎式压路机	台班	1224	-	-	-	-	0.210	0.06	0.260	0.08	0.190	0.06	0.160	0.05
13	120t/h以内沥青混合料拌和设备	台班	2326	0.07	0.04	0.04	0.09	-	-	-	-	-	-	-	-
14	9.0m以内自动找平沥青混合料摊铺机	台班	2334	0.77	0.6	0.67	1.21	0.19	0.06	-	-	0.17	0.05	-	-
15	3t以内载货汽车	台班	1371	0.81	0.63	0.70	1.24	0.040	-	0.060	-	0.040	-	0.030	-
16	30t以内平板拖车组	台班	1394	-	-	-	-	0.04	-	0.06	-	0.04	-	0.03	-
17	6000L以内洒水汽车	台班	1405	-	-	-	-	0.04	0.01	0.06	0.02	0.04	0.01	0.03	0.01
18	配置机械台班停置费	元	1997	108.4	84.8	94.2	166.6	113.9	-	133.6	-	104.5	-	88.7	-
19	小型机具使用费	元	1998	30.0	30.0	30.0	30.0	20.0	-	20.0	-	20.0	-	20.0	-
20	基价	元	1999	22285	14989	15380	30302	1743	386	2256	526	1609	344	1478	314

第五节　路面附属工程养护

说　明

1. 整修和挖除旧路面按设计提出的需要整修的旧路面面积和需要挖除的旧路面体积计算。

2. 碎石盲沟定额中土工布及碎石数量依据一般设计图纸进行计算，定额使用时可按设计图纸数量进行调整，但不得调整人工及机械定额。

3. 路缘石、路肩石裂缝灌浆定额中，定额砂浆数量已进行了综合，如实际砂浆用量与定额不同时，可按砂浆配合比抽换砂浆材料。

4. 硬路肩工程项目，根据其不同设计层次结构，分别采用不同的路面定额项目进行计算。

5. 铺砌水泥混凝土预制块路缘石、路肩石定额中，均已包括水泥混凝土预制块的预制，使用定额时不得另行计算。

6. 路基、路面压浆定额依据钻孔直径、深度及浆体类别划分定额子目，其中压浆定额以水泥重量(t)为定额单位，定额计算取定的不同孔径、孔深对应的压浆数量详见下表：

孔径(mm)	$\phi 50$	$\phi 70$	$\phi 90$
孔深(m)	5.0	7.0	8.0
压浆数量(t/每孔)	1.0	1.5	2.0

2-5-1 碎石盲沟

工作内容:1. 挖盲沟槽;2. 碎石料盲沟铺土工布;3. 填料及夯实;4. 将废土运出路基外并加以整理。

单位:10m

序号	项目	单位	代号	盲沟断面尺寸(cm)			
				20×30	30×40	40×40	60×80
				1	2	3	4
1	人工	工日	1	1.1	2.0	2.6	7.4
2	土工布	m^2	770	10.70	14.80	16.80	29.10
3	碎石(4cm)	m^3	952	0.70	–	–	–
4	碎石(6cm)	m^3	953	–	1.41	1.88	5.63
5	3t 以内载货汽车	台班	1371	0.06	0.10	0.13	0.37
6	配置机械台班停置费	元	1997	7.4	13.4	17.4	49.6
7	基价	元	1999	175	296	374	978

注:本定额中土工布数量与定额数量不一致时,可按实际数量进行抽换,但不得调整人工定额。

2-5-2 路缘石、路肩石维修

工作内容:1. 路缘石、路肩石整修、更换:摆放安全设施,清除损坏路肩石(路缘石),清理断面,安装预制路肩石(路缘石),调平,勾缝,开放交通;2. 路缘石、路肩石裂缝灌浆:摆放安全设施,清除破损断面,清理断面,调制水泥砂浆,勾缝,养生,开放交通。

单位:表列单位

序号	项目	单位	代号	路缘石、路肩石整修		路缘石、路肩石裂缝灌浆	更换	
				路肩石	路缘石		预制混凝土	安装
				100m			$10m^3$	$10m^3$
				1	2	3	4	5
1	人工	工日	1	4.2	3.4	5.2	17.2	14.3
2	预制构件	m^3	–	–	–	–	–	(9.32)
3	C25 水泥混凝土	m^3	19	–	–	–	(10.30)	–
4	M10 水泥砂浆	m^3	67	–	–	(0.18)	–	(0.68)
5	型钢	t	182	–	–	–	0.021	–
6	钢板	t	183	–	–	–	0.001	–
7	电焊条	kg	231	–	–	–	0.1	–
8	铁件	kg	651	–	–	–	1.9	–
9	32.5 级水泥	t	832	0.052	0.046	0.056	3.657	0.211

续前页

单位:表列单位

序号	项目	单位	代号	路缘石、路肩石整修		路缘石、路肩石裂缝灌浆	更换	
				路肩石	路缘石		预制混凝土	安装
				100m			$10m^3$	$10m^3$
				1	2	3	4	5
10	水	m^3	866	1	1	1	16	16
11	中(粗)砂	m^3	899	0.42	0.38	0.19	4.94	0.73
12	碎石(4cm)	m^3	952	-	-	-	8.55	-
13	其他材料费	元	996	11.0	11.0	12.7	30.8	-
14	350L以内强制式混凝土搅拌机	台班	1273	-	-	-	0.50	-
15	3t以内载货汽车	台班	1371	0.21	0.17	0.26	-	0.72
16	32kV·A以内交流电弧焊机	台班	1726	-	-	-	0.03	-
17	配置机械台班停置费	元	1997	28.2	22.8	34.9	-	95.9
18	小型机具使用费	元	1998	-	-	-	2.3	-
19	基价	元	1999	319	264	373	3039	1041

2-5-3　路肩、中央分隔带加固

工作内容:1. 填土:挂线,人工填土压实,边缘整修;2. 修筑泄水槽:放样挖槽,填料,铺草皮,填土压实;3. 土工布:剪切土工布,铺设,压实;4. 现浇及预制混凝土:模板制作、安装、拆除、修理、涂脱模剂,混凝土配运料、拌和、运输、浇筑、养生;5. 混凝土铺砌:刨槽、灰土垫层拌和,摊铺、夯实、安砌混凝土;6. 浆砌片石:选、修、洗石料,配、拌、运砂浆,砌筑,勾缝,养生。

单位:表列单位

序号	项　目	单位	代号	填土	修筑泄水槽	土工布	现浇混凝土	预制、铺砌混凝土	浆砌片石
				$100m^3$	10m	$100m^2$	$10m^3$	$10m^3$	$10m^3$
				1	2	3	4	5	6
1	人工	工日	1	21.6	2.1	4.0	15.1	34.2	11.9
2	C25 水泥混凝土	m^3	19	–	–	–	–	(10.30)	–
3	C30 水泥混凝土	m^3	20	–	–	–	(10.40)	–	–
4	M10 水泥砂浆	m^3	67	–	–	–	–	(1.69)	(3.94)
5	锯材	m^3	102	–	–	–	0.049	–	–
6	型钢	t	182	–	–	–	0.007	0.027	–
7	钢板	t	183	–	–	–	–	0.003	–
8	电焊条	kg	231	–	–	–	–	0.4	–

续前页　　　　单位：表列单位

序号	项　目	单位	代号	填土	修筑泄水槽	土工布	现浇混凝土	预制、铺砌混凝土	浆砌片石
				$100m^3$	10m	$100m^2$	$10m^3$	$10m^3$	$10m^3$
				1	2	3	4	5	6
9	铁件	kg	651	–	–	–	–	2.9	–
10	土工布	m^2	770	–	–	108.20	–	–	–
11	32.5 级水泥	t	832	–	–	–	3.921	3.976	1.225
12	水	m^3	866	–	–	–	18	16	16
13	土	m^3	895	116.00	–	–	–	–	–
14	中(粗)砂	m^3	899	–	–	–	4.78	6.75	4.22
15	片石	m^3	931	–	–	–	–	–	11.50
16	碎石(4cm)	m^3	952	–	–	–	8.63	8.55	–
17	碎石(6cm)	m^3	953	–	0.80	–	–	–	–
18	草皮	m^2	995	–	4.73	–	–	–	–
19	其他材料费	元	996	–	–	–	6.6	26.9	1.2
20	0.6t 手扶式振动碾	台班	1083	3.42	–	–	–	–	–

续前页

单位:表列单位

序号	项　　目	单位	代号	填土	修筑泄水槽	土工布	现浇混凝土	预制、铺砌混凝土	浆砌片石
				$100m^3$	10m	$100m^2$	$10m^3$	$10m^3$	$10m^3$
				1	2	3	4	5	6
21	350L 以内强制式混凝土搅拌机	台班	1273	–	–	–	0.50	0.50	–
22	3t 以内载货汽车	台班	1371	–	0.11	0.20	0.76	1.03	0.60
23	32kV·A 以内交流电弧焊机	台班	1726	–	–	–	–	0.07	–
24	配置机械台班停置费	元	1997	–	14.1	26.8	101.3	137.6	79.8
25	小型机具使用费	元	1998	–	–	–	15.3	5.4	11.9
26	基价	元	1999	2426	193	849	3338	4446	1946

2-5-4 路基、路面压浆

工作内容:1.钻孔:清理场地、放样定位、钻机安拆、钻孔、移位、机具清洗及操作范围内料具搬运;2.压浆:制备水泥浆液;喷射浆液、拔管、器械清洗及操作范围内料具搬运等。

单位:表列单位

<table>
<tr><th rowspan="6">序号</th><th rowspan="6">项目</th><th rowspan="6">单位</th><th rowspan="6">代号</th><th colspan="9">钻孔</th><th colspan="2" rowspan="2">压浆</th></tr>
<tr><th colspan="9">钻孔直径(mm)</th></tr>
<tr><th colspan="3">50以内</th><th colspan="3">70以内</th><th colspan="3">90以内</th><th rowspan="3">水泥浆</th><th rowspan="3">水泥粉煤灰浆</th></tr>
<tr><th colspan="9">钻孔深度(m)</th></tr>
<tr><th>0.5以内</th><th>1以内</th><th>10以内</th><th>0.5以内</th><th>1以内</th><th>10以内</th><th>0.5以内</th><th>1以内</th><th>10以内</th></tr>
<tr><th colspan="9">10m</th><th colspan="2">10t</th></tr>
<tr><td></td><td></td><td></td><td></td><td>1</td><td>2</td><td>3</td><td>4</td><td>5</td><td>6</td><td>7</td><td>8</td><td>9</td><td>10</td><td>11</td></tr>
<tr><td>1</td><td>人工</td><td>工日</td><td>1</td><td>1.8</td><td>1.3</td><td>0.7</td><td>2.1</td><td>1.5</td><td>0.9</td><td>2.5</td><td>1.8</td><td>1.0</td><td>3.0</td><td>3.4</td></tr>
<tr><td>2</td><td>ϕ50mm以内合金钻头</td><td>个</td><td>213</td><td>0.29</td><td>0.29</td><td>0.29</td><td>-</td><td>-</td><td>-</td><td>-</td><td>-</td><td>-</td><td>-</td><td>-</td></tr>
<tr><td>3</td><td>ϕ150mm以内合金钻头</td><td>个</td><td>214</td><td>-</td><td>-</td><td>-</td><td>0.29</td><td>0.29</td><td>0.29</td><td>0.29</td><td>0.29</td><td>0.29</td><td>-</td><td>-</td></tr>
<tr><td>4</td><td>32.5级水泥</td><td>t</td><td>832</td><td>-</td><td>-</td><td>-</td><td>-</td><td>-</td><td>-</td><td>-</td><td>-</td><td>-</td><td>10.200</td><td>10.200</td></tr>
<tr><td>5</td><td>水</td><td>m^3</td><td>866</td><td>-</td><td>-</td><td>-</td><td>-</td><td>-</td><td>-</td><td>-</td><td>-</td><td>-</td><td>10</td><td>9</td></tr>
</table>

续前页 单位:表列单位

序号	项目	单位	代号	钻孔									压浆	
				钻孔直径(mm)										
				50以内			70以内			90以内			水泥浆	水泥粉煤灰浆
				钻孔深度(m)										
				0.5以内	1以内	10以内	0.5以内	1以内	10以内	0.5以内	1以内	10以内		
				10m									10t	
				1	2	3	4	5	6	7	8	9	10	11
6	干排II级粉煤灰	t	2011	–	–	–	–	–	–	–	–	–	–	9.273
7	其他材料费	元	996	0.1	0.1	0.1	0.3	0.3	0.3	0.3	0.3	0.3	41.1	1167.8
8	设备摊销费	元	997	120.3	120.3	120.3	120.3	120.3	120.3	120.3	120.3	120.3	–	–
9	75~150mm工程勘察锚杆钻机	台班	2312	0.43	0.31	0.17	0.53	0.38	0.21	0.62	0.45	0.25	–	–
10	400L以内灰浆搅拌机	台班	1281	–	–	–	–	–	–	–	–	–	0.78	0.90
11	4t以内载货汽车	台班	1372	0.08	0.06	0.03	0.1	0.07	0.04	0.12	0.09	0.05	0.16	0.18
12	6000L以内洒水汽车	台班	1405	–	–	–	–	–	–	–	–	–	0.16	0.18
13	5t以内汽车式起重机	台班	1449	0.08	0.06	0.03	0.10	0.07	0.04	0.12	0.09	0.05	–	–

续前页　　　　　　　　　　　　　　　　　　　　　　　　　　　　单位:表列单位

<table>
<tr><td rowspan="7">序号</td><td rowspan="7">项　目</td><td rowspan="7">单位</td><td rowspan="7">代号</td><td colspan="9">钻　孔</td><td colspan="2" rowspan="2">压　浆</td></tr>
<tr><td colspan="9">钻孔直径(mm)</td></tr>
<tr><td colspan="3">50 以内</td><td colspan="3">70 以内</td><td colspan="3">90 以内</td><td rowspan="3">水泥浆</td><td rowspan="3">水泥粉煤灰浆</td></tr>
<tr><td colspan="9">钻孔深度(m)</td></tr>
<tr><td>0.5 以内</td><td>1 以内</td><td>10 以内</td><td>0.5 以内</td><td>1 以内</td><td>10 以内</td><td>0.5 以内</td><td>1 以内</td><td>10 以内</td></tr>
<tr><td colspan="9">10m</td><td colspan="2">10t</td></tr>
<tr><td>1</td><td>2</td><td>3</td><td>4</td><td>5</td><td>6</td><td>7</td><td>8</td><td>9</td><td>10</td><td>11</td></tr>
<tr><td>14</td><td>高压注浆泵</td><td>台班</td><td>2473</td><td>–</td><td>–</td><td>–</td><td>–</td><td>–</td><td>–</td><td>–</td><td>–</td><td>–</td><td>0.78</td><td>0.90</td></tr>
<tr><td>15</td><td>配置机械台班停置费</td><td>元</td><td>1997</td><td>13.1</td><td>9.4</td><td>5.2</td><td>15.9</td><td>11.4</td><td>6.3</td><td>18.7</td><td>13.4</td><td>7.5</td><td>24.8</td><td>28.5</td></tr>
<tr><td>16</td><td>基价</td><td>元</td><td>1999</td><td>356</td><td>295</td><td>218</td><td>425</td><td>346</td><td>263</td><td>476</td><td>388</td><td>283</td><td>4382</td><td>6205</td></tr>
</table>

注:本定额中压浆工程量均以干粉水泥重量(t)计算。

第三章 桥 涵 工 程

说 明

1. 本章定额包括桥梁日常养护、桥梁维修加固和杂项工程等项目。

2. 本章定额包括混凝土桥梁的日常养护及一般性病害处治，未包括钢桥、斜拉桥、悬索桥等《湖北省复杂桥梁工程质量鉴定办法》（试行）界定复杂桥梁的养护项目。

3. 定额中定额单位以定额表列所示，体积单位均指实体体积，钢筋混凝土工程不扣除钢筋所占体积，但不包括空心部分体积。

4. 定额中模板工程不单列计算，混凝土工程中所需的模板包括钢模板、组合钢模板、木模板，均按其周转摊销量计入混凝土定额中。定额中已包括各种模板的维修、保养所需的工、料及费用，不得另行计算。

5. 定额中混凝土均按露天养生考虑；混凝土搅拌站的材料，均已按桥次摊销列入定额中。

6. 定额中桥梁维修加固工程按节说明的有关规定执行。

7. 定额中设备摊销费的设备指属于固定资产的金属设备，包括万能杆件、装配式钢桥桁架及有关配件拼装的金属架桥设备。设备摊销费按设备重量每吨每月 120 元计算（除设备本身折旧费用，还包括设备的维修、保养等费用）。各项目中凡注明允许调整的，可按计划使用时间调整。

8. 本定额中第三节“杂项工程”定额项目同样适用于其他章节。

第一节　桥梁日常养护

说　明

1. 本节定额包括桥梁检查、桥面排水系统疏通、支座及伸缩缝日常养护共三个项目。

2. 本定额中拆除、安装桥面伸缩缝定额单位按每延米计算，拆除需要氧气乙炔等已经综合到其他材料费中，气焊设备费用已列入小型机具使用费中。

3. 桥梁检查定额根据梁桥类别划分了目，以检查 1 次为定额单位，检查频率依据《公路桥涵养护规范》的规定计算，其中经常检查按每月 1 次计算、定期检查按每三年至少 1 次计算，若实际检查频率与定额频率不相同时，可参考本定额计算。

4. 桥梁定期检查定额不适用于悬臂浇筑（悬臂拼装）连续梁桥（连续刚构桥）、斜拉桥、悬索桥、钢管混凝土拱桥等《湖北省复杂桥梁工程质量鉴定办法》（试行）界定复杂桥梁。

3-1-1 桥梁检查※

工作内容:路线范围内桥梁、通道、天桥的巡视与检查、填写检查记录、制定日常养护工程计划等全部工程内容。

单位:表列单位

序号	项目	单位	代号	经常检查				定期检查						
				通道、天桥	中小桥	大桥	特大桥	通道、天桥	中小桥		大桥		特大桥	
									检查方法					
									人工检查	桥梁检测车	人工检查	桥梁检测车	人工检查	桥梁检测车
				10座	10座	1000桥长米		10座	10座		1000桥长米			
				1	2	3	4	5	6	7	8	9	10	11
1	人工	工日	1	4.1	6.2	12.3	11.1	10.0	37.5	19.3	119.9	64.2	113.9	61.0
2	3t以内载货汽车	台班	1371	0.33	0.50	1.00	0.90	0.67	1.33	–	8.00	–	7.60	–
3	18m桁架式桥梁检测车(山区型)	台班	2590	–	–	–	–	–	–	2.860	–	9.520	–	9.044
4	小型机具使用费	元	1998	–	–	–	–	157.0	144.0	100.0	160.0	100.0	180.0	100.0
5	基价	元	1999	267	403	802	723	770	2120	16754	7502	55534	7155	52763

注:1. 本定额不适用于悬臂浇筑(悬臂拼装)连续梁桥(连续刚构桥)、斜拉桥、悬索桥、钢管混凝土拱桥等《湖北省复杂桥梁工程质量鉴定办法》(试行)界定复杂桥梁定期检查;

2. 定期检查中中小桥、大桥、特大桥分别按40%、60%、80%使用桥梁检测车检测计算。

3-1-2　桥面排水系统疏通

工作内容:疏通桥面泄水管、排水管及排水槽等排水系统,清理现场。

单位:千桥长米·1次

序号	项　目	单位	代号	桥面排水系统疏通
				1
1	人工	工日	1	3.7
2	其他材料费	元	996	3.0
3	3t以内载货汽车	台班	1371	0.73
4	基价	元	1999	362

3-1-3 支座及伸缩缝日常养护

工作内容:1. 清除缝中杂物;2. 支座污水清扫,支座防锈,墩台积水排除。

单位:表列单位

序号	项目	单位	代号	伸缩缝	支座	
					板式支座	盆式支座
				100m	10个	
				1	2	3
1	人工	工日	1	3.5	0.6	1.5
2	油漆	kg	732	–	1.2	1.2
3	其他材料费	元	996	1.0	1.0	4.5
4	3t以内载货汽车	台班	1371	0.20	0.03	0.05
5	配置机械台班停置费	元	1997	23.4	4.0	4.0
6	基价	元	1999	230	55	102

第二节　桥梁维修加固

说　明

1. 本节定额包括桥面铺装、更换桥头搭板、混凝土及钢筋混凝土裂缝修补、混凝土及钢筋混凝土结构表面缺陷清除、混凝土及钢筋混凝土结构表面缺陷修补、粘贴钢板加固、粘贴碳纤维布加固、钻孔植筋（锚栓）、主梁挂网喷射混凝土加固、混凝土及钢筋混凝土结构钻孔注浆加固、更换伸缩缝、更换支座等项目。

2. 定额包括混凝土桥梁的一般性病害处治，未包括钢桥、斜拉桥、悬索桥等复杂桥梁的养护项目。

3. 定额中定额单位以定额表列所示，体积单位均指实体体积，钢筋混凝土工程不扣除钢筋所占体积，但不包括空心部分体积。

4. 混凝土工程中机械拌和应掌握规定的拌和时间，钢筋混凝土浇注过程中应保证钢筋位置正确，防止漏筋，捣固要及时、均衡、密实。混凝土工程一般规定：

①定额中混凝土强度等级均按一般图纸选用，其施工方法一般采用机拌机捣计算。

②定额中混凝土均按已包括操作范围内的混凝土运输。现浇混凝土工程的混凝土平均运距超过50m时，可根据施工组织设计的混凝土平均运距，按杂项工程中混凝土运输定额增列混凝土运输。

③混凝土中必须的外掺剂费用已计入有关定额的其他材料费中。

④模数式伸缩缝预留槽钢纤维混凝土中钢纤维的含量按水泥用量的1%计算，钢纤维含量实际不

同时，可按实际用量抽换定额中钢纤维的消耗。

⑤定额中拆除、安装桥面伸缩缝定额单位按每延米伸缩缝计算，拆除需要氧气乙炔等已经综合到其他材料费中，气焊设备列入小型机具使用费中。

⑥定额中混凝土均按露天养生考虑。

5. 钢筋工程：

①定额中凡钢筋直径在 10mm 以上的接头均采用电弧焊或电阻对接焊。

②定额中的钢筋是按选用图纸分为光圆钢筋、带肋钢筋，按一般定尺寸计算，如施工图纸的钢筋比例与定额不同时，可调整钢筋品种的比例及数量。

③钢筋工程量为钢筋的设计质量，定额中已计入施工操作损耗。施工中钢筋因接长所需的搭接长度数量本定额中未列入，应在钢筋设计质量内计算。

6. 几种环氧类材料的参考用量见下表，定额子目中材料的定额计算用量见其备注。

环氧类材料的参考用量见下表。

序号	用　途	材料名称	配合比（按重量百分比计算）				
			环氧胶液	环氧胶泥	环氧胶砂	环氧砂浆	环氧混凝土
1	主剂	环氧树脂（E－44）	100	100	100	100	100
2	硬化剂	乙二胺（EDA）	15	15	10	15	15
3	增塑剂	二丁脂	20	30	20	20	20
4	稀释剂	丙酮	15	15	20	15	15

续上表

序号	用　途	材料名称	配合比(按重量百分比计算)				
			环氧胶液	环氧胶泥	环氧胶砂	环氧砂浆	环氧混凝土
5	填充料	42.5 级水泥	—	70	100	200 ~ 250	200 ~ 250
		砂	—	—	200	300	300
		碎石	—	—	—	—	400 ~ 500

7. 涂抹水泥砂浆、环氧砂浆或环氧混凝土修补风化等、涂抹水泥砂浆封闭裂缝的涂抹厚度一般为 1 ~ 2cm,定额按一次抹灰 1 ~ 1.5cm 考虑,分次抹灰时,人工工日和小型机具使用费应按抹灰遍数加倍。

8. 灌浆封闭混凝土及钢筋混凝土裂缝定额中,灌注机灌注水泥浆一般适用于 $\delta \leqslant 3.0$mm 的裂缝;空气压力灌注环氧树脂一般适用于 $\delta \leqslant 0.5$mm 的裂缝;空气压力灌注甲基丙烯酸甲脂(甲凝)一般适用于 $\delta \leqslant 0.3$mm 的微小裂缝;注浆器注入灌注胶一般适用于 $\delta \leqslant 0.5$mm 的裂缝,也适用于 $\delta \leqslant 0.3$mm 的微小裂缝,定额材料用量均按适用的最大宽度计算,实际不同时,可调整。

9. 粘贴钢板和碳纤维布加固定额均包括对混凝土粘贴面表层的凿刮、磨平、吹净、清洗等工序,如需要对粘贴面进行剔凿嵌槽处理时,应增套混凝土及钢筋混凝土结构表面缺陷清除定额计算。

3-2-1 桥面铺装

工作内容:1.凿除钢筋混凝土:锯缝、凿除、清理、20m以内堆放等;2.现浇混凝土:模板制作、安装、拆除、修理、涂脱模剂、堆放,混凝土配运料、拌和、浇筑、捣固及养生等;3.钢筋:下料、制作、成型、电焊、绑扎。

单位:$10m^3$ 实体及1t钢筋

序号	项目	单位	代号	凿除钢筋混凝土	现浇混凝土	钢筋
				1	2	3
1	人工	工日	1	26.6	18.5	10.1
2	C40防水混凝土	m^3	39	-	(10.40)	-
3	原木	m^3	101	-	0.001	-
4	带肋钢筋	t	112	-	-	1.025
5	型钢	t	182	-	0.001	-
6	电焊条	kg	231	-	-	6.8
7	20~22号铁丝	kg	656	-	-	3.2
8	42.5级水泥	t	833	-	4.774	-
9	水	m^3	866	-	17	-
10	中(粗)砂	m^3	899	-	4.58	-
11	碎石(4cm)	m^3	952	-	8.30	-

续前页 单位:10m³ 实体及1t钢筋

序号	项目	单位	代号	凿除钢筋混凝土	现浇混凝土	钢筋
				1	2	3
12	其他材料费	元	996	64.5	220.0	3.0
13	电动混凝土切缝机	台班	1245	1.14	0.85	-
14	750L以内强制式混凝土搅拌机	台班	1275	-	0.35	-
15	3t以内载货汽车	台班	1371	1.33	0.93	0.51
16	4t以内载货汽车	台班	1372	-	-	0.59
17	32kV·A以内交流电弧焊机	台班	1726	-	-	1.72
18	$3m^3/min$以内机动空气压缩机	台班	1840	4.14	-	-
19	配置机械台班停置费	元	1997	178.4	124.0	67.7
20	小型机具使用费	元	1998	107.7	24.6	37.0
21	基价	元	1999	3172	4301	5569

注:凿除混凝土定额中不包括凿除混凝土废料的运输,需要进行废料外运时可按相关定额计算;桥面铺装钢筋工程中不包括钻孔植筋的工程内容,需要时可按相关定额计算。

3-2-2　更换桥头搭板

工作内容:1. 凿除钢筋混凝土:锯缝、凿除、清理、20m 以内堆放等;2. 现浇混凝土:模板制作、安装、拆除、修理、涂脱模剂、堆放,混凝土配运料、拌和、浇筑、捣固及养生等;3. 钢筋:下料、制作、成型、电焊、绑扎。

单位:$10m^3$ 实体及 1t 钢筋

序号	项目	单位	代号	凿除钢筋混凝土	现浇混凝土	钢筋
				1	2	3
1	人工	工日	1	23.9	17.3	10.0
2	C30 水泥混凝土	m^3	20	-	(10.40)	-
3	原木	m^3	101	-	0.002	-
4	锯材	m^3	102	-	0.004	-
5	带肋钢筋	t	112	-	-	1.025
6	型钢	t	182	-	0.008	-
7	电焊条	kg	231	-	-	1.7
8	铁件	kg	651	-	2.5	-
9	20~22 号铁丝	kg	656	-	-	3.0
10	42.5 级水泥	t	833	-	3.921	-
11	水	m^3	866	-	17	-

续前页　　　　单位:10m³ 实体及 1t 钢筋

序号	项　　目	单位	代号	凿除钢筋混凝土	现浇混凝土	钢　　筋
				1	2	3
12	中(粗)砂	m^3	899	–	4.78	–
13	碎石(4cm)	m^3	952	–	8.63	–
14	其他材料费	元	996	54.8	51.0	–
15	电动混凝土切缝机	台班	1245	0.68	0.34	–
16	750L 以内强制式混凝土搅拌机	台班	1275	–	0.35	–
17	3t 以内载货汽车	台班	1371	1.20	0.87	0.50
18	4t 以内载货汽车	台班	1372	–	–	0.58
19	32kV·A 以内交流电弧焊机	台班	1726	–	–	0.42
20	$3m^3$/min 以内机动空气压缩机	台班	1840	3.73	–	–
21	配置机械台班停置费	元	1997	160.5	116.0	67.1
22	小型机具使用费	元	1998	91.6	21.5	44.0
23	基价	元	1999	2795	3743	5326

注:凿除混凝土定额中不包括凿除混凝土废料的运输,需要进行废料外运时可按相关定额计算

3-2-3　混凝土及钢筋混凝土裂缝修补

工作内容:1.封涂:1)裂缝附近混凝土凿毛、洗刷、湿润,涂刷水泥浆底层,水泥砂浆配运料,拌和,运输,涂抹、压刮及养生;2)裂缝上口凿“V”形槽,缝口凿毛、刮刷、缝内灰尘吹清、混凝土表面吹干、表面油污擦洗,环氧胶液配置、涂刷胶液,环氧砂浆配运料、拌和、运输、涂抹、压刮及养生;3)裂缝口凿毛、刮刷、缝内灰尘吹清、混凝土表面丙酮清洗、吹干,成品密封胶涂抹、压刮及养生;2.灌浆:1)裂缝检查,孔位定眼、钻孔、清孔、风干,封缝,压水(气)检查畅通效果,止浆堵漏,水泥浆配置、拌和运输、机械灌注,养生;2)裂缝检查、划线、凿、刷、整平、清洗,压浆嘴清洗、压贴,环氧胶泥密封封缝,压气(水)检查,配置、调浆液,空气压灌,养生;3)裂缝检查、划线、凿、刷、整平、清洗,注浆嘴清洗、压贴,专用密封胶密封封缝,压气(水)检查,注浆器注入灌注胶,养生。

单位:100m

序号	项目	单位	代号	封涂封闭			灌浆封闭			
				封涂材料			灌浆机灌注水泥浆	空气压力灌注、		注浆器注入灌注胶
				水泥砂浆	环氧砂浆	密封胶		环氧树脂	甲基丙烯酸甲酯	
							裂缝宽度(mm)			
				$\delta \le$ 0.15mm	V形槽	$\delta \le$ 0.15mm	$0.15 \le \delta \le 3.0$	$0.15 \le \delta \le 0.5$	$0.15 \le \delta \le 0.3$	$0.15 \le \delta \le 0.5$
				1	2	3	4	5	6	7
1	人工	工日	1	21.1	25.1	19.6	40.4	54.7	52.2	48.9

续前页　　单位:100m

序号	项　目	单位	代号	封涂封闭			灌浆封闭			
				封涂材料			灌浆机灌注水泥浆	空气压力灌注		注浆器注入灌注胶
				水泥砂浆	环氧砂浆	密封胶		环氧树脂	甲基丙烯酸甲脂	
							裂缝宽度(mm)			
				δ≤0.15mm	V形槽	δ≤0.15mm	0.15≤δ≤3.0	0.15≤δ≤0.5	0.15≤δ≤0.3	0.15≤δ≤0.5
				1	2	3	4	5	6	7
2	M30 水泥砂浆	m^3	72	(0.15)	–	–	–	–	–	–
3	25 号水泥浆	m^3	75	–	–	–	(0.02)	–	–	–
4	环氧砂浆	m^3	76	–	(0.01)	–	–	–	–	–
5	环氧胶泥	m^3	78	–	–	–	(0.017)	(0.025)	(0.025)	–
6	环氧胶液	kg	79	–	–	–	–	(34.684)	–	–
7	甲基丙烯酸甲酯浆液	kg	80	–	–	–	–	–	(20.01)	–
8	环氧树脂(E44)	kg	746	–	3.143	–	–	54.378	–	–
9	42.5 级水泥	t	833	0.093	0.007	–	0.029	0.015	0.015	–

续前页　　　　单位:100m

序号	项　目	单位	代号	封涂封闭			灌浆封闭			
				封涂材料			灌浆机灌注水泥浆	空气压力灌注		注浆器注入灌注胶
				水泥砂浆	环氧砂浆	密封胶		环氧树脂	甲基丙烯酸甲脂	
							裂缝宽度(mm)			
				δ≤0.15mm	V形槽	δ≤0.15mm	0.15≤δ≤3.0	0.15≤δ≤0.5	0.15≤δ≤0.3	0.15≤δ≤0.5
				1	2	3	4	5	6	7
10	水	m^3	866	1	1	–	1	–	–	–
11	中(粗)砂	m^3	899	0.15	0.01	–	–	–	–	–
12	乙二胺(EDA)	kg	2021	–	0.471	–	–	2.956	–	–
13	二丁脂	kg	2022	–	0.628	–	–	5.911	–	–
14	丙酮	kg	2023	–	0.471	–	–	2.956	–	–
15	甲基丙烯酸甲酯	kg	2024	–	–	–	–	–	20.810	–
16	密封胶	kg	2025	–	–	22.10	–	–	–	17.76
17	灌缝胶	kg	2026	–	–	–	–	–	–	34.68

续前页　　单位:100m

<table>
<tr><th rowspan="5">序号</th><th rowspan="5">项　目</th><th rowspan="5">单位</th><th rowspan="5">代号</th><th colspan="3">封 涂 封 闭</th><th colspan="4">灌 浆 封 闭</th></tr>
<tr><th colspan="3">封涂材料</th><th rowspan="2">灌浆机灌注水泥浆</th><th colspan="2">空气压力灌注</th><th rowspan="2">注浆器注入灌注胶</th></tr>
<tr><th rowspan="2">水泥砂浆</th><th rowspan="2">环氧砂浆</th><th rowspan="2">密封胶</th><th>环氧树脂</th><th>甲基丙烯酸甲脂</th></tr>
<tr><th colspan="4">裂缝宽度(mm)</th></tr>
<tr><th>δ≤0.15mm</th><th>V形槽</th><th>δ≤0.15mm</th><th>0.15≤δ≤3.0</th><th>0.15≤δ≤0.5</th><th>0.15≤δ≤0.3</th><th>0.15≤δ≤0.5</th></tr>
<tr><th></th><th></th><th></th><th></th><th>1</th><th>2</th><th>3</th><th>4</th><th>5</th><th>6</th><th>7</th></tr>
<tr><td>18</td><td>其他材料费</td><td>元</td><td>996</td><td>3.0</td><td>23.3</td><td>9.0</td><td>602.0</td><td>998.0</td><td>986.0</td><td>3220.0</td></tr>
<tr><td>19</td><td>200L以内灰浆搅拌机</td><td>台班</td><td>1280</td><td>–</td><td>–</td><td>–</td><td>14.82</td><td>–</td><td>–</td><td>–</td></tr>
<tr><td>20</td><td>电动灌浆机</td><td>台班</td><td>1291</td><td>–</td><td>–</td><td>–</td><td>10.87</td><td>–</td><td>–</td><td>–</td></tr>
<tr><td>21</td><td>3t以内载货汽车</td><td>台班</td><td>1371</td><td>1.05</td><td>1.26</td><td>0.98</td><td>2.02</td><td>2.74</td><td>2.61</td><td>2.45</td></tr>
<tr><td>22</td><td>0.3m³/min以内电动空气压缩机</td><td>台班</td><td>1832</td><td>3.92</td><td>3.92</td><td>3.92</td><td>1.27</td><td>1.27</td><td>1.27</td><td>1.27</td></tr>
<tr><td>23</td><td>3m³/min以内机动空气压缩机</td><td>台班</td><td>1840</td><td>–</td><td>–</td><td>–</td><td>3.81</td><td>7.63</td><td>7.63</td><td>–</td></tr>
<tr><td>24</td><td>配置机械台班停置费</td><td>元</td><td>1997</td><td>141.3</td><td>168.6</td><td>131.1</td><td>270.7</td><td>366.9</td><td>350.2</td><td>327.9</td></tr>
<tr><td>25</td><td>小型机具使用费</td><td>元</td><td>1998</td><td>20.3</td><td>39.0</td><td>22.5</td><td>856.3</td><td>1701</td><td>1701</td><td>1659.5</td></tr>
</table>

续前页　　单位:100m

序号	项目	单位	代号	封涂封闭			灌浆封闭			
				封涂材料			灌浆机灌注水泥浆	空气压力灌注		注浆器注入灌注胶
				水泥砂浆	环氧砂浆	密封胶		环氧树脂	甲基丙烯酸甲脂	
							裂缝宽度(mm)			
				δ≤0.15mm	V形槽	δ≤0.15mm	0.15≤δ≤3.0	0.15≤δ≤0.5	0.15≤δ≤0.3	0.15≤δ≤0.5
				1	2	3	4	5	6	7
26	基价	元	1999	1685	2064	2262	6963	10174	8941	9749

注:1. 环氧胶液质量配合比为:环氧树脂∶乙二胺∶二丁脂∶丙酮=100∶15∶20∶15计算,实际不同时,可调整。环氧砂浆质量配合比为:环氧树脂浆(胶)液∶水泥∶中(粗)砂=10∶15∶20,实际不同时,可调整;

2. 水泥砂浆涂抹按一次涂抹计算,需要分层涂抹时,人工工日和小型机具使用费按涂抹遍数加倍;

3. 环氧砂浆封涂定额V型槽按槽口宽10~20mm、槽深5mm计算;专用密封胶定额按涂抹厚2mm、宽度50mm计算,不同时,可调整;

4. 环氧胶泥质量配合比为:环氧树脂∶乙二胺∶二丁脂∶丙酮∶水泥=100∶15∶30∶15∶70计算,实际不同时,可调整。甲基丙烯酸甲脂(甲凝)在定额中只列入主剂用量,过氧化苯甲酰、二甲基苯胺、对甲苯亚磺酸、焦性没食子酸等外掺剂已在其他材料费中计费;

5. 水泥浆灌浆、环氧树脂、甲基丙烯酸甲脂(甲凝)灌注按采用环氧胶泥封缝堵漏考虑,采用水泥砂浆、环氧砂浆或麻面条等材料时,环氧胶泥配比中各材料抽换为0,换成实际使用的材料,但是人工、机械消耗保持不变;

6. 灌浆裂缝宽分别按灌浆水泥浆δ=3.0mm、压注环氧树脂δ=0.5mm、压注甲凝δ=0.3mm,注入灌注胶δ=0.5mm计算,深均按100mm计算,实际不同时,可调整;

7. 本定额封涂用专用密封胶、灌浆用灌注胶名称为统称,实际采用专用规格的材料时,可抽换(下同)。

3-2-4 混凝土及钢筋混凝土结构表面缺陷清除

工作内容：1. 人工、机械凿除或高压泵射水清除：收放管线、更换钻头、凿毛混凝土表面、吹净，人工补凿个别部位，清理现场；2. 人工、风镐凿毛：收放管线，更换钻头，人工补凿个别部位，清理现场。

单位：$10m^2$ 表面积

序号	项目	单位	代号	人工凿除		机械凿除		高压射水清除		凿毛		吹净	
				凿(清)除表面厚度(cm)						人工	机械	空气压缩机	高压射水
				1.0以内	±0.5	2.0以内	±0.5	1.0以内	±0.5				
				1	2	3	4	5	6	7	8	9	10
1	人工	工日	1	6.7	1.4	1.6	0.3	3.1	0.7	4.4	1.1	0.5	0.6
2	50mm以内电动单级离心清水泵	台班	1651	-	-	-	-	3.57	0.76	-	-	-	0.28
3	$0.3m^3/min$以内电动空气压缩机	台班	1832	0.27	-	-	-	-	-	-	-	0.21	-
4	$3m^3/min$以内机动空气压缩机	台班	1840	-	-	0.96	0.20	-	-	-	0.66	-	-
5	小型机具使用费	元	1998	9.8	2.3	38.2	8.3	9.8	2.1	8.3	30.2	5.9	9.9

续前页　　　　单位：$10m^2$ 表面积

序号	项目	单位	代号	人工凿除		机械凿除		高压射水清除		凿毛		吹净	
				凿(清)除表面厚度(cm)						人工	机械	空气压缩机	高压射水
				1.0以内	±0.5	2.0以内	±0.5	1.0以内	±0.5				
				1	2	3	4	5	6	7	8	9	10
6	基价	元	1999	317	62	373	77	482	104	197	260	42	62

注：1. 人工凿除法一般适用于桥梁浅层或面积较小的损坏；风镐凿除法一般适用于损坏面积较大且有一定深度的缺陷（如内部蜂窝、空洞缺陷）；高压射水清除法一般适用于浅层面积较大的缺陷；

2. 人工凿除每损坏处面积不足 $0.1m^2$ 的应按 $0.1m^2$ 计算；

3. 本定额主要适用于桥梁（板、拱）等结构表层的缺陷清除，不适用于结构性拆除缺陷清除；

4. 表面凿毛、吹净定额不能与表层清除定额同时套用；

5. 凿除混凝土定额中不包括凿除混凝土废料的运输，需要进行废料外运时可按相关定额计算。

3-2-5　混凝土及钢筋混凝土结构表面缺陷修补

工作内容:1. 现浇混凝土修补:1)钢模板拼拆及安装、拆除、修理、涂脱模剂、堆放;2)环氧胶液配置,外露钢筋除锈、混凝土和钢筋表面涂刷环氧胶液(涂界面胶);3)混凝土配运料、人工拌和、运输、浇筑、捣固及养生;4)清理现场;2. 水泥砂浆修补:水泥砂浆配运料、人工拌和、运输、涂抹压刮(或喷射)、养生,清理现场;3. 环氧混凝土现浇修补:1)钢模板拼拆及安装、拆除、修理、涂脱模剂、堆放;2)环氧胶液配置,外露钢筋除锈,混凝土和钢筋表面涂刷环氧胶液(涂界面胶);3)环氧混凝土配运料、人工拌和、运输、浇筑、捣固及养生;4)清理现场;4. 环氧混凝土(砂浆)抹面修补:1)环氧胶液配置,外露钢筋除锈,混凝土和钢筋表面涂刷环氧胶液(涂界面胶);2)环氧混凝土(砂浆)配运料、人工拌和、运输、抹面、养生;3)清理现场。

单位:表列单位

<table>
<tr><th rowspan="6">序号</th><th rowspan="6">项　目</th><th rowspan="6">单位</th><th rowspan="6">代号</th><th colspan="4">现浇混凝土修补</th><th colspan="6">水泥砂浆修补</th></tr>
<tr><th colspan="2" rowspan="2">普通混凝土</th><th colspan="2" rowspan="2">涂结合胶液浇筑混凝土</th><th colspan="4">人工抹面</th><th colspan="2">喷射</th></tr>
<tr><th colspan="2">厚 2cm</th><th colspan="2">±1cm</th><th>厚 2cm</th><th>±1cm</th></tr>
<tr><th>无模板</th><th>有模板</th><th>无模板</th><th>有模板</th><th>平面</th><th>立仰面</th><th>平面</th><th>立仰面</th><th>平面</th><th>立仰面</th></tr>
<tr><th colspan="4">1m^3</th><th colspan="6">10m^2</th></tr>
<tr><th>1</th><th>2</th><th>3</th><th>4</th><th>5</th><th>6</th><th>7</th><th>8</th><th>9</th><th>10</th></tr>
<tr><td>1</td><td>人工</td><td>工日</td><td>1</td><td>5.2</td><td>8.2</td><td>5.8</td><td>8.8</td><td>0.8</td><td>1.0</td><td>0.3</td><td>0.4</td><td>1.0</td><td>0.5</td></tr>
<tr><td>2</td><td>C50 水泥混凝土</td><td>m^3</td><td>24</td><td>(1.04)</td><td>(1.04)</td><td>(1.04)</td><td>(1.04)</td><td>-</td><td>-</td><td>-</td><td>-</td><td>-</td><td>-</td></tr>
<tr><td>3</td><td>M30 水泥砂浆</td><td>m^3</td><td>72</td><td>-</td><td>-</td><td>-</td><td>-</td><td>(0.23)</td><td>(0.25)</td><td>(0.115)</td><td>(0.125)</td><td>(0.30)</td><td>(0.150)</td></tr>
</table>

续前页　　　　　　　　　　　　　　　　　　　　　　　　　　　　　　单位：表列单位

序号	项目	单位	代号	现浇混凝土修补				水泥砂浆修补					
				普通混凝土		涂结合胶液浇筑混凝土		人工抹面				喷射	
								厚2cm		±1cm		厚2cm	±1cm
				无模板	有模板	无模板	有模板	平面	立仰面	平面	立仰面	平面	立仰面
				1m³				10m²					
				1	2	3	4	5	6	7	8	9	10
4	环氧胶液	kg	79	–	–	(20.0)	(20.0)	–	–	–	–	–	–
5	原木	m³	101	–	0.006	–	0.006	–	–	–	–	–	–
6	锯材	m³	102	–	0.028	–	0.028	–	–	–	–	–	–
7	型钢	t	182	–	0.006	–	0.006	–	–	–	–	–	–
8	钢管	t	191	–	0.001	–	0.001	–	–	–	–	–	–
9	钢模板	t	271	–	0.022	–	0.022	–	–	–	–	–	–
10	铁件	kg	651	–	6.2	–	6.2	–	–	–	–	–	–
11	环氧树脂(E44)	kg	746	–	–	13.600	13.600	–	–	–	–	–	–
12	32.5级水泥	t	832	–	–	–	–	0.143	0.155	0.071	0.078	0.184	0.093
13	42.5级水泥	t	833	0.545	0.545	0.545	0.545	–	–	–	–	–	–
14	水	m³	866	2	2	2	2	2	2	1	1	2	1

续前页　　　　单位:表列单位

序号	项目	单位	代号	现浇混凝土修补				水泥砂浆修补					
				普通混凝土		涂结合胶液浇筑混凝土		人工抹面				喷射	
								厚2cm		±1cm		厚2cm	±1cm
				无模板	有模板	无模板	有模板	平面	立仰面	平面	立仰面	平面	立仰面
				$1m^3$				$10m^2$					
				1	2	3	4	5	6	7	8	9	10
15	中(粗)砂	m^3	899	0.46	0.46	0.46	0.46	0.23	0.25	0.11	0.12	0.30	0.15
16	碎石(2cm)	m^3	951	0.78	0.78	0.78	0.78	–	–	–	–	–	–
17	乙二胺(EDA)	kg	2021	–	–	2.040	2.040	–	–	–	–	–	–
18	二丁脂	kg	2022	–	–	2.720	2.720	–	–	–	–	–	–
19	丙酮	kg	2023	–	–	2.040	2.040	–	–	–	–	–	–
20	其他材料费	元	996	9.8	15.8	18.0	24.0	7.5	7.5	3.0	3.0	9.8	3.8
21	200L以内灰浆搅拌机	台班	1280	–	–	–	–	–		–	–	0.05	0.03
22	3t以内载货汽车	台班	1371	0.26	0.41	0.29	0.44	0.04	0.05	0.02	0.02	0.05	0.03
23	$9m^3/min$以内机动空气压缩机	台班	1842	–	–	–	–	–	–	–	–	0.04	0.02
24	配置机械台班停置费	台班	1997	34.8	55.0	39.0	59.2	5.1	6.5	2.2	2.7	6.7	3.1
25	小型机具使用费	元	1998	52.5	52.5	76.9	76.9	–	–	–	–	9.7	4.9
26	基价	元	1999	678	1161	1282	1765	121	139	55	62	191	96

续前页　　　　　　　　　　　　　　　　　　　　　　　　　　单位:表列单位

序号	项　　目	单位	代号	环氧混凝土修补						环氧砂浆修补			
				现浇		抹面				抹面			
						厚 10mm		±1mm		厚 10mm		±1mm	
				无模板	有模板	平面	立仰面	平面	立仰面	平面	立仰面	平面	立仰面
				$1m^3$		$10m^2$							
				11	12	13	14	15	16	17	18	19	20
1	人工	工日	1	6.4	9.4	0.9	1.1	0.4	0.5	0.9	1.1	0.4	0.5
2	C50 水泥混凝土	m^3	24	–	–	–	–	–	–	–	–	–	–
3	环氧混凝土	m^3	64	(1.04)	(1.04)	(0.115)	(0.125)	(0.0115)	(0.0125)	–	–	–	–
4	环氧砂浆	m^3	76	–	–	–	–	–	–	(0.115)	(0.125)	(0.0115)	(0.0125)
5	环氧胶液	kg	79	(353.808)	(353.808)	(39.123)	(42.525)	(3,912)	(4.253)	(55.008)	(59.792)	(5.501)	(5.979)
6	原木	m^3	101	–	0.006	–	–	–	–	–	–	–	–
7	锯材	m^3	102	–	0.028	–	–	–	–	–	–	–	–
8	型钢	t	182	–	0.006	–	–	–	–	–	–	–	–
9	钢管	t	191	–	0.001	–	–	–	–	–	–	–	–
10	钢模板	t	271	–	0.022	–	–	–	–	–	–	–	–

续前页　　　　单位:表列单位

序号	项目	单位	代号	环氧混凝土修补						环氧砂浆修补			
				现浇		抹面				抹面			
						厚 10mm		±1mm		厚 10mm		±1mm	
				无模板	有模板	平面	立仰面	平面	立仰面	平面	立仰面	平面	立仰面
				$1m^3$		$10m^2$							
				11	12	13	14	15	16	17	18	19	20
11	铁件	kg	651	–	6.2	–	–	–	–	–	–	–	–
12	环氧树脂(F44)	kg	746	235.872	235.872	26.082	28.350	2.608	2.835	36.672	39.861	3.667	3.986
13	42.5 级水泥	t	833	0.561	0.561	0.057	0.062	0.006	0.006	0.080	0.087	0.008	0.009
14	水	m^3	866	2	2	1	1	–	–	1	1	–	–
15	中(粗)砂	m^3	899	0.47	0.47	0.05	0.06	0.01	0.01	0.07	0.08	0.01	0.01
16	碎石(2cm)	m^3	951	0.69	0.69	0.08	0.08	0.01	0.01	–	–	–	–
17	乙二胺(EDA)	kg	2021	35.381	35.381	3.912	4.253	0.391	0.425	5.501	5.979	0.550	0.598
18	二丁脂	kg	2022	47.174	47.174	5.216	5.670	0.522	0.567	7.334	7.972	0.733	0.797
19	丙酮	kg	2023	35.381	35.381	3.912	4.253	0.391	0.425	5.501	5.979	0.550	0.598
20	其他材料费	元	996	37.5	48.0	7.5	11.3	–	–	9.0	12.8	–	–

续前页　　　　单位:表列单位

序号	项目	单位	代号	环氧混凝土修补						环氧砂浆修补			
				现浇		抹面				抹面			
						厚10mm		±1mm		厚10mm		±1mm	
				无模板	有模板	平面	立仰面	平面	立仰面	平面	立仰面	平面	立仰面
				$1m^3$		$10m^2$							
				11	12	13	14	15	16	17	18	19	20
21	3t以内载货汽车	台班	1371	0.32	0.47	0.05	0.06	0.02	0.03	0.05	0.06	0.02	0.03
22	配置机械台班停置费	台班	1997	43.0	63.2	5.8	7.3	2.5	3.4	5.8	7.3	2.5	3.4
23	小型机具使用费	元	1998	143.6	143.6	26.8	30.1	5.9	6.0	67.0	74.0	24.5	26.3
24	基价	元	1999	10122	10610	1146	1258	137	154	1608	1760	197	220

注:1. 涂刷环氧胶液保证新旧混凝土的良好粘结,本定额环氧胶液消耗按$20kg/m^3$计(场内运输、操作损耗率按6%计),实际不同时,可调整;

2. 环氧胶液质量配合比为:环氧树脂:乙二胺:二丁脂:丙酮=100:15:20:15计算,实际不同时,可调整。环氧混凝土质量配合比为:环氧树脂浆(胶)液:水泥:中(粗)砂:碎石=10:15:20:30;环氧砂浆质量配合比为:环氧树脂浆(胶)液:水泥:中(粗)砂=10:15:20,实际不同时,可调整;

3. 本定额适应于修补修补厚度一般≤3cm的表层损坏。新、旧混凝土表面接缝的封闭,需要另按封闭混凝土结构裂缝定额计算;

4. 现浇修补法一般适用于体积相对较大缺陷(如:蜂窝、空洞、破损、剥落等)的修补,涂抹修补法一般适用于体积相对较小缺陷(如:风化、磨损、麻面、漏筋等)的修补,实际应用应按设计方案或施工方法具体确定。

3－2－6　粘贴钢板加固

工作内容:1. 放样划线;2. 混凝土粘贴面凿刮、整平、打磨、缺陷修补、吹尘、清洗、干燥;3. 钢筋定位探测、钻孔、清孔、注植筋胶、植筋;4. 钢板切割、钻孔、打磨、清污;5. 涂粘贴基液,涂抹粘结胶,挂装、粘贴、紧固螺栓或挂装、紧固螺栓、密封胶封边、压注粘胶;6. 饱满性检测、清污、除锈、表面防腐涂装。

单位:$1m^2$

序号	项目	单位	代号	涂抹(环氧树脂)压贴钢板				挂贴钢板灌注(粘结胶)			
				钢板厚度							
				6mm		±1mm		6mm		±1mm	
				螺栓数(孔/m^2)							
				20 孔	±1 孔	20 孔	±1 孔	20 孔	±1 孔	20 孔	±1 孔
				1	2	3	4	5	6	7	8
1	人工	工日	1	7.7	0.2	0.2	0.1	6.2	0.2	0.2	0.1
2	环氧胶砂	m^3	77	(0.006)	–	–	–	–	–	–	–
3	环氧胶泥	m^3	78	(0.0004)	–	–	–	–	–	–	–
4	环氧胶液	kg	79	(0.132)	–	–	–	–	–	–	–
5	钢板	t	183	0.050	–	0.008	–	0.050	–	0.008	–
6	钢丝绳	t	221	0.001	–	–	–	0.001	–	–	–

续前页

单位：1m²

序号	项目	单位	代号	涂抹（环氧树脂）压贴钢板				挂贴钢板灌注（粘结胶）			
				钢板厚度							
				6mm		±1mm		6mm		±1mm	
				螺栓数（孔/m²）							
				20孔	±1孔	20孔	±1孔	20孔	±1孔	20孔	±1孔
				1	2	3	4	5	6	7	8
7	环氧树脂	kg	746	3.269	0.008	–	–	–	–	–	–
8	42.5级水泥	t	833	0.003	–	–	–	–	–	–	–
9	水	m^3	866	1	–	–	–	–	–	–	–
10	中（粗）砂	m^3	899	0.01	–	–	–	–	–	–	–
11	乙二胺	kg	2021	0.348	0.001	–	–	–	–	–	–
12	二丁脂	kg	2022	0.688	0.002	–	–	–	–	–	–
13	丙酮	kg	2023	0.631	0.001	–	–	0.01	–	–	–
14	密封胶	kg	2025	–	–	–	–	0.08	–	–	–
15	$\phi12\times120$mm螺栓	套	2027	20	1	–	–	20	1	–	–
16	环氧油漆	kg	2028	0.43	–	–	–	0.43	–	–	–

续前页　　　　单位：$1m^2$

序号	项　目	单位	代号	涂抹（环氧树脂）压贴钢板				挂贴钢板灌注（粘结胶）			
				钢板厚度							
				6mm		±1mm		6mm		±1mm	
				螺栓数（孔/m^2）							
				20孔	±1孔	20孔	±1孔	20孔	±1孔	20孔	±1孔
				1	2	3	4	5	6	7	8
17	粘结胶	kg	2029	–	–	–	–	5.25	–	–	–
18	植筋胶	kg	2030	–	–	–	–	0.12	–	–	–
19	其他材料费	元	996	50.0	2.0	–	–	49.8	2.0	–	–
20	3t以内载货汽车	台班	1371	0.13	–	–	–	0.10	–	–	–
21	30kN以内单筒慢动电动卷扬机	台班	1499	0.05	–	–	–	0.05	–	–	–
22	32kV·A以内交流电弧焊机	台班	1726	0.28	–	–	–	0.28	–	–	–
23	$0.3m^3/min$以内电动空气压缩机	台班	1832	0.40	0.02	–	–	0.40	0.02	–	–
24	$3m^3/min$以内机动空气压缩机	台班	1840	–	–	–	–	0.23	–	–	–
25	配置机械台班停置费	元	1997	5.2	–	–	–	4.1	–	–	–
26	小型机具使用费	元	1998	76.4	1.7	1.2	0.1	69.3	1.7	1.2	0.1

续前页　　　　单位：$1m^2$

序号	项　目	单位	代号	涂抹(环氧树脂)压贴钢板				挂贴钢板灌注(粘结胶)			
				钢板厚度							
				6mm		±1mm		6mm		±1mm	
				螺栓数(孔/m^2)							
				20孔	±1孔	20孔	±1孔	20孔	±1孔	20孔	±1孔
				1	2	3	4	5	6	7	8
27	基价	元	1999	1152	23	51	4	1195	23	51	4

注:1. 环氧胶液质量配合比为:环氧树脂:乙二胺:二丁脂:丙酮=100:15:20:15计算,实际不同时,可调整。环氧胶泥质量配合比为:环氧树脂:乙二胺:二丁脂:丙酮:水泥=100:15:30:15:70计算,实际不同时,可调整。环氧胶砂质量配合比为:环氧树脂:乙二胺:二丁脂:丙酮:水泥:中(粗)砂=100:10:20:20:100:200,实际不同时,可调整;

2. 本定额缺陷修补内容是指粘贴钢板前,对混凝土粘贴面进行非病害性的一般处理。粘结前需进行病害性处理则按有关定额计算;

3. 涂抹环氧树脂压贴钢板定额中环氧胶液为粘结面基液,环氧胶泥为植筋和密封用胶,环氧胶砂为粘结用胶,实际不同时,可调整。

3-2-7 粘贴碳纤维布加固

工作内容:1. 放样划线;2. 混凝土粘贴面凿刮、整平、打磨、缺陷修补、吹尘、清洗、干燥;3. 底胶调配、搅拌、滚筒刷涂刷粘贴面;4. 粘结胶(或粘结树脂)调配、搅拌,滚动刷涂刷(下涂);5. 碳纤维片材下料、粘贴、滚压,滚动刷涂刷(上涂);6. 检查、补涂、养护、表面涂装。

单位:$10m^2$

序号	项目	单位	代号	第一层	每增加一层
				1	2
1	人工	工日	1	7.3	3.7
2	环氧胶泥	m^3	78	(0.003)	–
3	环氧树脂(E44)	kg	746	2.714	–
4	42.5 级水泥	t	833	0.004	–
5	乙二胺(EDA)	kg	2021	0.407	–
6	二丁脂	kg	2022	0.814	–
7	丙酮	kg	2023	1.123	–
8	底胶	kg	2031	2.837	2.270
9	找平胶	kg	2032	9.280	–
10	浸渍树脂	kg	2033	8.770	7.016

续前页　　单位:10m²

序号	项　　目	单位	代号	第　一　层	每增加一层
				1	2
11	涂饰胶液	kg	2034	4.200	-
12	碳纤维布	m^2	2035	10.31	10.31
13	其他材料费	元	996	124.7	28.7
14	3t 以内载货汽车	台班	1371	0.37	-
15	$3m^3$/min 以内机动空气压缩机	台班	1840	0.47	-
16	配置机械台班停置费	元	1997	49.0	24.8
17	小型机具使用费	元	1998	69.6	-
18	基价	元	1999	6326	4080

注:1. 本定额缺陷修补内容是指粘贴碳纤维前,对混凝土粘贴面进行非病害性的一般处理。粘结前需进行病害性处理则按有关定额计算;

2. 环氧胶泥质量配合比为:环氧树脂:乙二胺:二丁脂:丙酮:水泥 = 100:15:30:15:70 计算,实际不同时,可调整;

3. 碳纤维片材粘接胶用量是根据相关调查资料和有关加固胶生产单位提供粘结胶用量综合考虑计算,本定额可根据实际使用碳纤维片材不同进行调整;

4. 碳纤维片材不考虑纵横向搭接,若实际存在搭接,应调整定额中碳纤维片材及浸渍树脂定额工程量,其中每平米碳纤维片材增加 0.1m². 浸渍树脂 0.877kg;

5. 本定额底胶、修补胶名称为统称,实际采用专用规格的材料时,可抽换(下同);水泥和涂装胶液主要用于表面涂装。

3-2-8 钻孔植筋(锚栓)

工作内容:植筋定位、钻孔,清洁孔壁、钢筋,注胶植筋,静置固化。

单位:100 根

序号	项目	单位	代号	钢筋(锚栓)直径(mm)									
				12		14		16		18		20	
				钻孔深度(mm)									
				120	±10	140	±10	160	±10	180	±10	200	±10
				1	2	3	4	5	6	7	8	9	10
1	人工	工日	1	2.1	–	2.5	–	2.9	–	4.1	–	5.7	–
2	带肋钢筋	t	112	0.015	0.0009	0.022	0.0012	0.032	0.0016	0.045	0.0020	0.061	0.0025
3	植筋胶	kg	2030	3.80	0.317	5.61	0.40	7.91	0.495	10.77	0.60	15.46	0.773
4	丙酮	kg	2023	1.266	0.106	1.869	0.134	2.638	0.165	3.590	0.199	5.152	0.258
5	其他材料费	元	996	58.0	0.5	60.2	0.7	63.0	0.8	67.2	1.0	74.2	1.3
6	3t 以内载货汽车	台班	1371	0.11	–	0.13	–	0.15	–	0.21	–	0.30	–
7	$0.3m^3$/min 以内电动空气压缩机	台班	1832	0.41	–	0.49	–	0.58	–	0.74	–	1.02	–
8	配置机械台班停置费	元	1997	14.3	–	16.8	–	19.4	–	27.5	–	38.2	–
9	小型机具使用费	元	1998	99.3	8.7	122.6	9.9	146.4	10.9	264.6	17.3	368.1	21.4
10	基价	元	1999	536	26	694	32	886	38	1265	51	1753	64

续前页　　单位:100 根

序号	项目	单位	代号	钢筋(锚栓)直径(mm)							
				22		25		28		32	
				钻孔深度(mm)							
				220	±10	250	±10	300	±10	360	±10
				11	12	13	14	15	16	17	18
1	人工	工日	1	7.5	–	10.8	–	14.3	–	20.8	–
2	带肋钢筋	t	112	0.080	0.0031	0.115	0.0039	0.168	0.005	0.259	0.0065
3	植筋胶	kg	2030	21.325	0.969	31.651	1.266	45.437	1.515	71.215	1.978
4	丙酮	kg	2023	7.108	0.323	10.550	0.422	15.146	0.505	23.738	0.659
5	其他材料费	元	996	86.3	1.6	105.3	2.1	128.4	2.5	171.6	3.3
6	3t 以内载货汽车	台班	1371	0.39	–	0.57	–	0.75	–	1.09	–
7	$0.3m^3/min$ 以内电动空气压缩机	台班	1832	1.40	–	2.04	–	2.82	–	4.27	–
8	配置机械台班停置费	元	1997	50.3	–	72.4	–	95.9	–	139.5	–
9	小型机具使用费	元	1998	499.7	23.9	847.0	34.4	1595.7	38.4	1595.7	46.6
10	基价	元	1999	2352	77	3536	103	5359	122	7331	156

注:1. 本定额植筋胶为灌注植筋材料的统称,实际采用专用规格的材料时,可抽换(下同);

2. 本定额植筋(锚栓)钢筋孔外外露按 4cm 计算,实际不同时,可调整钢筋植筋(锚栓)钢筋取定值;

3. 植筋钻孔孔深按 10d(钢筋直径)计算,设计不同时,可调整带肋钢筋、植筋胶和丙酮取定值。

4. 钢筋(锚栓)直径、钻孔孔径、孔深适配参考表:

钢筋(锚栓)直径(mm)	12	14	16	18	20	22	25	28	32
钻孔孔径(mm)	16	18	20	22	25	28	32	35	40
钻孔孔深(mm)	120	140	160	180	200	220	250	300	360
钢筋(锚栓)密度(kg/m)	0.888	1.208	1.578	1.998	2.466	2.984	3.853	4.834	6.313

3-2-9 主梁挂网喷射混凝土加固

工作内容:1. 梁底补强钢筋网:1)梁底板凿毛,清除松散表层;2)钢筋网制作、植筋钢筋制作,放样布孔、钻孔植筋;3)挂网、绑扎、电焊;2. 喷射混凝土:1)梁底清理及湿润;2)混凝土配运料、拌和、运输、喷射及养生;3)清理现场。

单位:表列单位

序号	项目	单位	代号	梁底补强钢筋网	喷射混凝土
				1t	$10m^3$
				1	2
1	人工	工日	1	43.0	42.3
2	C30 水泥混凝土	m^3	20	-	(15.00)
3	带肋钢筋	t	112	1.025	-
4	电焊条	kg	231	8.0	-
5	20~22 号铁丝	kg	656	0.7	-
6	42.5 级水泥	t	833	-	4.559
7	水	m^3	866	-	17
8	中(粗)砂	m^3	899	-	8.08
9	碎石(2cm)	m^3	951	-	11.17

续前页 单位:表列单位

序号	项目	单位	代号	梁底补强钢筋网	喷射混凝土
				1t	$10m^3$
				1	2
10	干排Ⅰ级粉煤灰	t	2012	-	1.391
11	其他材料费	元	996	4448.1	436.8
12	350L以内强制式混凝土搅拌机	台班	1273	-	8.90
13	$4\sim6m^3/h$ 混凝土喷射机	台班	1283	-	6.16
14	3t以内载货汽车	台班	1371	1.08	1.06
15	32kV·A以内交流电弧焊机	台班	1726	1.35	-
16	$9m^3/min$ 以内机动空气压缩机	台班	1842	-	4.87
17	配置机械台班停置费	台班	1997	144.2	142.0
18	小型机具使用费	元	1998	1576.1	147.6
19	基价	元	1999	12935	11790

注:1. 本定额中喷射混凝土的损耗考虑为50%,喷射混凝土厚度按10cm,实际不同时,可调整;

2. 喷射C30混凝土实际配制材料不同时,可调整;混凝土涂饰需要时另行计列;

3. 喷射混凝土定额中喷射混凝土高效减水速凝剂等外掺剂已在其他材料费中计费。

3-2-10 混凝土及钢筋混凝土结构钻孔、注浆加固※

工作内容:1.清理场地、放样定位、钻机安拆、钻孔、清孔、钻机移位、机具清洗及操作范围内料具搬运;2.制备浆液;喷射浆液、拔管、器械清洗及操作范围内料具搬运等;3.钢筋及型钢加固:钢筋及型钢材料的加工、制作、安装及操作范围内料具搬运等全部工程内容;4.自锚式预应力钢筋加固:预应力孔道清理、预埋钢管、注胶、自锚锚头安装、预应力钢筋制作、张拉、孔道内压浆、封锚及操作范围内料具搬运等全部工程内容。

单位:表列单位

序号	项目	单位	代号	混凝土及钢筋混凝土钻孔								注浆		加固材料			
				孔径(mm)								水泥浆	水泥粉煤灰浆	钢筋	型钢	ϕ32 自锚式预应力钢筋	
				70				110									
				混凝土强度等级													
				C25	C30	C40	C50	C25	C30	C40	C50					每1t 11.2根	每增减1根
				10m								10t		1t			
				1	2	3	4	5	6	7	8	9	10	11	12	13	14
1	人工	工日	1	8.2	9.6	12.6	14.8	9.4	11.1	14.5	17.0	3.5	4.1	12.3	10.5	35.6	3.2
2	水泥浆	m^3	31	-	-	-	-	-	-	-	-	-	-	-	-	(0.83)	(0.07)
3	水泥粉煤灰浆	m^3	32	-	-	-	-	-	-	-	-	-	-	-	-	-	-
4	带肋钢筋	t	112	-	-	-	-	-	-	-	-	-	-	1.025	-	-	-

续前页　　　　　　　　　　　　　　　　　　　　　　　　　　　　　　单位:表列单位

序号	项目	单位	代号	混凝土及钢筋混凝土钻孔								注浆		加固材料			
				孔径(mm)								水泥浆	水泥粉煤灰浆	钢筋	型钢	ϕ32 自锚式预应力钢筋	
				70				110								每 1t 11.2 根	每增减 1 根
				混凝土强度等级													
				C25	C30	C40	C50	C25	C30	C40	C50						
				10m								10t		1t			
				1	2	3	4	5	6	7	8	9	10	11	12	13	14
5	预应力粗钢筋	t	121	–	–	–	–	–	–	–	–	–	–	–	–	1.040	–
6	型钢	t	182	–	–	–	–	–	–	–	–	–	–	–	1.060	–	–
7	钢板	t	183	–	–	–	–	–	–	–	–	–	–	–	–	0.252	0.020
8	钢管	t	191	–	–	–	–	–	–	–	–	–	–	–	–	0.153	0.010
9	电焊条	kg	231	–	–	–	–	–	–	–	–	–	–	4.6	6.2	9.8	0.9
10	32.5 级水泥	t	832	–	–	–	–	–	–	–	–	10.200	10.200	–	–	1.244	0.111
11	水	m^3	866	1	1	1	1	1	1	1	1	10	9	–	–	1	–
12	干排Ⅱ级粉煤灰	t	2011	–	–	–	–	–	–	–	–	–	9.273	–	–	–	–
13	ϕ70 金刚石钻头	个	2044	0.63	0.75	0.98	1.15	–	–	–	–	–	–	–	–	–	–
14	ϕ110 金刚石钻头	个	2045	–	–	–	–	0.63	0.75	0.98	1.15	–	–	–	–	–	–

续前页　　单位:表列单位

序号	项目	单位	代号	混凝土及钢筋混凝土钻孔								注浆		加固材料			
				孔径(mm)								水泥浆	水泥粉煤灰浆	钢筋	型钢	φ32 自锚式预应力钢筋	
				70				110								每1t 11.2根	每增减1根
				混凝土强度等级													
				C25	C30	C40	C50	C25	C30	C40	C50						
				10m								10t		1t			
				1	2	3	4	5	6	7	8	9	10	11	12	13	14
15	自锚锚头	套	2046	–	–	–	–	–	–	–	–	–	–	–	–	11.20	1.00
16	JLM－32 螺栓锚	套	2047	–	–	–	–	–	–	–	–	–	–	–	–	11.20	1.00
17	WSJ 建筑结构胶	kg	2048	–	–	–	–	–	–	–	–	–	–	–	–	4.40	0.39
18	ICG－1 无机粘结材料	kg	2049	–	–	–	–	–	–	–	–	–	–	–	–	62.89	5.62
19	其他材料费	元	996	45.0	45.0	45.0	45.0	45.0	45.0	45.0	45.0	112.5	1650.0	21.5	29.0	16.7	1.5
20	设备摊销费	元	997	21.0	21.0	21.0	21.0	21.0	21.0	21.0	21.0	28.0	28.0	–	–	–	–
21	400L 以内灰浆搅拌机	台班	1281	–	–	–	–	–	–	–	–	0.90	1.03	–	–	–	–
22	90kN 以内预应力拉伸机	台班	1344	–	–	–	–	–	–	–	–	–	–	–	–	1.85	0.17
23	4t 以内载货汽车	台班	1372	0.16	0.16	0.16	0.16	0.16	0.16	0.16	0.16	0.27	0.31	–	–	–	–
24	5t 以内汽车式起重机	台班	1449	0.20	0.20	0.20	0.20	0.20	0.20	0.20	0.20	0.30	0.34	–	–	–	–

续前页　　　　　　　　　　　　　　　　　　　　　　　　　　单位:表列单位

序号	项　目	单位	代号	混凝土及钢筋混凝土钻孔								注浆		加固材料			
				孔径(mm)								水泥浆	水泥粉煤灰浆	钢筋	型钢	ϕ32 自锚式预应力钢筋	
				70				110									
				混凝土强度等级												每1t 11.2根	每增减1根
				C25	C30	C40	C50	C25	C30	C40	C50						
				10m								10t		1t			
				1	2	3	4	5	6	7	8	9	10	11	12	13	14
25	高压注浆泵	台班	2473	–	–	–	–	–	–	–		0.90	1.03	–	–	–	–
26	工程地质钻机(钻深100m,孔径171mm内)	台班	2476	4.74	5.33	6.22	7.11	5.33	5.92	6.81	7.70	–	–	–	–	–	–
27	32kV·A以内交流电弧焊机	台班	1726	–	–	–	–	–	–	–	–	–	–	0.66	0.90	2.29	0.20
28	小型机具使用费	元	1998	35.0	35.0	35.0	35.0	35.0	35.0	35.0	35.0	–	–	32.3	32.3	39.8	3.6
29	基价	元	1999	2850	3274	4051	4673	3530	4063	5041	5812	4653	6912	5071	5675	24957	1607

注:本定额中压浆工程量均以干粉水泥重量(t)计算。

3－2－11　更换伸缩缝

工作内容:1. 拆除伸缩缝破损混凝土,清除干净;2. 安装前的准备工作,伸缩缝就位安装,钢筋定位焊接(含植筋),浇筑混凝土、养生;3. 场内运输,清理现场。

单位:1m

序号	项目	单位	代号	拆除					安装				
				模数式伸缩缝 伸缩量(mm)			板式橡胶伸缩缝	橡胶条	模数式伸缩缝 伸缩量(mm)			板式橡胶伸缩缝	橡胶条
				80型	160型	240型			80型	160型	240型		
				1	2	3	4	5	6	7	8	9	10
1	人工	工日	1	3.0	4.0	8.7	2.4	0.2	3.7	6.2	13.3	3.0	0.5
2	C40 防水混凝土	m^3	39	–	–	–	–	–	–	–	–	(0.10)	–
3	C50 钢纤维混凝土	m^3	63	–	–	–	–	–	(0.15)	(0.33)	(0.76)	–	–
4	锯材	m^3	102	–	–	–	–	–	(0.004)	(0.008)	(0.016)	–	–
5	光圆钢筋	t	111	–	–	–	–	–	–	–	–	0.011	0.004
6	带肋钢筋	t	112	–	–	–	–	–	0.023	0.022	0.021	–	–
7	型钢	t	182	–	–	–	–	–	–	–	–	–	0.005
8	钢板	t	183	–	–	–	–	–	–	–	–	–	0.003

续前页　　单位:1m

序号	项目	单位	代号	拆除					安装				
				模数式伸缩缝 伸缩量(mm)			板式橡胶伸缩缝	橡胶条	模数式伸缩缝 伸缩量(mm)			板式橡胶伸缩缝	橡胶条
				80型	160型	240型			80型	160型	240型		
				1	2	3	4	5	6	7	8	9	10
9	钢纤维	t	225	–	–	–	–	–	0.008	0.018	0.041	–	–
10	电焊条	kg	231	–	–	–	–	–	2.3	2.2	1.3	1.1	0.6
11	板式橡胶伸缩缝	m	542	–	–	–	–	–	–	–	–	1.0	–
12	铁件	kg	651	–	–	–	–	–	–	–	–	1.5	–
13	铁皮	m^2	666	–	–	–	–	–	–	–	–	–	0.5
14	20~22号铁丝	kg	656	–	–	–	–	–	0.1	0.1	0.1	–	–
15	橡胶条	kg	716	–	–	–	–	–	–	–	–	–	3.3
16	42.5级水泥	t	833	–	–	–	–	–	0.079	0.180	0.410	0.048	–
17	水	m^3	866	–	–		–	–	2	5	11	2	–
18	中(粗)砂	m^3	899	–	–	–	–	–	0.07	0.17	0.39	0.05	–
19	碎石(2cm)	m^3	951	–	–	–	–	–	0.11	0.26	0.59	0.08	–
20	80型毛勒伸缩缝	m	2041	–	–	–	–	–	1.0	–	–	–	–
21	160型毛勒伸缩缝	m	2042	–	–	–	–	–	–	1.0	–	–	–

续前页　　单位:1m

序号	项目	单位	代号	拆除					安装				
				模数式伸缩缝 伸缩量(mm)			板式橡胶伸缩缝	橡胶条	模数式伸缩缝 伸缩量(mm)			板式橡胶伸缩缝	橡胶条
				80型	160型	240型			80型	160型	240型		
				1	2	3	4	5	6	7	8	9	10
22	240型毛勒伸缩缝	m	2043	–	–	–	–	–	–	–	1.0	–	–
23	其他材料费	元	996	17.3	22.8	34.2	3.5	0.5	58.5	65.2	97.8	9.5	4.7
24	350L以内强制式混凝土搅拌机	台班	1273	–	–	–	–	–	0.08	0.19	0.43	0.06	–
25	3t以内载货汽车	台班	1371	0.15	0.20	0.44	0.12	0.01	0.19	0.31	0.67	0.15	–
26	32kV·A以内交流电弧焊机	台班	1726	–	–	–	–	–	0.39	0.39	0.23	0.33	0.24
27	$3m^3/min$以内机动空气压缩机	台班	1840	0.36	0.81	1.39	0.18	–	–	–	–	–	–
28	配置机械台班停置费	元	1997	19.9	26.8	58.1	16.1	1.3	24.8	41.2	89.3	20.4	3.4
29	小型机具使用费	元	1998	25.1	53.6	87.3	25.4	–	29.3	33.1	42.3	3.6	–
30	基价	元	1999	332	554	1058	231	13	1128	2892	4845	734	168

注:1. 本定额已综合考虑了伸缩缝槽内预埋钢筋出现裂缝、折断、位置不当或间隙过大等问题必须采取种植钢筋的费用,定额使用时不得另计植筋费用;

2. 安装伸缩缝钢纤维混凝土高效减水剂等外掺剂已在其他材料费中计费;

3. 定额单位每米伸缩缝指桥面行车道的宽度,行车道以外的伸缩缝工、料、机消耗量已包括在定额中。

3-2-12 更换支座※

工作内容:1.梁板顶升:顶梁设施安装、试顶加载、同步整体顶升、支承梁体、修整获更换支承垫石、梁底钢板等;2.支座拆除及安装:支座更换、落梁、恢复桥面系、清理现场。

单位:表列单位

序号	项目	单位	代号	梁板顶升				支座拆除及安装	
				矩形板、空心板				板式橡胶支座	四氟板式橡胶支座
				跨径(m)					
				13	16	20	25		
				1片梁				$1dm^3$	
				1	2	3	4	5	6
1	人工	工日	1	9.7	10.6	13.2	18.5	0.3	0.3
2	锯材	m^3	102	0.081	0.093	0.123	0.182	–	–
3	型钢	t	182	0.035	0.040	0.053	0.079	–	–
4	四氟板式橡胶组合支座	dm^3	401		–	–	–	–	1.0
5	板式橡胶支座	dm^3	402	–	–	–	–	1.0	–
6	其他材料费	元	996	18.1	20.8	27.5	40.7	2.3	5.3
7	3t以内载货汽车	台班	1371	0.49	0.54	0.67	0.94	0.02	0.02

续前页　　　　　　　　　　　　　　　　　　　　　　　　　　　　　　　　　　　　单位:表列单位

序号	项　　目	单位	代号	梁板顶升				支座拆除及安装	
				矩形板、空心板				板式橡胶支座	四氟板式橡胶支座
				跨径(m)					
				13	16	20	25		
				1片梁				1dm³	
				1	2	3	4	5	6
8	配置机械台班停置费	元	1997	65.3	75.2	99.1	146.8	2.0	2.0
9	小型机具使用费	元	1998	312.0	359.3	473.3	701.4	–	–
10	基价	元	1999	1265	1423	1833	2658	83	106

注:1. 本定额按简支梁结构编制,连续梁仅供参考使用;未考虑支座垫石修补,其可按混凝土修补定额计算;

2. 本定额按桥梁单孔半幅整体顶升编制,施工方法不同时仅供参考。

第三节 杂 项 工 程

说 明

1. 杂项工程包括搭拆钢管脚手架、井字架、踏步；满堂式轻型钢支架、金属结构吊装设备、防水层、基础垫层、混凝土搅拌站安装及拆除、混凝土运输、小型混凝土构件运输等项目，本节定额适用于桥涵及其他构造物工程。

2. 金属结构吊装设备定额是根据不同的安装方法划分子目的，如“单导梁”系指安装用的拐角门架、蝴蝶架、导梁等全套设备。定额是以10t设备质量为单位，并列有参考质量。实际质量与定额数量不同时，可根据实际质量计算，但设备质量不包括列入材料的铁件、钢丝绳及列入“小型机具使用费”内的滑车等。

3. 本节定额中凡采用金属结构吊装设备安装的项目，均未包括吊装设备的费用，应按有关定额另行计算。

4. 本节定额中型钢、钢管及门式钢支架按30次摊销计算。

5. 混凝土搅拌站的材料，均已按桥次摊销列入定额中。

6. 本节的各种运输距离以1km为计算单位，不足第一个1km者，均按1km计；超过第一个定额运距单位时，其运距尾数不足一个增运定额单位的半数时不计，等于或超过半数时按一个定额运距单位计算。

3-3-1 搭拆钢管脚手架、井字架、踏步

工作内容:1.钢管脚手架、井字架:1)清理场地,摆底座,插立杆,用卡子螺栓连接钢管,放垫木、脚手板,安装吊盘,拆除架子及吊盘;2)材料50m以内搬运、堆放;2.踏步:1)清理场地、挖基脚、立杆、绑扎、铺板、拆除;2)材料50m以内搬运、堆放。

单位:表列单位

序号	项目	单位	代号	脚手架					井字架				踏步				
				高度(m)													
				4	6	8	12	16	8	10	14	18	4	6	8	12	16
				10m					1处								
				1	2	3	4	5	6	7	8	9	10	11	12	13	14
1	人工	工日	1	4.2	5.3	6.7	10.6	16.2	8.1	10.1	14.1	18.2	5.2	10.3	19.5	27.9	35.6
2	原木	m^3	101	–	–	–	–	–	–	–	–	–	0.047	0.106	0.165	0.355	0.618
3	锯材	m^3	102	0.060	0.060	0.060	0.060	0.060	0.012	0.012	0.012	0.012	0.094	0.140	0.187	0.281	0.375
4	型钢	t	182	–	–	–	–	–	0.010	0.010	0.010	0.010	–	–	–	–	–
5	钢板	t	183	–	–	–	–	–	0.001	0.001	0.001	0.001	–	–	–	–	–
6	钢管	t	191	0.045	0.065	0.085	0.125	0.161	0.045	0.055	0.078	0.099	–	–	–	–	–
7	钢丝绳	t	221	–	–	–	–	–	0.001	0.001	0.002	0.002	–	–	–	–	–

续前页　　　　　　　　　　　　　　　　　　　　　　　　　　　　　　单位:表列单位

序号	项目	单位	代号	脚手架					井字架				踏步				
				高度(m)													
				4	6	8	12	16	8	10	14	18	4	6	8	12	16
				10m					1处								
				1	2	3	4	5	6	7	8	9	10	11	12	13	14
8	铁钉	kg	653	0.5	0.5	0.5	0.5	0.5	–	–	–	–	0.4	0.6	0.8	1.3	1.7
9	8~12号铁丝	kg	655	0.6	0.6	0.6	0.6	0.6	–	–	–	–	7.3	13.2	19.1	35.4	56.2
10	其他材料费	元	996	7.0	10.0	13.0	19.0	24.0	9.0	11.0	14.0	18.0	–	–	–	–	–
11	基价	元	1999	584	756	941	1359	1825	714	863	1185	1494	513	936	1538	2437	3432

注:脚手架的宽度为2.5m;井字架的平面尺寸为2.5×25.m。

3-3-2 满堂式轻型钢支架

工作内容:1)地梁、轻型门式钢支架、钢管等安、拆;2)支架上帽梁的安装、拆除。

单位:$10m^2$ 立面积

序号	项目	单位	代号	墩台高度(m)			
				4以内	6以内	8以内	10以内
				1	2	3	4
1	人工	工日	1	7.3	7.7	7.9	8.5
2	锯材	m^3	102	0.058	0.043	0.033	0.024
3	型钢	t	182	0.051	0.037	0.027	0.019
4	钢管	t	191	0.013	0.011	0.011	0.011
5	门式钢支架	t	273	0.048	0.053	0.059	0.061
6	铁件	kg	651	1.8	1.6	1.3	1.0
7	12t以内汽车式起重机	台班	1451	0.27	0.21	0.19	0.16
8	基价	元	1999	1243	1138	1100	1059

注:型钢、钢管及门式钢支架按30次摊销计算。

3-3-3 金属结构吊装设备

工作内容:1. 全套金属设备(包括起吊设备及钢轨)的安装、拆除;2. 脚手架、绞车平台、张拉工作台、底板工作台、铁(木)梯等附属设备的制作、安装、拆除;3. 吊篮拼装、推移及拆除。

单位:10t 金属设备

序号	项目	单位	代号	单导梁	双导梁	工作吊篮	
						安装、拆除	推移
				10t 金属设备	10t 金属设备	10t 金属设备	10t·m
				1	2	3	4
1	人工	工日	1	73.9	67.5	34.5	0.60
2	原木	m^3	101	0.015	0.392	-	-
3	锯材	m^3	102	0.432	-	-	-
4	型钢	t	182	-	-	7.070	-
5	钢丝绳	t	221	0.018	0.003		-
6	电焊条	kg	231	0.1	-	43.1	-
7	聚四氟乙烯滑块	kg	641	-	-	-	0.2
8	铁件	kg	651	9.9	3.3	-	-
9	铁钉	kg	653	0.4	0.2	-	-

续前页

单位:10t 金属设备

序号	项目	单位	代号	单导梁	双导梁	工作吊篮	
						安装、拆除	推移
				10t 金属设备	10t 金属设备	10t 金属设备	10t·m
				1	2	3	4
10	8~12 号铁丝	kg	655	2.5	2.4	–	–
11	其他材料费	元	996	31.1	16.8	76.4	34.7
12	设备摊销费	元	997	4800.0	4800.0	–	–
13	16t 以内汽车式起重机	台班	1452	–	–	2.51	–
14	30kN 以内单筒慢动电动卷扬机	台班	1499	7.32	4.22	–	–
15	50kN 以内单筒慢动电动卷扬机	台班	1500	–	–	4.01	0.08
16	32kV·A 以内交流电弧焊机	台班	1726	0.03	–	3.19	–
17	小型机具使用费	元	1998	19.8	11.4	19.8	20.3
18	基价	元	1999	9850	8761	38294	101

3-3-4 防 水 层

工作内容:1. 搭拆跳板;2. 配料、拌和、摊铺、拍紧、整形、养生;3. 安窝、裁铺油毛毡、熬涂沥青;4. 洒布机洒布防水剂,人工补刷。

单位:表列单位

序号	项目	单位	代号	胶泥	石灰土	石灰三合土	沥青油毡	涂沥青
				10m³			10m²	
				1	2	3	4	5
1	人工	工日	1	5.5	12.8	21.0	1.0	0.8
2	2:1:4三合土	m³	33	-	-	(10.15)	-	-
3	油毛毡	m²	825	-	-	-	22.00	-
4	石油沥青	t	851	-	-	-	0.051	0.039
5	水	m³	866	5	3	4	-	-
6	生石灰	t	891	-	2.009	2.507	-	-
7	中(粗)砂	m³	899	-	-	8.42	-	-
8	黏土	m³	911	10.40	7.28	2.33	-	-
9	其他材料费	元	996	2.3	6.8	6.8	2.7	2.3
10	基价	元	1999	371	970	1808	305	197

3-3-5 基础垫层

工作内容:1. 砂砾(砂)、碎(砾)石、片石垫层:运料、铺平、整平、夯实;2. 三合土垫层:配运料、拌铺、整平、夯实;3. 水泥砂浆灌片石:拌砂浆、铺运片石、嵌缝、砂浆灌缝;4. 混凝土垫层:人工运料、拌和、运输、浇筑、捣实及养生。

单位:10m³ 实体

序号	项　目	单位	代号	填砂砾	填碎石	填片石	三合土	水泥砂浆灌片石	混凝土
				1	2	3	4	5	6
1	人工	工日	1	5.0	6.1	7.3	10.6	8.3	14.8
2	2:1:4三合土	m^3	33	-	-	-	(10.15)	-	-
3	C10 防水混凝土	m^3	34	-	-	-	-	-	(10.40)
4	M5 水泥砂浆	m^3	65	-	-	-	-	(2.50)	-
5	32.5 级水泥	t	832	-	-	-	-	0.545	2.756
6	水	m^3	866	-	-	-	4	4	12
7	生石灰	t	891	-	-	-	2.507	-	-
8	中(粗)砂	m^3	899	-	-	-	8.42	2.80	5.30
9	砂砾	m^3	902	11.50	-	-	-	-	-

续前页　　　　单位：$10m^3$ 实体

序号	项　　目	单位	代号	填砂砾	填碎石	填片石	三合土	水泥砂浆灌片石	混凝土
				1	2	3	4	5	6
10	黏土	m^3	911	–	–	–	2.33	–	–
11	片石	m^3	931	–	–	11.50	–	11.50	
12	碎石(4cm)	m^3	952	–	11.50	–	–	–	8.84
13	其他材料费	元	996	–	–	–	4.4	1.8	3.2
14	基价	元	1999	617	1010	831	1358	1216	2433

3－3－6　混凝土搅拌站安装及拆除

工作内容:1. 砌筑砂、石料仓隔板、挡墙、围墙,浇筑拌和站基座的全部工作;2. 搅拌站安装、拆除;3. 竣工后施工场地清理、拆除;4. 场内 50m 范围内材料运输。

单位:1 座

序号	项　目	单位	代号	混凝土搅拌站生产能力(m^3/h)		
				15 以内	25 以内	40 以内
				1	2	3
1	人工	工日	1	375.5	625.9	1106.4
2	C25 水泥混凝土	m^3	19	(46.29)	(31.15)	(52.57)
3	M7.5 水泥砂浆	m^3	66	(4.05)	(33.23)	(29.95)
4	原木	m^3	101	0.233	–	0.050
5	锯材	m^3	102	0.138	0.009	0.022
6	光圆钢筋	t	111	0.222	–	0.089
7	型钢	t	182	0.071	0.035	0.086
8	组合钢模板	t	272	0.154	0.075	0.186
9	铁件	kg	651	74.7	28.9	71.3
10	8～12 号铁丝	kg	655	1.1	–	0.4

续前页　　　　单位:1 座

序号	项　　目	单位	代号	混凝土搅拌站生产能力(m^3/h)		
				15 以内	25 以内	40 以内
				1	2	3
11	32.5 级水泥	t	832	16.908	19.275	25.327
12	水	m^3	866	78	217	229
13	青(红)砖	千块	877	8.95	73.52	66.26
14	中(粗)砂	m^3	899	26.63	51.17	57.95
15	砂砾	m^3	902	–	–	73.66
16	碎石(2cm)	m^3	951	7.85	–	–
17	碎石(4cm)	m^3	952	–	25.86	43.71
18	碎石(8cm)	m^3	954	30.28	–	–
19	其他材料费	元	996	345.5	126.6	320.0
20	8~10t 光轮压路机	台班	1076	–	–	3.77
21	350L 以内强制式混凝土搅拌机	台班	1273	2.11	1.42	2.39
22	4t 以内载货汽车	台班	1372	3.72	4.34	–
23	8t 以内载货汽车	台班	1375	–	–	6.98

续前页

单位:1 座

序号	项　目	单位	代号	混凝土搅拌站生产能力(m^3/h)		
				15 以内	25 以内	40 以内
				1	2	3
24	12t 以内汽车式起重机	台班	1451	3.75	0.84	1.65
25	20t 以内汽车式起重机	台班	1453	-	3.20	5.12
26	小型机具使用费	元	1998	58.4	36.6	68.9
27	基价	元	1999	35740	60546	93491

3-3-7 混凝土运输

工作内容:1.第一个1km:等待装卸、装、卸、运行、掉头、空回、清洗车辆;2.每增运1km:运走1km及空回。

单位:100m³ 实体

序号	项目	单位	代号	混凝土运输														
				第一个1km			每增运1km											
				3t以内载货汽车	3m³以内混凝土搅拌运输车	6m³以内混凝土搅拌运输车	3t以内载货汽车				3m³以内混凝土搅拌运输车				6m³以内混凝土搅拌运输车			
							平均运距(km)											
							5以内	15以内	30以内	30以上	5以内	15以内	30以内	30以上	5以内	15以内	30以内	30以上
				1	2	3	4	5	6	7	8	9	10	11	12	13	14	15
1	人工	工日	1	1.9	-	-	-	-	-	-	-	-	-	-	-	-	-	-
2	其他材料费	元	996	22.5	-	-	-	-	-	-	-	-	-	-	-	-	-	-
3	3m³以内混凝土搅拌运输车	台班	1304	-	2.20	-	-	-	-	-	0.18	0.17	0.15	0.14	-	-	-	-
4	6m³以内混凝土搅拌运输车	台班	1307	-	-	1.23	-	-	-	-	-	-	-	-	0.11	0.10	0.09	0.08
5	3t以内载货汽车	台班	1371	4.20	-	-	0.71	0.66	0.61	0.57	-	-	-	-	-	-	-	-
6	基价	元	1999	1253	1613	1581	194	181	167	156	132	125	110	103	141	129	116	103

注:搅拌站场地的清理、平整、碾压不包括在本定额内,需要时可按有关定额另行计算。

3－3－8　小型混凝土构件运输

工作内容:1. 第一个 1km:1)人工装卸、绑扎构件;2)移动、安装、拆除装卸工具;3)汽车等待装卸、运行、掉头、空回;
2. 每增运 1km:运走及空回。

单位:100m³ 实体

序号	项目	单位	代号	载货汽车运输														
				第一个 1km			每增运 1km											
				3t 以内载货汽车	6t 以内载货汽车	8t 以内载货汽车	3t 以内载货汽车				6t 以内载货汽车				8t 以内载货汽车			
							平均运距(km)											
							5 以内	15 以内	30 以内	30 以上	5 以内	15 以内	30 以内	30 以上	5 以内	15 以内	30 以内	30 以上
				1	2	3	4	5	6	7	8	9	10	11	12	13	14	15
1	人工	工日	1	50.3	45.2	40.7	–	–	–	–	–	–	–	–	–	–	–	–
2	其他材料费	元	996	19.5	19.5	19.5	–	–	–	–	–	–	–	–	–	–	–	–
3	3t 以内载货汽车	台班	1371	7.85	–	–	0.79	0.72	0.61	0.54	–	–	–	–	–	–	–	–
4	6t 以内载货汽车	台班	1374	–	4.90	–	–	–	–	–	0.42	0.37	0.32	0.28	–	–	–	–
5	8t 以内载货汽车	台班	1375	–	–	4.42	–	–	–	–	–	–	–	–	0.42	0.24	0.20	0.18
6	基价	元	1999	4329	3772	3798	216	197	167	148	155	137	118	103	193	110	92	83

第四章　交通安全设施

说　　明

1. 本章定额包括交通安全设施日常养护及交通安全设施的拆除与更换共二节。

2. 本章定额中只列工程所需的主要材料用量，对次要、零星材料和小型施工机具均未列出，分别列入“其他材料费”和“小型机具使用费”内，以元表示，编制预算即按此计算。

3. 本章定额中波形钢板、型钢立柱、钢管立柱、活动护栏、隔离栅、钢板网、轮廓标等均为成品件，编制预算时按成品价格计算，水泥混凝土构件的预制、安装定额中均包括了混凝土及构件运输的工程内容，定额使用时不得另行计算。

4. 本章定额中波形钢板护栏板面、立柱、托架等组件及金属标志牌等项目中，定额取定的单件重量详见附表，定额使用时如设计图纸数量与定额数量不同时，可按设计图纸数量进行调整，但不得调整人工及机械定额。

5. 本章各节内容详见各节说明。

6. 本章如有未包括的项目，可参照部颁定额或相关行业定额。

第一节　交通安全设施日常养护

说　　明

1. 本节定额包括交通安全设施巡查及交通安全设施日常养护共二个项目。

2. 交通安全设施巡查：包括日常巡查、定期巡查。日常巡查及定期巡查方法以行车为主，人工观测及手工计量。巡查频率为至少每月对合同范围内的交通安全设施巡回检查一次。巡查范围包括主线、互通区域、分离式立交、管理养护区域等公路红线范围内的所有交通安全设施。通过巡视与检查制定交通安全设施养护计划，保证基础设施醒目、稳固、线条顺适、完整齐全、设置牢固。以 100 公路公里·1 次为定额单位，工程量按公路里程 × 次数计算。

3. 交通安全设施日常养护包括：波形钢护栏清洗、调整及校正；金属标志牌清洗与维护；活动护栏、隔离栅、声屏障的修复或日常养护以及其他交通安全设施的日常养护等项目。波形钢护栏清洗以 100km 为定额单位，工程量按延米计算。波形钢板护栏调整以 1000m 为定额单位，工程量按延米计算。

4. 波形钢护栏的日常养护中清洗、调整及校正分列计算；金属标志牌、活动护栏、隔离栅、防眩板、声屏障的日常养护均包括清洗、日常维护等工程内容；其他交通安全设施日常养护综合了混凝土护栏、轮廓标、路标、防撞桶、水马、砂马等其余交通安全设施日常维护的全部工程内容。

5. 本节定额中日常养护工程应结合养护技术规范或招标文件的规定以及实际工程的养护频率进行计算。

4-1-1 交通安全设施巡查

工作内容:路线范围内交通安全设施的巡视与检查、填写检查记录、制定养护工程计划等全部工程内容。

单位:100 公路公里·1 次

序号	项目	单位	代号	日常巡查	定期巡查
				100 公路公里·1 次	
				1	2
1	人工	工日	1	3.3	4.9
2	3t 以内载货汽车	台班	1371	0.80	0.91
3	基价	元	1999	361	460

4-1-2　交通安全设施日常养护

工作内容:1.波形钢护栏清洗:安全标志摆放、取水及运输、添加清洗剂、清洗及现场清理等全部工程内容;2.金属标志牌日常养护:安全标志摆放、标志牌清洗、校正、调整及清理;3.波形钢板护栏调整:安全标志摆放、钢护栏校正、调整及清理;4.活动护栏、隔离栅、防眩板及声屏障:安全标志摆放、清洗、校正或上油保养、调整顺适等;5.其他安全设施:安全标志摆放、清洗、校正或上油保养、调整顺适等。

单位:表列单位

序号	项目	单位	代号	波形钢护栏清洗	金属标志牌日常养护				波形钢板护栏调整	波形钢板护栏校正	活动式钢护栏维护	隔离栅维护	防眩板维护	声屏障维护	其他安全设施维护
					柱式	悬臂式	门架式	附着式							
				100km	100套				1000m	100块	100m	100m	1000块	100m	100km
				1	2	3	4	5	6	7	8	9	10	11	12
1	人工	工日	1	151.8	19.2	22.1	30.7	9.6	1.7	17.4	99.5	9.3	2	12.5	68.3
2	水	m^3	866	90	4	4	4	2	–	–	–	–	–	1	–
3	其他材料费	元	996	5188.2	613.2	613.2	613.2	407.0	105.9	–	50.0	25.0	3.0	37.5	40.0
4	道路养护车	台班	1260	28.91	10.97	12.62	17.55	1.10	–	–	–	–	–	–	–
5	3t以内载货汽车	台班	1371	28.91	10.97	12.62	17.55	5.49	0.28	2.67	22.66	2.13	0.58	1.28	10.16
6	波形钢板校直机	台班	2516	–	–	–	–	–	–	3.02	–	–	–	–	–
7	小型机具使用费	元	1998	145.0	–	–	–	–	150.0	45.0	45.0	5.0	2.0	–	25.0
8	基价	元	1999	37899	11275	12878	17665	3009	406	2676	10572	1013	250	926	5780

第二节　交通安全设施拆除与更换

说　明

1. 本节定额包括混凝土护栏、波形钢护栏、活动式钢护栏、隔离栅、金属标志牌、反光膜、防眩板、轮廓标、路面标线、声屏障及其他交通安全标志的拆除及更换等项目。

2. 本节定额中波形钢板、钢板标志、铝合金标志、型钢立柱、钢管立柱、镀锌钢管立柱、活动护栏、隔离栅、钢板网、轮廓标等均为成品件，编制预算时按成品价格计算，其中交通标志牌单价中不含反光膜的费用(轮廓标为成品材料含反光膜的费用)。

3. 水泥混凝土构件的拆除、预制、安装定额中均包括混凝土及构件运输的工程内容，定额使用时，不得另行计算。

4. 混凝土护栏定额中钢护手定额不包括基座，钢护手基座应单列计算。

5. 波形钢护栏板面及立柱定额中均不包括防阻块、螺栓、托架、柱帽、立柱插座、端头等组件，应套用其他组件定额计算。

6. 金属标志牌安装定额以 10t 为定额单位，立柱工程量按钢管立柱及镀锌铁件总重量计算，面板工程量按钢板标志、铝合金标志及镀锌铁件总重量计算，定额使用时若图纸用量与定额数量不同时可进行调整，定额取定每 10t 立柱及面板的材料组成详见附录附表二。其中每 10t 铝合金标志面板定额取定材料对应的标志牌面积见下表：

标志牌结构形式	单柱式	双柱式	单悬臂式	双悬臂式	门架式	附着式
面板总重量(t)	10t					
标志牌面积(m^2)	536.67	601.19	209.27	234.43	390.27	340.95

7. 彩色防滑标线定额中底漆、面漆及防滑砂材料按冷塑路面材料底漆 29550、冷塑路面材料面漆 29500 及防滑砂 65530 型进行计算的,定额使用时,如实际采用的底漆、面漆及防滑砂材料与定额不同时,可按实际采用的材料单价及数量进行调整,但不得调整人工及机械定额。

8. 声屏障拆除含拆除声屏障立柱及面板的全部组件,但不包括声屏障基础、预埋件。声屏障安装不包括声屏障基础、预埋件。按立柱及面板划分定额子目,立柱按重量以 1t 为定额单位(不计算螺栓等配件的重量),面板以 $10m^2$ 为定额单位,按声屏障表面积计算。型钢立柱为定型产品,材料名称为综合名称,定额使用时应依据设计图纸计算材料综合单价,并抽换材料单价。面板材料为定型产品,材料名称为综合名称,定额使用时应依据声屏障的明细型号计算材料综合单价,其中螺栓等组件应计入材料单价中。

4－2－1　混凝土护栏更换

工作内容：1. 拆除柱式护栏及钢筋混凝土墙式护栏：凿除或炸除混凝土或钢筋混凝土、现场清理、废料堆放等；2. 柱式护栏：混凝土构件预制、运输、护栏油漆，挖洞，埋置，柱脚填石（砂浆）固定，夯实等；3. 钢筋混凝土墙式护栏：混凝土配、运料、拌合、运输、浇筑、清理现场等；4. 钢筋：下料、制作、运输、电焊及帮扎等；5. 钢护手及护手基座：制作、运输、安装等全部工程内容。

单位：表列单位

序号	项目	单位	代号	拆除		更换					
				柱式护栏	钢筋混凝土墙式护栏	预制安装柱式护栏		钢筋混凝土墙式护栏			
						路肩上	挡土墙上	现浇混凝土	钢筋	钢护手	钢护手基座
				10 根	$10m^3$	10 根		$10m^3$	1t		10 个
				1	2	3	4	5	6	7	8
1	人工	工日	1	0.9	16.8	4.6	3.1	22.0	12.2	2.4	1.1
2	C20 水泥混凝土	m^3	18	–	–	(0.53)	(0.33)	–	–	–	–
3	C25 水泥混凝土	m^3	19	–	–	–	–	(10.40)	–	–	–
4	原木	m^3	101	–	–	–	–	0.043	–	–	–
5	锯材	m^3	102	–	–	0.053	0.033	0.061	–	–	–

续前页　　　　单位:表列单位

序号	项目	单位	代号	拆除		更换					
						预制安装柱式护栏		钢筋混凝土墙式护栏			
				柱式护栏	钢筋混凝土墙式护栏	路肩上	挡土墙上	现浇混凝土	钢筋	钢护手	钢护手基座
				10根	$10m^3$	10根		$10m^3$	1t		10个
				1	2	3	4	5	6	7	8
6	光圆钢筋	t	111	–	–	0.034	0.021	0.001	1.025	–	–
7	钢管	t	191	–	–	–	–	–	–	1.040	–
8	电焊条	kg	231	–	–	–	–	–	3.2	–	0.4
9	钢模板	t	271	–	–	–	–	0.101	–	–	–
10	铸铁	kg	561	–	–	–	–	–	–	–	149.7
11	铁件	kg	651	–	–	–	–	13.3	–	–	–
12	铁钉	kg	653	–	–	1.6	1.0	–	–	–	–
13	20~22号铁丝	kg	656	–	–	0.2	0.1	–	5.1	–	–
14	油漆	kg	732	–	–	2.9	1.8	–	–	–	–
15	32.5级水泥	t	832	–	–	0.167	0.104	3.484	–	–	–
16	水	m^3	866	–	–	1	1	12	–	–	–
17	中(粗)砂	m^3	899	–	–	0.26	0.16	5.00	–	–	–

续前页　　　　单位：表列单位

序号	项目	单位	代号	拆除		更换					
						预制安装柱式护栏		钢筋混凝土墙式护栏			
				柱式护栏	钢筋混凝土墙式护栏	路肩上	挡土墙上	现浇混凝土	钢筋	钢护手	钢护手基座
				10根	$10m^3$	10根		$10m^3$	1t		10个
				1	2	3	4	5	6	7	8
18	碎石(2cm)	m^3	951	–	–	0.43	0.27	–	–	–	–
19	碎石(4cm)	m^3	952	–	–	–	–	8.64	–	–	–
20	碎石(8cm)	m^3	954	–	–	1.30	–	–	–	–	–
21	其他材料费	元	996	16.1	32.2	8.1	5.1	21.9	–	13.4	–
22	350L以内强制式混凝土搅拌机	台班	1273	–	–	–	–	0.58	–	–	–
23	3t以内载货汽车	台班	1371	0.05	0.84	0.23	0.16	0.55	0.31	0.12	–
24	32kV·A以内交流电弧焊机	台班	1726	–	–	–	–	–	0.69	–	0.10
25	$3m^3$/min以内机动空气压缩机	台班	1840	–	2.69	–	–	–	–	–	–
26	配置机械台班停置费	台班	1997	6.0	112.7	30.9	20.8	73.8	40.9	16.1	–
27	小型机具使用费	元	1998	26.9	53.9	2.3	1.8	8.1	18.2	–	–
28	基价	元	1999	101	1895	778	452	4264	5288	6520	694

4-2-2 波形钢板护栏更换

工作内容:1. 拆除波形钢板及立柱:拆除波形钢板及立柱的全部组件、装车及运输等全部工程内容;2. 基础混凝土:混凝土配、运料、拌合、运输、浇筑、清理现场等;3. 钢管立柱:打桩机打入或挖洞,浇筑柱角混凝土埋入桩;4. 波形钢板:现场转运、移动、安装就位及调整等;5. 其他组件:防阻块、螺栓、托架、柱帽、端头的现场转运、安装就位、调整及加固等。

单位:表列单位

序号	项目	单位	代号	拆除		安装				
				波形钢板	立柱	波形钢板		钢管立柱		基础混凝土
						单面	双面	埋入式	打入式	
				1t						$10m^3$
				1	2	3	4	5	6	7
1	人工	工日	1	2.7	6.7	2.5	2.2	21.7	10.4	25.4
2	C20 水泥混凝土	m^3	18	–	–	–	–	–	–	(10.40)
3	钢管立柱	t	247	–	–	–	–	1.000	1.040	–
4	波形钢板	t	249	–	–	1.000	1.000	–	–	–
5	32.5 级水泥	t	832	–	–	–	–	–	–	2.932
6	水	m^3	866	–	–	–	–	–	–	12
7	中(粗)砂	m^3	899	–	–	–	–	–	–	5.62

续前页　　单位:表列单位

序号	项　目	单位	代号	拆除		安装				
				波形钢板	立柱	波形钢板		钢管立柱		基础混凝土
						单面	双面	埋入式	打入式	
				1t						$10m^3$
				1	2	3	4	5	6	7
8	碎石(8cm)	m^3	954	–	–	–	–	–	–	8.52
9	其他材料费	元	996	2.0	18.0	106.0	106.0	54.0	58.0	11.0
10	500L以内强制式混凝土搅拌机	台班	1274	–	–	–	–	–	–	0.14
11	3t以内载货汽车	台班	1371	0.14	0.16	0.13	0.11	1.09	0.11	1.27
12	4t以内载货汽车	台班	1372	0.14	0.16	0.13	0.11	1.09	0.11	–
13	液压打桩机	台班	2453	–	0.68	–	–	–	0.46	–
14	配置机械台班停置费	元	1997	39.0	38.9	36.2	31.8	156.8	31.0	170.3
15	小型机具使用费	元	1998	2.5	22.5	57.5	57.5	67.5	72.5	11.0
16	基价	元	1999	245	656	6687	6657	7978	7149	3470

续前页　　　　单位:表列单位

序号	项目	单位	代号	其他组件更换					
				防阻块	螺栓	托架	立柱帽	端头	
								分设型	组合型
				100个				1t	
				8	9	10	11	12	13
1	人工	工日	1	2.6	0.2	2.6	2.3	10.5	10.5
2	托架	kg	250	–	–	114.2	–	–	–
3	立柱帽	个	251	–	–	–	102	–	–
4	防阻块	个	2051	102	–	–	–	–	–
5	螺栓	个	2052	–	104.0	–	–	–	–
6	分设型端头	t	2053	–	–	–	–	1.000	–
7	组合型端头	t	2054	–	–	–	–	–	1.000
8	其他材料费	元	996	12.0	1.0	8.0	6.0	80.0	80.0
9	3t以内载货汽车	台班	1371	0.13	0.01	0.13	0.11	0.53	0.53
10	配置机械台班停置费	台班	1997	17.4	1.3	17.4	15.4	70.4	70.4
11	小型机具使用费	元	1998	12.0	1.0	8.0	6.0	20.0	20.0
12	基价	元	1999	2025	220	889	1176	11878	8267

4-2-3 活动式钢护栏更换

工作内容:1.拆除:凿除原混凝土基础、拆除、装、运拆除钢护栏;2.安装:现浇基础混凝土的全部工程内容安装、调试活动式钢护栏。

单位:10m

序号	项目	单位	代号	拆除	安装
				10m	10m
				1	2
1	人工	工日	1	1.0	1.6
2	活动式钢护栏	m	2061	-	10.0
3	其他材料费	元	996	-	25.6
4	4t以内载货汽车	台班	1372	0.10	0.16
5	配置机械台班停置费	台班	1997	6.6	10.6
6	基价	元	1999	83	7159

4-2-4 隔离栅更换

工作内容:1. 拆除:拆除网面或立柱的全部组件、装、运、清理现场等;2. 立柱基础混凝土:基础混凝土:混凝土配、运料、拌合、运输、浇筑、清理现场等;3. 安装钢筋混凝土立柱:混凝土及钢筋全部工序,构件运输,安装;4. 立柱安装:成品或半成品件的制作、加工、转运、安装及斜撑加固、清理现场等;5. 网面:焊接钢丝网裁网及电焊、铁丝编织网挂网、加强钢丝及花篮螺丝安装、刺铁丝网剪丝、挂丝、绑扎,清理现场等。

单位:表列单位

序号	项目	单位	代号	拆除			安装									
				网面	立柱		立柱基础混凝土	立柱					网面			
					钢筋混凝土	钢管及型钢		钢筋混凝土		钢管立柱	型钢立柱	玻璃钢立柱	钢板防落网	焊接钢丝网		刺铁丝网
								混凝土	钢筋					卷网型	网片型	
				$100m^2$	100根	1t	$10m^3$	$10m^3$	1t			100根	$100m^2$			1t
				1	2	3	4	5	6	7	8	9	10	11	12	13
1	人工	工日	1	1.4	7.5	4.3	37.1	65.5	12.9	13.4	29.3	10.4	14.5	2.3	4.5	12.2
2	C15水泥混凝土	m^3	17	–	–	–	(11.00)	–	–	–	–	–	–	–	–	–
3	C25水泥混凝土	m^3	19	–	–	–	–	(10.40)	–	–	–	–	–	–	–	–
4	原木	m^3	101	–	–	–	–	0.019	–	–	–	–	–	–	–	–

续前页　　　　　　　　　　　　　　　　　　　　　　　　　　单位:表列单位

序号	项目	单位	代号	拆除			安装									
					立柱		立柱基础混凝土	立柱					网面			
				网面	钢筋混凝土	钢管及型钢		钢筋混凝土		钢管立柱	型钢立柱	玻璃钢立柱	钢板防落网	焊接钢丝网		刺铁丝网
								混凝土	钢筋					卷网型	网片型	
				$100m^2$	100 根	1t	$10m^3$	$10m^3$	1t			100 根	$100m^2$			1t
				1	2	3	4	5	6	7	8	9	10	11	12	13
5	光圆钢筋	t	111	–	–	–	–	–	1.025	–	0.036	–	–	–	–	–
6	型钢	t	182	–	–	–	–	0.002	–	–	–	–	–	–	–	–
7	电焊条	kg	231	–	–	–	–	–	–	9.4	–	–	34.4	–	–	–
8	钢管立柱	t	247	–	–	–	–	–	–	1.040	–	–	–	–	–	–
9	型钢立柱	t	248	–	–	–	–	–	–	–	1.040	–	–	–	–	–
10	组合钢模板	t	272	–	–	–	–	0.043	–	–	–	–	–	–	–	–
11	铁件	kg	651	–	–	–	–	8.5	–	21.4	5.8	–	–	–	–	–
12	8~12 号铁丝	kg	655	–	–	–	–	–	–	–	–	–	–	–	–	22.4
13	20~22 号铁丝	kg	656	–	–	–	–	–	5.1	–	–	–	–	–	–	–
14	刺铁丝	kg	658	–	–	–	–	–	–	–	–	–	–	–	–	1020.0

续前页　　　　单位:表列单位

序号	项目	单位	代号	拆除			安装									
				网面	立柱		立柱基础混凝土	立柱					网面			
					钢筋混凝土	钢管及型钢		钢筋混凝土		钢管立柱	型钢立柱	玻璃钢立柱	钢板防落网	焊接钢丝网		刺铁丝网
								混凝土	钢筋					卷网型	网片型	
				100m²	100根	1t	10m³	10m³	1t			100根	100m²			1t
				1	2	3	4	5	6	7	8	9	10	11	12	13
15	32.5级水泥	t	832	–	–	–	2.937	3.827	–	–	–	–	–	–	–	–
16	水	m³	866	–	–	–	15	15	–	–	–	–	–	–	–	–
17	中(粗)砂	m³	899	–	–	–	5.50	4.99	–	–	–	–	–	–	–	–
18	碎石(2cm)	m³	951	–	–	–		8.32	–	–	–	–	–	–	–	–
19	碎石(4cm)	m³	952	–	–	–	9	–	–	–	–	–	–	–	–	–
20	镀锌钢板网	m²	2065	–	–	–	–	–	–	–	–	–	100.00	–	–	–
21	焊接钢丝网(网片型)	m²	2066	–	–	–	–	–	–	–	–	–	–	–	100.0	–
22	焊接钢丝网(卷网型)	m²	2067	–	–	–	–	–	–	–	–	–	–	105.00	–	–
23	玻璃钢立柱	根	2068	–	–	–	–	–	–	–	–	104.00	–	–	–	–
24	其他材料费	元	996	10.0	30.0	7.0	4.1	26.0	22.0	35.0	24.0	46.0	13.0	30.0	30.0	54.0

续前页

单位:表列单位

序号	项目	单位	代号	拆除			安装									
				网面	立柱		立柱基础混凝土	立柱					网面			
					钢筋混凝土	钢管及型钢		钢筋混凝土		钢管立柱	型钢立柱	玻璃钢立柱	钢板防落网	焊接钢丝网		刺铁丝网
								混凝土	钢筋					卷网型	网片型	
				$100m^2$	100根	1t	$10m^3$	$10m^3$	1t			100根	$100m^2$			1t
				1	2	3	4	5	6	7	8	9	10	11	12	13
25	250L以内强制式混凝土搅拌机	台班	1272	–	–	–	–	0.24	–	–	–	–	–	–	–	–
26	3t以内载货汽车	台班	1371	–	–	–	3.09	1.64	0.65	0.67	0.73	0.52	0.73	0.12	0.23	0.61
27	4t以内载货汽车	台班	1372	0.07	0.38	0.22	–	–	0.65	0.67	0.73	0.52	0.73	0.25	0.50	0.61
28	32kV·A以内交流电弧焊机	台班	1726	–	–	–	–	–	–	1.60	–	–	6.31	–	–	–
29	配置机械台班停置费	台班	1997	20.2	58.1	33.3	124.4	219.6	186.4	193.6	211.7	144.5	209.6	33.2	65.0	176.3
30	小型机具使用费	元	1998	10.0	44.0	7.0	13.0	26.0	22.0	35.0	24.0	46.0	13.0	30.0	30.0	54.0
31	基价	元	1999	124	583	306	4483	6045	5674	8042	8192	5792	11759	2226	4060	8071

4-2-5 金属标志牌更换

工作内容：1. 摆放安全标志；2. 拆除立柱或面板的全部组件；3. 构件装卸、运输；4. 挖基、回填、混凝土及钢筋的全部工序；5. 构件安装的全部工序。

单位：表列单位

序号	项目	单位	代号	拆除							基础混凝土	
				柱式		悬臂式		门架式		附着式		
				板面	立柱	板面	立柱	板面	立柱	板面	混凝土	钢筋
				10套							$10m^3$	1t
				1	2	3	4	5	6	7	8	9
1	人工	工日	1	41.7	51.0	54.3	66.3	75.1	91.8	12.5	19.4	14.9
2	C25 水泥混凝土	m^3	19	–	–	–	–	–	–	–	(10.4)	–
3	锯材	m^3	102	–	–	–	–	–	–	–	0.001	–
4	光圆钢筋	t	111	–	–	–	–	–	–	–	–	1.025
5	型钢	t	182	–	–	–	–	–	–	–	0.004	–
6	组合钢模	t	272	–	–	–	–	–	–	–	0.007	–
7	铁件	kg	651	–	–	–	–	–	–	–	3.3	–
8	20~22 号铁丝	kg	656	–	–	–	–	–	–	–	–	5.1

续前页　　　　单位:表列单位

序号	项目	单位	代号	拆除							基础混凝土	
				柱式		悬臂式		门架式		附着式		
				板面	立柱	板面	立柱	板面	立柱	板面	混凝土	钢筋
				10套							$10m^3$	1t
				1	2	3	4	5	6	7	8	9
9	32.5级水泥	t	832	–	–	–	–	–	–	–	3.484	–
10	水	m^3	866	–	–	–	–	–	–	–	12	–
11	中(粗)砂	m^3	899	–	–	–	–	–	–	–	5.00	–
12	碎石(4cm)	m^3	952	–	–	–	–	–	–	–	8.64	–
13	其他材料费	元	996	–	–	–	–	–	–	–	51.9	–
14	350L以内强制式混凝土搅拌机	台班	1273	–	–	–	–	–	–	–	0.62	–
15	3t以内载货汽车	台班	1371	1.04	1.28	1.36	1.66	1.88	2.30	0.31	0.97	0.74
16	4t以内载货汽车	台班	1372	3.97	4.86	5.17	6.31	7.15	8.74	1.19	–	–
17	12t以内汽车式起重机	台班	1451	5.06	6.19	6.58	8.04	9.11	11.13	–	–	–
18	配置机械台班停置费	台班	1997	139.8	171.0	182.1	222.3	251.8	307.8	41.9	130.1	99.9
19	基价	元	1999	7315	8951	9520	11627	13173	16099	1066	3483	5434

续前页

单位:表列单位

<table>
<tr><th rowspan="4">序号</th><th rowspan="4">项目</th><th rowspan="4">单位</th><th rowspan="4">代号</th><th colspan="9">安装</th></tr>
<tr><th colspan="5">立柱</th><th colspan="4">面板</th></tr>
<tr><th rowspan="2">单柱式</th><th rowspan="2">双柱式</th><th rowspan="2">单悬臂式</th><th rowspan="2">双悬臂式</th><th rowspan="2">门架式</th><th colspan="4">钢板</th></tr>
<tr><th>单柱式</th><th>双柱式</th><th>单悬臂式</th><th>双悬臂式</th></tr>
<tr><th></th><th></th><th></th><th></th><th colspan="5">10t</th><th colspan="4">10t</th></tr>
<tr><th></th><th></th><th></th><th></th><th>10</th><th>11</th><th>12</th><th>13</th><th>14</th><th>15</th><th>16</th><th>17</th><th>18</th></tr>
<tr><td>1</td><td>人工</td><td>工日</td><td>1</td><td>17.4</td><td>14.7</td><td>7.4</td><td>5.9</td><td>13.3</td><td>29.2</td><td>24.8</td><td>12.4</td><td>9.9</td></tr>
<tr><td>2</td><td>电焊条</td><td>kg</td><td>231</td><td>0.9</td><td>0.6</td><td>0.6</td><td>0.5</td><td>0.4</td><td>–</td><td>–</td><td>–</td><td>–</td></tr>
<tr><td>3</td><td>镀锌铁件</td><td>kg</td><td>652</td><td>5261.1</td><td>3284.8</td><td>2448.3</td><td>2448.3</td><td>3163.6</td><td>3436.1</td><td>2747.9</td><td>3100.9</td><td>5187.1</td></tr>
<tr><td>4</td><td>钢板标志</td><td>t</td><td>667</td><td>–</td><td>–</td><td>–</td><td>–</td><td>–</td><td>6.631</td><td>7.300</td><td>6.960</td><td>4.915</td></tr>
<tr><td>5</td><td>镀锌钢管立柱</td><td>t</td><td>2062</td><td>4.739</td><td>6.715</td><td>7.552</td><td>7.552</td><td>6.836</td><td>–</td><td>–</td><td>–</td><td>–</td></tr>
<tr><td>6</td><td>3t 以内载货汽车</td><td>台班</td><td>1371</td><td>0.44</td><td>0.37</td><td>2.22</td><td>1.77</td><td>3.99</td><td>8.76</td><td>7.44</td><td>3.72</td><td>2.97</td></tr>
<tr><td>7</td><td>4t 以内载货汽车</td><td>台班</td><td>1372</td><td>2.31</td><td>1.96</td><td>0.98</td><td>0.78</td><td>–</td><td>3.89</td><td>3.31</td><td>1.65</td><td>1.32</td></tr>
<tr><td>8</td><td>6t 以内载货汽车</td><td>台班</td><td>1374</td><td>–</td><td>–</td><td>–</td><td>–</td><td>1.76</td><td>–</td><td>–</td><td>–</td><td>–</td></tr>
<tr><td>9</td><td>12t 以内汽车式起重机</td><td>台班</td><td>1451</td><td>2.94</td><td>2.50</td><td>1.25</td><td>1.00</td><td>2.25</td><td>4.95</td><td>4.21</td><td>2.11</td><td>1.68</td></tr>
<tr><td>10</td><td>32kV·A 以内交流电弧焊机</td><td>台班</td><td>1726</td><td>0.27</td><td>0.17</td><td>0.17</td><td>0.15</td><td>0.11</td><td>–</td><td>–</td><td>–</td><td>–</td></tr>
<tr><td>11</td><td>配置机械台班停置费</td><td>台班</td><td>1997</td><td>58.3</td><td>49.3</td><td>24.8</td><td>19.8</td><td>44.6</td><td>97.9</td><td>83.2</td><td>41.6</td><td>33.2</td></tr>
<tr><td>12</td><td>基价</td><td>元</td><td>1999</td><td>75782</td><td>76359</td><td>75773</td><td>75323</td><td>77147</td><td>82181</td><td>81139</td><td>77313</td><td>75618</td></tr>
</table>

续前页　　　　　　　　　　　　　　　　　　　　　　　　　　　　　单位:表列单位

序号	项目	单位	代号	安装						
				面板						
				钢板	铝合金					
				门架式	单柱式	双柱式	单悬臂式	双悬臂式	门架式	附着式
				10t	10t					
				19	20	21	22	23	24	25
1	人工	工日	1	22.4	46.4	39.4	19.7	15.8	35.5	84.8
2	电焊条	kg	231	–	–	–	–	–	–	–
3	镀锌铁件	kg	652	3347.6	2831.5	2475.7	7443.8	7443.8	5206.4	6261.2
4	钢板标志	t	667	6.718	–	–	–	–	–	–
5	铝合金标志	t	668	–	7.169	7.524	2.556	2.556	4.794	3.739
6	镀锌钢管立柱	t	2062	–	–	–	–	–	–	–
7	3t 以内载货汽车	台班	1371	6.72	13.92	11.82	0.49	0.40	0.89	2.12
8	4t 以内载货汽车	台班	1372	–	8.63	5.26	2.63	2.10	–	3.02
9	6t 以内载货汽车	台班	1374	2.98	–	–	–	–	4.73	–
10	12t 以内汽车式起重机	台班	1451	3.79	7.88	6.70	3.35	2.68	6.03	–
11	配置机械台班停置费	台班	1997	75.1	155.6	132.1	66.1	53.0	119.0	284.3
12	小型机具使用费	元	1998	–	–	–	–	–	–	75.8
13	基价	元	1999	80274	227825	232041	124797	123915	173474	149761

4-2-6　反光膜更换

工作内容：清除原反光膜、刻字模、反光膜裁剪、粘贴等。

单位：$1m^2$

序号	项　　目	单位	代号	反光类别			
				一级	二级	三级	四级
				1	2	3	4
1	人工	工日	1	0.6	0.6	0.6	0.6
2	一级反光膜	m^2	2071	1.10	–	–	–
3	二级反光膜	m^2	2072	–	1.10	–	–
4	三级反光膜	m^2	2073	–	–	1.10	–
5	四级反光膜	m^2	2074	–	–	–	1.10
6	其他材料费	元	996	1.2	1.2	1.2	1.2
7	3t以内载货汽车	台班	1371	0.10	0.10	0.10	0.10
8	配置机械台班停置费	台班	1997	5.7	5.7	5.7	5.7
9	小型机具使用费	元	1998	2.0	2.0	2.0	2.0
10	基价	元	1999	447	255	211	150

注：本定额不包括标志牌的拆除、安装等费用，若需要时可按相关定额计算。

4-2-7 防眩板更换

工作内容:1.拆除:拆除支架及面板的全部组件、装卸及运输等;2.安装:构件运输、支架螺栓钻孔、支架安装、面板安装、清理现场等。

单位:表列单位

序号	项目	单位	代号	拆除		安装	
				支架	板面	支架	板面
				100 块		1t	100 块
				1	2	3	4
1	人工	工日	1	5.9	2.9	6.8	6.7
2	防眩板	块	742	-	-	-	102
3	防眩板支架	t	2081	-	-	1.000	-
4	膨胀螺栓(M14×100)	套	2082	-	-	168.5	-
5	膨胀螺栓(M6×50)	套	2083	-	-	-	416.0
6	其他材料费	元	996	-	-	38.0	-
7	3t 以内载货汽车	台班	1371	0.59	0.29	0.68	0.67
8	配置机械台班停置费	台班	1997	79.1	38.9	91.2	89.8
9	小型机具使用费	元	1998	-	-	25.0	-
10	基价	元	1999	494	243	8385	5401

4-2-8 轮廓标更换

工作内容:1.拆除:拆除全部组件、装卸及运输等;2.柱式轮廓标安装:挖洞、柱脚混凝土、成品件安装、回填夯实;3.附着式轮廓标安装:混凝土钻孔、螺栓固定或粘贴等。

单位:表列单位

序号	项目	单位	代号	拆除		安装			
				柱式轮廓标	附着式轮廓标	柱式轮廓标		附着式轮廓标	
						钢板柱	玻璃钢柱	波形护栏上	混凝土护栏上
				100根	100块	100根		100块	
				1	2	3	4	5	6
1	人工	工日	1	8.6	0.8	17.5	11.2	0.7	0.7
2	C15水泥混凝土	m^3	17	-	-	(1.84)	(1.84)	-	-
3	光圆钢筋	t	111	-	-	0.050	0.050	-	-
4	型钢立柱	t	248	-	-	1.190	-	-	-
5	柱式轮廓标	根	744	-	-	-	100.00	-	-
6	32.5级水泥	t	832	-	-	0.516	0.516	-	-
7	水	m^3	866	-	-	2	2	-	-
8	中(粗)砂	m^3	899	-	-	0.92	0.92	-	-

续前页　　　　　　　　　　　　　　　　　　　　　　　　　　　　　　　　单位:表列单位

<table>
<tr><td rowspan="4">序号</td><td rowspan="4">项　　目</td><td rowspan="4">单位</td><td rowspan="4">代号</td><td colspan="2">拆　　除</td><td colspan="4">安　　装</td></tr>
<tr><td rowspan="2">柱式轮廓标</td><td rowspan="2">附着式轮廓标</td><td colspan="2">柱式轮廓标</td><td colspan="2">附着式轮廓标</td></tr>
<tr><td>钢板柱</td><td>玻璃钢柱</td><td>波形护栏上</td><td>混凝土护栏上</td></tr>
<tr><td>100 根</td><td>100 块</td><td colspan="2">100 根</td><td colspan="2">100 块</td></tr>
<tr><td></td><td></td><td></td><td></td><td>1</td><td>2</td><td>3</td><td>4</td><td>5</td><td>6</td></tr>
<tr><td>9</td><td>碎石(4cm)</td><td>m^3</td><td>952</td><td>–</td><td>–</td><td>1.56</td><td>1.56</td><td>–</td><td>–</td></tr>
<tr><td>10</td><td>附着式轮廓标</td><td>块</td><td>2086</td><td>–</td><td>–</td><td>–</td><td>–</td><td>102</td><td>102</td></tr>
<tr><td>11</td><td>其他材料费</td><td>元</td><td>996</td><td>–</td><td>–</td><td>7.2</td><td>7.2</td><td>5.4</td><td>65.4</td></tr>
<tr><td>12</td><td>3t 以内载货汽车</td><td>台班</td><td>1371</td><td>0.43</td><td>0.04</td><td>0.88</td><td>0.56</td><td>0.04</td><td>0.04</td></tr>
<tr><td>13</td><td>配置机械台班停置费</td><td>台班</td><td>1997</td><td>57.7</td><td>5.4</td><td>117.4</td><td>75.1</td><td>4.7</td><td>4.7</td></tr>
<tr><td>14</td><td>小型机具使用费</td><td>元</td><td>1998</td><td>–</td><td>–</td><td>–</td><td>–</td><td>–</td><td>7.0</td></tr>
<tr><td>15</td><td>基价</td><td>元</td><td>1999</td><td>545</td><td>51</td><td>8562</td><td>11060</td><td>765</td><td>832</td></tr>
</table>

4－2－9 路面标线

工作内容：1. 铲除热熔标线：人工铲除标线、清洗、清理工作面；2. 路面标线：清扫路面、放样、加热溶化塑型标线涂料，划线，安全设施摆放等全部工程内容。

单位：$100m^2$

序号	项目	单位	代号	铲除热熔标线		普通标线			热熔标线							
									沥青混凝土路面				水泥混凝土路面			
				1、2号标线	振动标线	人工标线	喷线机标线	汽车标线	1号标线	2号标线	振动标线	彩色防滑标线	1号标线	2号标线	振动标线	彩色防滑标线
				1	2	3	4	5	6	7	8	9	10	11	12	13
1	人工	工日	1	41.0	61.4	5.6	5.3	2.3	7.4	7.4	14.5	15.8	7.4	7.4	14.5	15.8
2	标线漆	kg	733	–	–	49.5	49.5	49.5	–	–	–	–	–	–	–	–
3	底油	kg	737	–	–	–	–	–	20.6	20.6	20.6	–	23.7	23.7	23.7	–
4	热熔标线涂料	kg	738	–	–	–	–	–	486.7	486.7	–	–	463.5	463.5		–
5	反光玻璃珠	kg	739	–	–	–	–	–	–	33.0	41.2	–	–	33.0	41.2	–
6	热熔振动标线涂料	kg	2091	–	–	–	–	–	–	–	888.4	–	–	–	864.7	–
7	冷塑路面材料底漆 29550	kg	2092	–	–	–	–	–	–	–	–	236.9	–	–	–	242.1
8	冷塑路面材料面漆 29500	kg	2093	–	–	–	–	–	–	–	–	164.8	–	–	–	164.8

续前页　　　　单位：100m²

序号	项目	单位	代号	铲除热熔标线		普通标线			热熔标线							
									沥青混凝土路面				水泥混凝土路面			
				1、2号标线	振动标线	人工标线	喷线机标线	汽车标线	1号标线	2号标线	振动标线	彩色防滑标线	1号标线	2号标线	振动标线	彩色防滑标线
				1	2	3	4	5	6	7	8	9	10	11	12	13
9	防滑砂 67530	kg	2094	–	–	–	–	–	–	–	–	824.0	–	–	–	824.0
10	其他材料费	元	996	–	–	68.6	68.6	68.6	68.6	68.6	68.6	123.6	68.6	68.6	68.6	123.6
11	热熔标线设备	台班	1227	–	–	–	–	–	0.76	0.76	1.48	–	0.76	0.76	1.48	–
12	2.2kW 以内手扶自行式路面画线车	台班	1229	–	–	–	0.73	–	–	–	–	–	–	–	–	–
13	汽车式画线车	台班	1232	–	–	–	–	0.45	–	–	–	–	–	–	–	–
14	3t 以内载货汽车	台班	1371	2.05	3.07	0.28	0.27	–	0.37	0.37	0.73	0.79	0.37	0.37	0.73	0.79
15	4t 以内载货汽车	台班	1372	–	–	–	0.27	–	0.37	0.37	0.73	0.79	0.37	0.37	0.73	0.79
16	普通热熔画线机	台班	2345	–	–	–	–	–	0.76	0.76	–	–	0.76	0.76	–	–
17	凸起震荡画线机	台班	2346	–	–	–	–	–	–	–	1.48	–	–	–	1.48	–
18	配置机械台班停置费	台班	1997	274.9	411.7	80.9	76.6	–	106.9	106.9	209.6	228.3	106.9	106.9	209.6	228.3
19	小型机具使用费	元	1998	50.00	100.00	50.0	50.0	50.0	50.0	50.0	50.0	150.0	50.0	50.0	50.0	150.0
20	基价	元	1999	2648	3991	2388	2536	2285	3765	3881	12763	19576	3695	3810	12537	19768

4-2-10 声屏障更换

工作内容:1.拆除:拆除声屏障立柱及面板的全部组件、装、运、清理现场等;2.安装:构件运输、螺栓钻孔、立柱安装、面板安装、清理现场等。

单位:表列单位

序号	项目	单位	代号	拆除	安装					
					立柱	面板				
						水泥加压复合吸声板	铝合金吸声板	玻璃钢吸声板	木屑吸声板	吸声砖
				$100m^2$	1t	$10m^2$				
				1	2	3	4	5	6	7
1	人工	工日	1	9.9	10.9	2.0	2.3	3.2	1.7	5.6
2	型钢立柱	t	248	-	1.000	-	-	-	-	-
3	水泥加压复合吸声板	m^2	2095	-	-	10.00	-	-	-	-
4	铝合金吸声板	m^2	2096	-	-	-	10.00	-	-	-
5	玻璃钢吸声板	m^2	2097	-	-	-	-	10.00	-	-
6	木屑吸声板	m^2	2098	-	-	-	-	-	10.00	-
7	吸声砖	m^2	2099	-	-	-	-	-	-	10.00
8	其他材料费	元	996	6.7	40.5	57.0	91.5	64.5	59.3	48.0

续前页　　　　单位:表列单位

<table>
<tr><th rowspan="4">序号</th><th rowspan="4">项　　目</th><th rowspan="4">单位</th><th rowspan="4">代号</th><th rowspan="2">拆除</th><th colspan="6">安　装</th></tr>
<tr><th rowspan="2">立柱</th><th colspan="5">面　板</th></tr>
<tr><th>100m²</th><th>水泥加压复合吸声板</th><th>铝合金吸声板</th><th>玻璃钢吸声板</th><th>木屑吸声板</th><th>吸声砖</th></tr>
<tr><th>1</th><th>1t
2</th><th>10m²
3</th><th>4</th><th>5</th><th>6</th><th>7</th></tr>
<tr><td>9</td><td>4t 以内载货汽车</td><td>台班</td><td>1372</td><td>0.5</td><td>0.55</td><td>0.1</td><td>0.12</td><td>0.16</td><td>0.09</td><td>0.28</td></tr>
<tr><td>10</td><td>配置机械台班停置费</td><td>台班</td><td>1997</td><td>66.4</td><td>73.1</td><td>13.4</td><td>15.4</td><td>21.5</td><td>11.4</td><td>37.6</td></tr>
<tr><td>11</td><td>小型机具使用费</td><td>元</td><td>1998</td><td>6.7</td><td>34.5</td><td>2.3</td><td>2.6</td><td>3.6</td><td>1.9</td><td>6.3</td></tr>
<tr><td>12</td><td>基价</td><td>元</td><td>1999</td><td>674</td><td>6602</td><td>3992</td><td>6349</td><td>4581</td><td>4126</td><td>3627</td></tr>
</table>

注:本定额不包括声屏障基础及预埋件费用,需要时可依据设计图纸套用相关定额计算。

4－2－11　其他交通设施更换

工作内容：拆除及安装的全部工程内容。

单位：表列单位

序号	项　　目	单位	代号	突起路标		水马/砂马	防撞桶
				单面	双面		
				100个		10个	
				1	2	3	4
1	人工	工日	1	0.7	0.7	10.5	10.5
2	砂	m^3	897	–	–	0.69	0.69
3	突起路标（单面）	个	2101	102	–	–	–
4	突起路标（双面）	个	2102	–	102	–	–
5	水马/砂马	个	2103	–	–	10	–
6	防撞桶	个	2104	–	–	–	10
7	其他材料费	元	996	76.7	76.7	–	–
8	3t以内载货汽车	台班	1371	0.07	0.07	0.88	0.88
9	配置机械台班停置费	台班	1997	9.4	9.4	50.3	50.3
10	基价	元	1999	1074	1186	4973	5573

附表一：

部分交通安全设施项目定额取定单件重量

项　　目	规　　格	单件重量(kg)	备　　注
钢扶手基座		0.25	
普通波形梁钢护栏	85×310×3×4320	49.16	
波形梁钢护栏立柱	ϕ140×4.5×2000	30.08	1000m 普通型护栏立柱为 250 根，托架（防阻块）250 个，螺栓 2500 套
托架	375×75×4	1.12	
防阻块	196×178×200×4.5	4.5	
普通型电焊网隔离栅	3.02×1.85		普通型电焊网隔离栅每公里 333 片网面，每片尺寸 5.587 平方米，334 根立柱
防眩板支架		12.34	每套支架配 2 个 M14×100 膨胀螺栓，每块防眩板配 4 个 M6×50 螺栓
路测护栏上游端头		17.6	
路测护栏下游端头		12.8	
中央分隔带护栏端头		46.9	
匝道连接部分流端头		100.95	
匝道连接部合流端头		24.06	

附表二：

标志牌定额取定材料数量一览表

单　柱					
板面尺寸	材料名称	单位	图纸数量		清单数
			板面	立柱	块数
40×40	铝合金标志	kg	2.444		202
	钢管	kg		9.9	
	镀锌铁件	kg	1.44	13.2	
40×40+40×40	铝合金标志	kg	4.888		
	钢管	kg		11.7	
	镀锌铁件	kg	2.8	13.2	
60×80	铝合金标志	kg	6.532		
	钢管	kg		51.3	
	镀锌铁件	kg	4.6	37.12	
ϕ80	铝合金标志	kg	5.32016		9
	钢管	kg		27.2	
	镀锌铁件	kg	3.3	37.12	
306×3	铝合金标志	kg	7.676		
	钢管	kg		26.3	
	镀锌铁件	kg	3.3	37.12	
80×80	铝合金标志	kg	8.076		28
	钢管	kg		29.6	
	镀锌铁件	kg	3.3	37.12	
△130	铝合金标志	kg	10.798		2
	钢管	kg		11.8	
	镀锌铁件	kg	3.3	37.12	
▽130	铝合金标志	kg	10.798		
	钢管	kg		11.8	
	镀锌铁件	kg	3.3	37.12	

续前页

单柱					
板面尺寸	材料名称	单位	图纸数量		清单数
			板面	立柱	块数
100×100	铝合金标志	kg	14.1		4
	钢管	kg		58.1	
	镀锌铁件	kg	6.8	37.12	
ϕ120	铝合金标志	kg	12.69536		39
	钢管	kg		31.7	
	镀锌铁件	kg	5.1	37.12	
ϕ120+145×125	铝合金标志	kg	37.12036		8
	钢管	kg		82.5	
	镀锌铁件	kg	14.9	51.48	
200×140	铝合金标志	kg	36.62		42
	钢管	kg		146.7	
	镀锌铁件	kg	9.9	178.7	
定额取定	铝合金标志	kg	716.852		
	钢管	kg		473.891	
	镀锌铁件	kg	283.148	526.109	

双柱					
板面尺寸	材料名称	单位	图纸数量		清单数
			板面	立柱	块数
210×260	铝合金标志	kg	65.89		3
	钢管	kg		448.5	
	镀锌铁件	kg	28.84	365.33	
210×460	铝合金标志	kg	115.9		
	钢管	kg		616.2	
	镀锌铁件	kg	28.84	365.33	
240×350	铝合金标志	kg	103.2		6

续前页

双柱					
板面尺寸	材料名称	单位	图纸数量		清单数
			板面	立柱	块数
	钢管	kg		510.2	
	镀锌铁件	kg	42.7	365.33	
280×200	铝合金标志	kg	69.3		
	钢管	kg		422.1	
	镀锌铁件	kg	24.3	365.33	
280×260	铝合金标志	kg	87.6		4
	钢管	kg		464.1	
	镀锌铁件	kg	28.8	365.33	
280×320	铝合金标志	kg	109.3		8
	钢管	kg		522.7	
	镀锌铁件	kg	38	365.33	
340×260	铝合金标志	kg	105.4		13
	钢管	kg		480	
	镀锌铁件	kg	28.8	365.33	
360×200	铝合金标志	kg	88.4		1
	钢管	kg		443.9	
	镀锌铁件	kg	24.3	365.33	
340×190	铝合金标志	kg	80.5		
	钢管	kg		434	
	镀锌铁件	kg	24.3	365.33	
390×190	铝合金标志	kg	92.9		
	钢管	kg		448.1	
	镀锌铁件	kg	24.3	365.33	
360×260		kg	105.3		
	钢管	kg		485.9	
	镀锌铁件	kg	28.8	365.33	

续前页

双柱					
板面尺寸	材料名称	单位	图纸数量		清单数
			板面	立柱	块数
240×480	铝合金标志	kg	139.6		2
	钢管	kg		998.2	
	镀锌铁件	kg	58.1	365.33	
280×420	铝合金标志	kg	140.8		
	钢管	kg		925.6	
	镀锌铁件	kg	48.9	365.33	
320×320	铝合金标志	kg	124.7		1
	钢管	kg		825.7	
	镀锌铁件	kg	51.1	365.33	
330×360	铝合金标志	kg	144.2		5
	钢管	kg		879.5	
	镀锌铁件	kg	57.1	365.33	
360×290	铝合金标志	kg	126.2		
	钢管	kg		797.8	
	镀锌铁件	kg	45.1	365.33	
360×300	铝合金标志	kg	129.3		19
	钢管	kg		804.3	
	镀锌铁件	kg	45.1	365.33	
360×420	铝合金标志	kg	180.5		3
	钢管	kg		959.9	
	镀锌铁件	kg	63.1	365.33	
400×300	铝合金标志	kg	158.9		
	钢管	kg		840.6	
	镀锌铁件	kg	63.1	365.33	

续前页

双　柱

板面尺寸	材料名称	单位	图纸数量		清单数
			板面	立柱	块数
420×390	铝合金标志	kg	210.3		6
	钢管	kg		959.9	
	镀锌铁件	kg	75.1	365.33	
435×300	铝合金标志	kg	172		
	钢管	kg		856.2	
	镀锌铁件	kg	63.1	365.33	
480×390	铝合金标志	kg	240.4		18
	钢管	kg		988.5	
	镀锌铁件	kg	75.1	365.33	
500×260	铝合金标志	kg	168.6		
	钢管	kg		819.8	
	镀锌铁件	kg	51.1	365.33	
505×245	铝合金标志	kg	163.2		
	钢管	kg		812.1	
	镀锌铁件	kg	51.1	365.33	
515×330	铝合金标志	kg	220.82		
	钢管	kg		930.1	
	镀锌铁件	kg	69.1	365.33	
480×570	铝合金标志	kg	351.8		
	钢管	kg		1219.4	
	镀锌铁件	kg	111.1	365.33	
600×570	铝合金标志	kg	439.5		
	钢管	kg		1271.3	
	镀锌铁件	kg	111.1	365.33	
定额取定	铝合金标志	kg	752.428		
	钢管	kg		671.515	
	镀锌铁件	kg	247.572	328.485	

续前页

悬臂式					
板面尺寸	材料名称	单位	图纸数量		
			板面	立柱	块数
190×200	铝合金标志	kg	47.9		
	钢管	kg		656.2	
	镀锌铁件	kg	229.9	262.6	
360×140	铝合金标志	kg	61.9		
	钢管	kg		745.9	
	镀锌铁件	kg	246.6	262.6	
220×240	铝合金标志	kg	63.8		
	钢管	kg		679.7	
	镀锌铁件	kg	229.9	262.6	
280×300	铝合金标志	kg	102.8		
	钢管	kg		764.4	
	镀锌铁件	kg	238.3	262.6	
510×200	铝合金标志	kg	124.2		5
	钢管	kg		1022	
	镀锌铁件	kg	264	262.6	
330×360	铝合金标志	kg	143.3		
	钢管	kg		998.3	
	镀锌铁件	kg	243.2	262.6	
210×140+210×140	铝合金标志	kg	72.7		
	钢管	kg		803.3	
	镀锌铁件	kg	343.7	262.6	
定额取定	铝合金标志	kg	255.617		
	钢管	kg		755.168	
	镀锌铁件	kg	744.383	244.832	

续前页

附着式

板面尺寸	材料名称	单位	图纸数量		
			板面	立柱	块数
φ80	铝合金标志	kg	4.44		85
	钢管	kg			
	镀锌铁件	kg	7.6		
320×250	铝合金标志	kg	88.8		
	钢管	kg		162.4	
	镀锌铁件	kg	148.544		
定额取定	铝合金标志	kg	373.881		
	钢管	kg		1000.000	
	镀锌铁件	kg	626.119	0.000	

门架式

板面尺寸	材料名称	单位	图纸数量		清单数
			板面	立柱	块数
330×360+330×360	铝合金标志	kg	286.6		
	钢管	kg		2968.4	
	镀锌铁件	kg	290.5	1394.1	
480×390+435×300	铝合金标志	kg	397.9		
	钢管	kg		3006.9	
	镀锌铁件	kg	296.2	1394.1	
320×250+320×250	铝合金标志	kg	195.3		
	钢管	kg		2978.4	
	镀锌铁件	kg	290.5	1394.1	
320×250+320×250	铝合金标志	kg	195.3		

续前页

门 架 式					
板面尺寸	材料名称	单位	图纸数量		清单数
			板面	立柱	块数
	钢管	kg		3096.7	
	镀锌铁件	kg	290.5	1394.1	
定额取定	铝合金标志	kg	479.356		
	钢管	kg		683.641	
	镀锌铁件	kg	520.644	316.359	

第五章 绿化工程

说 明

1. 本章定额包括绿化日常养护、绿化补种栽植及生物防护共三节。

2. 死苗补植在栽植子目中已包含，编制预算时，不得更改。

3. 苗木及地被植物的场内运输已在定额中综合考虑，编制定额时，不得另行增加。场外运输费用包含于材料单价中。

4. 本定额的工作内容中清理场地，是指工程完工后将树穴余泥杂物清除并归堆，若有余泥杂物需外运时，其费用另按土石方有关定额子目计算。

5. 栽植子目中均按土可用的情况进行编制，若需要换土，则按有关子目进行计算。

6. 当编制中央分隔带部分的绿化工程预算时，若中央分隔带内的填土没有计入该项工程预算，其填土可按路基土方有关定额子目计算，但应扣减树穴所占的体积。

7. 为了确保路基边坡的稳定而修建各种形式的网格植草或播种草籽等护坡，应并入防护工程内计算。

8. 测量放样均指在场地平整好，达到设计要求后进行的，场地平整费用另按场地平整定额子目计算。

9. 本定额适用于公路沿线及管理服务区的绿化和公路交叉处(互通立交、平交)的美化绿化工程。

10. 本定额中的胸径是指:距地坪 1.30m 高处的树干直径;株高是指:树顶端距地坪的高度;篱高是指:绿篱苗木顶端距地坪的高度。

第一节　绿化日常养护

说　明

1. 绿化巡查综合了主线、互通区、养护区、服务区等高速公路范围内的所有绿化工程的巡视与检查,以 100 公路公里·1 次为定额单位。巡查内容包括:对绿化工程的绿化率、保存率、成活率、覆盖率、病虫、杂草、整型修剪、更新复壮等综合管养水平进行评价,填写检查记录,并制定有针对性的养护方案等。

2. 绿化巡查频率一般为每月 1 次,编制预算时应根据规范的要求计算。

3. 绿化日常养护工程综合了主线、互通区、养护区、服务区等高速公路范围内的所有日常养护工程,工程内容包括绿化设施的浇水、除草、修剪、施肥、病虫害防治(喷药、刷白)、清除杂物等全部工程内容。

4. 本定额依据绿化工程范围划分为中央分隔带日常养护、路测及边坡日常养护、互通区、服务区等区域日常养护三个部分,均按基本定额和每增减一次浇水、除草、修剪、施肥、病虫害防治划分定额子目,其中基本定额依据养护作业频率进行计算,定额取定的养护作业频率详见下表。

5. 本定额中基本定额以 100 公路公里·1 年或 10000m^2 ·1 年为定额单位,各项养护工程作业频率与定额取定作业频率不同时可采用每增减一次浇水、除草、修剪、施肥、病虫害防治定额项目综合了树木及草坪等日常养护工程内容，以100公路公里·1次或10000m^2·1年为定额单位，工程量计算时，中分带及路侧边坡以公路里程×次数计算，互通区、服务区以互通区或服务区的区域总面积×次数计算。

6. 本定额中已计算了水的费用，若有条件就地取水，应扣除水的费用。

日常养护基本定额取定养护频率表

<table>
<tr><th rowspan="3">养护项目</th><th colspan="6">中央分隔带日常养护</th><th colspan="7">路测、边坡绿化养护</th><th colspan="7">互通区、服务区绿化养护</th></tr>
<tr><th rowspan="2">浇水</th><th rowspan="2">除草</th><th rowspan="2">修剪</th><th rowspan="2">施肥</th><th rowspan="2">病虫害防治</th><th rowspan="2">清除杂物</th><th rowspan="2">浇水</th><th rowspan="2">除草</th><th rowspan="2">修剪</th><th rowspan="2">施肥</th><th colspan="2">病虫害防治</th><th rowspan="2">清除杂物</th><th rowspan="2">浇水</th><th rowspan="2">除草</th><th rowspan="2">修剪</th><th rowspan="2">施肥</th><th colspan="2">病虫害防治</th><th rowspan="2">清除杂物</th></tr>
<tr><th>喷药</th><th>树木刷白</th><th>喷药</th><th>树木刷白</th></tr>
<tr><td>定额取定次数（次/1年）</td><td>6</td><td>8</td><td>4</td><td>2</td><td>4</td><td>1</td><td>6</td><td>8</td><td>4</td><td>2</td><td>4</td><td>1</td><td>1</td><td>6</td><td>8</td><td>4</td><td>2</td><td>4</td><td>1</td><td>1</td></tr>
</table>

5-1-1 绿化巡查

工作内容:对全线范围内所有绿化工程的绿化率、保存率、成活率、覆盖率、病虫、杂草、整型修剪、更新复壮等进行全面巡查;对综合管养水平进行评价,填写检查记录,制定有针对性的养护方案等。

单位:100 公路公里 · 1 次

序号	项目	单位	代号	日常巡查	定期巡查
				1	2
1	人工	工日	1	3.7	6.4
2	3t 以内载货汽车	台班	1371	0.91	1.07
3	基价	元	1999	408	568

5-1-2 绿化日常养护

工作内容:1. 基本定额包括:浇水、除草、修剪、施肥、病虫害防治、清除绿化区域内杂物等全部工程内容;2. 浇水、除草、修剪、施肥定额均包括树木及草皮,病虫害防治包括喷药及树木刷白等全部工程内容。

单位:表列单位

序号	项目	单位	代号	中央分隔带日常养护						路侧、边坡日常养护		
				基本定额	每增减一次					基本定额	每增减一次	
					浇水	除草	修剪	施肥	病虫害防治		浇水	除草
				100 公路公里·1 年								
				1	2	3	4	5	6	7	8	9
1	人工	工日	1	2416.6	8.8	209.3	110	108.5	6.8	3784.6	39.1	254.7
2	水	m^3	866	1080	180	–	–	–	–	6480	1080	–
3	化肥	t	2111	13.390	–	–	–	6.695	–	4.120	–	–
4	其他材料费	元	996	11028.3	–	10.7	39.3	5.0	2692.6	22633.7	–	10.7
5	3t 以内载货汽车	台班	1371	222.08	–	20.57	9.73	8.82	–	269.40	–	19.76
6	6000L 以内洒水汽车	台班	1405	33.50	5.58	–	–	–	–	148.73	24.79	–
7	5000L 以内洒水喷药车	台班	2425	18.78	–	–	–	–	4.69	77.76	–	–
8	小型机具使用费	元	1998	7500.0	–	–	1875	–	–	2470.0	–	–
9	基价	元	1999	237857	3745	14635	9304	20472	4909	393895	17060	16364

续前页　　　　　　　　　　　　　　　　　　　　　　　　单位:表列单位

序号	项　　目	单位	代号	路侧、边坡日常养护			互通区、服务区日常养护					
				每增减一次			基本定额	每增减一次				
				修剪	施肥	病虫害防治		浇水	除草	修剪	施肥	病虫害防治
				100 公路公里·1 年			10000m²·1 年					
				10	11	12	13	14	15	16	17	18
1	人工	工日	1	124.0	362.0	63.1	108.0	2.9	5.8	5.1	5.0	1.9
2	水	m³	866	-	-	-	540	90	-	-	-	-
3	化肥	t	2111	-	2.060	-	0.998	-	-	-	0.499	-
4	其他材料费	元	996	39.3	5.0	5590.2	414.7	-	29.1	1.0	1.0	3.0
5	3t 以内载货汽车	台班	1371	3.84	22.96	-	11.01	-	-	1.71	0.18	0.52
6	6000L 以内洒水汽车	台班	1405	-	-	-	5.47	0.91	-	-	-	-
7	5000L 以内洒水喷药车	台班	2425	-	-	19.44	1.90	-	0.13	-	-	0.22
8	小型机具使用费	元	1998	617.5	-	-	1146.0	-	-	141.5	-	72.5
9	基价	元	1999	7037	25966	16279	15837	765	332	830	1263	390

第二节　绿化补种栽植

说　明

1. 绿化补种栽植包括栽植乔木、栽植灌木、栽植绿篱、栽植(片植)地被和铺设种植土等内容。

2. 本定额中已综合了挖树穴工程量(按下表数量进行计算),底肥费用计入其他材料费中,浇水按10次计算,成活期养护按1个月计算,其余项目(包括松土除草、追肥、超过10次以上的浇水、超过1个月以上的成活期养护及初期养护等)均计入绿化日常养护项目,不得再次计算。

3. 铺设种植土包括场地清理、整平、种植土20m内推运、铺填、找平,放坡等全部工程内容,种植土的运输按相关定额另计。

4. 栽植带土球乔木,土球直径280cm,栽植裸根乔木,胸径超过45cm时另行计算。

5. 栽植带土球灌木,土球直径超过140cm时,按带土球乔木定额的相应子目人工乘系数1.05,栽植裸根灌木当灌高超过250cm时另行计算。

6. 名贵树的栽植另行计算。

7. 带土球乔、灌木栽植土球的规格按设计要求确定,当设计无规定时:

常绿乔木按胸径8~10倍计算;

落叶乔木按胸径8倍计算;

灌木按地径的7倍或按灌高的1/3~1/4计算;

8. 棕榈类植物栽植当设计无规定时，带土球栽植按地径的 3 ~ 5 倍计算，套用相应的乔木项目。裸根栽植按其地径大小套用相应的乔木子目。

9. 定额中种植土按材料计入定额中，使用时可按实际材料单价计算。

乔木挖树穴体积对照表(带土球乔、灌木)

规　格	10 以内	20 以内	30 以内	40 以内	50 以内	60 以内	70 以内	80 以内	90 以内	100 以内	110 以内	120 以内
直径 D(cm)	30	40	50	60	70	90	100	110	120	130	140	150
深 H(cm)	20	30	40	40	50	50	60	75	80	90	95	100
树穴体积(m^3)	0.014	0.037	0.078	0.112	0.191	0.316	0.468	0.708	0.899	1.186	1.452	1.755
100 株树穴体积(m^3)	1.4	3.7	7.8	11.2	19.1	31.6	46.8	70.8	89.9	118.6	145.2	175.5

注：土球体积 $V = 0.78 \times D^2 \times H$；$D$——土球直径；$H$——土球厚度

裸根乔木挖树穴体积对照表

规　格	3 ~ 5	5 ~ 7	7 ~ 10
直径 D(cm)	60	85	110
深 H(cm)	45	55	70
树穴体积(m^3)	0.126	0.310	0.661
100 株树穴体积(m^3)	12.6	31.0	66.1

裸根灌木挖树穴体积对照表

规　格	40 以内	60 以内	80 以内	100 以内	120 以内	150 以内
直径 D(cm)	25	40	40	40	50	50
深 H(cm)	25	30	30	30	40	40
树穴体积(m^3)	0.012	0.037	0.037	0.037	0.078	0.078
100 株树穴体积(m^3)	1.2	3.7	3.7	3.7	7.8	7.8

5-2-1 栽植乔木

工作内容:挖树穴、下基肥、散苗、栽植、立支架、初次浇水、覆土、整形、清理,成活期浇水及成活期养护等全部工程内容。

单位:100 株

序号	项目	单位	代号	带土球											
				土球直径(cm)											
				10以内	20以内	30以内	40以内	50以内	60以内	70以内	80以内	90以内	100以内	110以内	120以内
				1	2	3	4	5	6	7	8	9	10	11	12
1	人工	工日	1	1.8	3.5	5.9	9.4	13.8	19.3	24.6	33.2	41.3	52.3	63.4	76.4
2	乔木	株	823	105.0	105.0	105.0	105.0	105.0	105.0	105.0	105.0	105.0	105.0	105.0	105.0
3	水	m^3	866	18	18	18	20	23	25	28	30	38	45	50	55
4	其他材料费	元	996	8.3	14.6	20.9	62.9	122.5	153.7	184.9	223.7	254.9	354.3	385.5	426.2
5	3t 以内载货汽车	台班	1371	0.09	0.18	0.30	0.47	0.69	0.72	0.92	1.25	1.55	1.96	2.38	2.87
6	6000L 以内洒水汽车	台班	1405	0.08	0.08	0.08	0.08	0.08	0.08	0.08	0.08	0.08	0.08	0.08	0.08
7	5t 以内汽车式起重机	台班	1449	-	-	-	-	-	-	1.43	1.68	1.91	2.15	2.40	2.62
8	配置机械台班停置费	元	1997	12.1	23.5	39.6	63.0	92.5	97.1	123.7	167.0	207.7	263.0	318.9	384.3
9	小型机具使用费	元	1998	0.4	0.8	1.4	2.8	5.5	8.1	11.2	14.6	17.4	21.1	24.7	28.5
10	基价	元	1999	1768	1885	2044	2311	2656	2942	3882	4534	5146	6000	6793	7695

续前页　　　　　　　　　　　　　　　　　　　　　　　　　　　　单位:100 株

序号	项　目	单位	代号	裸根		
				胸径(cm)		
				3~5	5~7	7~10
				13	14	15
1	人工	工日	1	7.8	18.7	30.3
2	乔木	株	823	105.0	105.0	105.0
3	水	m^3	866	18	20	23
4	其他材料费	元	996	8.0	122.4	184.9
5	3t 以内载货汽车	台班	1371	0.39	0.94	1.52
6	6000L 以内洒水汽车	台班	1405	0.08	0.08	0.08
7	配置机械台班停置费	元	1997	52.3	125.4	203.2
8	小型机具使用费	元	1998	1.7	6.7	14.0
9	基价	元	1999	2150	2965	3774

5-2-2 栽植灌木

工作内容:挖树穴、下基肥、散苗、栽植、立支架、初次浇水、覆土、整形、清理,成活期浇水及成活期养护等全部工程内容。

单位:100 株

序号	项目	单位	代号	带土球					
				土球直径(cm)					
				10 以内	20 以内	30 以内	40 以内	50 以内	60 以内
				1	2	3	4	5	6
1	人工	工日	1	1.7	3.0	4.8	7.1	10.9	16.0
2	灌木	株	824	105.0	105.0	105.0	105.0	105.0	105.0
3	水	m^3	866	18	18	18	20	23	25
4	其他材料费	元	996	6.3	18.6	26.7	78.7	286.8	286.8
5	3t 以内载货汽车	台班	1371	0.51	0.15	0.24	0.36	0.55	0.80
6	6000L 以内洒水汽车	台班	1405	0.08	0.08	0.08	0.08	0.08	0.08
7	配置机械台班停置费	元	1997	11.4	20.1	32.2	47.6	73.1	107.3
8	小型机具使用费	元	1998	0.3	0.8	1.3	2.7	5.4	8.6
9	基价	元	1999	1352	1331	1454	1657	2113	2441

续前页

单位:100 株

序号	项目	单位	代号	裸根					
				株高(cm)					
				40 以内	60 以内	80 以内	100 以内	120 以内	150 以内
				7	8	9	10	11	12
1	人工	工日	1	1.5	2.2	3.9	5.1	7.7	9.3
2	灌木	株	824	105.0	105.0	105.0	105.0	105.0	105.0
3	水	m^3	866	17	17	18	18	18	18
4	其他材料费	元	996	6.3	18.6	26.7	78.7	182.8	286.8
5	3t 以内载货汽车	台班	1371	0.08	0.11	0.20	0.26	0.39	0.47
6	6000L 以内洒水汽车	台班	1405	0.08	0.08	0.08	0.08	0.08	0.08
7	配置机械台班停置费	元	1997	10.1	14.8	26.2	34.2	51.6	62.4
8	小型机具使用费	元	1998	0.3	0.8	0.9	2.0	4.4	6.5
9	基价	元	1999	1223	1279	1398	1527	1798	2005

5-2-3 栽植绿篱

工作内容:挖树穴、下基肥、散苗、栽植、场地清理。

单位:100m

序号	项目	单位	代号	篱高(cm)					
				40以内	60以内	80以内	100以内	120以内	150以内
				1	2	3	4	5	6
1	人工	工日	1	6.3	7.9	11.1	14.7	17.7	23.3
2	绿篱	m	820	105.0	105.0	105.0	105.0	105.0	105.0
3	水	m^3	866	17	17	19	20	21	22
4	其他材料费	元	996	4.6	6.2	8.6	12.6	15.0	16.6
5	3t以内载货汽车	台班	1371	0.32	0.40	0.56	0.74	0.89	1.17
6	6000L以内洒水汽车	台班	1405	0.08	0.08	0.08	0.08	0.08	0.08
7	配置机械台班停置费	元	1997	42.2	53.0	74.4	98.6	118.7	156.2
8	小型机具使用费	元	1998	0.9	1.1	1.7	2.1	2.6	3.5
9	基价	元	1999	4256	4359	4568	4802	4996	5355

5－2－4　栽植(片植)地被

工作内容:1. 铺草皮(毛毡式):翻土整地、铺草皮、场地清理;2. 散播:翻土整地、施底肥、播种、覆盖、踩实,场地清理。

单位:$100m^2$

序号	项　　目	单位	代号	铺草皮(毛毡式)	散　　播	
					散播	点播、条播
				1	2	3
1	人工	工日	1	4.8	1.4	2.2
2	草籽	kg	821	-	14.0	14.0
3	水	m^3	866	21	20	20
4	草皮	m^2	995	110.00	-	-
5	其他材料费	元	996	-	16.1	21.2
6	3t 以内载货汽车	台班	1371	0.24	0.07	0.11
7	6000L 以内洒水汽车	台班	1405	0.08	0.08	0.08
8	配置机械台班停置费	元	1997	32.2	9.4	14.8
9	小型机具使用费	元	1998	1.9	0.6	0.7
10	基价	元	1999	580	880	936

5-2-5 铺填种植土

工作内容:1.场地清理、整平;2.种植土20m内推运、铺填、找平,放坡等全部工程内容。

单位:$10m^3$

序号	项目	单位	代号	人工铺填种植土
				1
1	人工	工日	1	2.4
2	黏土	m^3	911	10.60
3	3t以内载货汽车	台班	1371	0.06
4	配置机械台班停置费	元	1997	8.0
5	基价	元	1999	255

第三节　生 物 防 护

说　明

1. 定额中种植土按材料计入定额中，使用时可按实际材料单价计算。

2. 植草护坡定额中已综合了黏结剂、保水剂、营养土、肥料等费用，定额使用时不得另行计算；定额中对“草籽”的材料名称进行了综合，定额使用时可按具体的“草籽”种类的材料单价及设计数量进行调整。

3. 草皮及植草防护定额的初期养护按2个月计算，已包括浇水4次、施肥2次，2个月以上的初期养护费用已计入绿化日常养护定额，不得另计。

4. 人工铺草皮均按图示尺寸以平方米计算。花格铺草皮中的空格部分不扣除，设计草皮面积与定额不同时，可按设计规定调整草皮和人工数量，其他不变。

5-3-1 人工铺草皮

工作内容：铺筑、拍紧、木橛钉固草皮、铺花格草皮挖槽。

单位：1000m²

序号	项目	单位	代号	满铺式			花格式		
				边坡高度(m)					
				10以内	20以内	20以上	10以内	20以内	20以上
				1	2	3	4	5	6
1	人工	工日	1	28.6	34.6	40.5	17.5	20.9	24.3
2	草皮	m²	995	1100.00	1100.00	1100.00	381.15	381.15	381.15
3	其他材料费	元	996	339.9	339.9	339.9	214.1	214.1	214.1
4	3t以内载货汽车	台班	1371	0.72	0.87	1.01	0.44	0.52	0.61
5	配置机械台班停置费	元	1997	95.90	116.00	135.80	58.70	70.10	81.50
6	基价	元	1999	3842	4161	4473	1831	2011	2193

5-3-2 植草防护

工作内容:1.挂网:清理、平整坡面,铺(挂)网及固定,钢筋框条制作、帮扎及焊接;2.人工植草:坡面清理、撒草籽及植草、初期养护;3.机械液压喷播植草(边坡):阴坡坡面整理、喷播植草、加覆盖物、固定及初期养护;4.喷混植草及客土喷播植草:边坡整理、覆土、植生混合料拌和、喷植生混合料、加覆盖物、固定及初期养护。

单位:$1000m^2$ 及1t钢筋

序号	项目	单位	代号	挂网				人工植草		机械液压喷播植草(边坡)	喷混植草	客土喷播植草	
				土工格栅	三维植被网	铁丝网	钢筋	播草籽	植草根		植草厚度(cm)		
											10	6	8
				1	2	3	4	5	6	7	8	9	10
1	人工	工日	1	16.4	19.2	14.4	5.8	12.0	10.2	16.8	26.6	21.9	25.2
2	光圆钢筋	t	111	-	-	-	1.025	-	-	-	-	-	-
3	电焊条	kg	231	-	-	-	0.9	-	-	-	-	-	-
4	8~12号铁丝	kg	655	-	-	3.8	-	-	-	-	-	-	-
5	铁丝编织网	m^2	693	-	-	1128.90	-	-	-	-	-	-	-
6	土工格栅	m^2	772	1131.40	-	-	-	-	-	-	-	-	-
7	三维植被网	m^2	774	-	1173.10	-	-	-	-	-	-	-	-
8	U形锚钉	kg	775	138.0	153.8	-	-	-	-	-	-	-	-

续前页 单位:1000m² 及 1t 钢筋

序号	项目	单位	代号	挂网				人工植草		机械液压喷播植草(边坡)	喷混植草	客土喷播植草	
				土工格栅	三维植被网	铁丝网	钢筋	播草籽	植草根		植草厚度(cm)		
											10	6	8
				1	2	3	4	5	6	7	8	9	10
9	草籽	kg	821	–	–	–	–	21.0	–	24.7	35.5	32.1	42.8
10	32.5 级水泥	t	832	–	–	–	–	–	–	–	0.948	–	–
11	水	m^3	866	–	–	–	–	200	200	260	300	260	280
12	黏土	m^3	911	–	–	–	–	–	–	70.00	100.00	60.00	80.00
13	无纺布	m^2	2112	–	–	–	–	1150.00	1150.00	1150.0	1150.00	1150.00	1150.00
14	其他材料费	元	996	45.0	72.0	–	–	630.0	3125.0	771.9	4350.0	6380.0	8273.3
15	机动液压喷播机	台班	1139	–	–	–	–	–	–	0.25	–	4.64	5.57
16	500L 以内强制式混凝土搅拌机	台班	1274	–	–	–	–				5.36	4.17	5.58
17	4~6m^3/h 混凝土喷射机	台班	1283	–	–	–	–	–	–	–	6.40	–	–
18	3t 以内载货汽车	台班	1371	0.82	0.96	0.72	0.29	0.60	0.51	0.84	1.33	1.10	1.26
19	4t 以内载货汽车	台班	1372	–	–	–	–	–	–	0.21	4.18	3.96	4.76
20	6000L 以内洒水汽车	台班	1405	–	–	–	–	0.60	0.60	0.87	8.71	5.60	6.62
21	32kV·A 以内交流电弧焊机	台班	1726	–	–	–	0.24	–	–	–	–	–	–

续前页　　　　单位:1000m² 及 1t 钢筋

序号	项　目	单位	代号	挂　网				人工植草		机械液压喷播植草(边坡)	喷混植草	客土喷播植草	
				土工格栅	三维植被网	铁丝网	钢筋	播草籽	植草根		植草厚度(cm)		
											10	6	8
				1	2	3	4	5	6	7	8	9	10
22	$9m^3$/min 以内机动空气压缩机	台班	1842	–	–	–	–	–	–	0.26	5.06	–	–
23	$12m^3$/min 以内机动空气压缩机	台班	1843	–	–	–	–	–	–	–	–	4.79	5.76
24	配置机械台班停置费	元	1997	110.0	128.8	96.6	38.9	80.5	68.4	112.7	178.4	146.9	169.0
25	小型机具使用费	元	1998	–	–	–	37.4	–	–	53.9	30.2	67.5	82.5
26	基价	元	1999	11557	8577	8612	4907	5371	6704	7423	23945	22593	27555

附录一　路面材料计算基础数据

1. 多种材料混合结构，按压实混合料干密度计算。各种路面压实混合料干密度如下表。

单位：t/m^3

路面名称	水泥稳定土基层								石灰稳定土基层						
	水泥土	水泥砂	水泥砂砾	水泥碎石	水泥石屑	水泥石渣	水泥碎石土	水泥砂砾土	石灰土	石灰砂砾	石灰碎石	石灰砂砾土	石灰碎石土	石灰土砂砾	石灰土碎石
干密度	1.750	2.050	2.233	2.277	2.140	2.100	2.150	2.200	1.712	2.100	2.141	1.984	1.975	1.948	1.975

路面名称	石灰、粉煤灰稳定土基层							石灰、煤渣稳定土基层						水泥石灰砂砾
	石灰粉煤灰	石灰粉煤灰土	石灰粉煤灰砂	石灰粉煤灰砂砾	石灰粉煤灰碎石	石灰粉煤灰矿渣	石灰粉煤灰煤矸石	石灰煤渣	石灰煤渣土	石灰煤渣碎石	石灰煤渣砂砾	石灰煤渣矿渣	石灰煤渣碎石土	
干密度	1.170	1.504	1.680	1.982	2.049	1.650	1.700	1.280	1.480	1.800	1.800	1.600	1.800	2.142

路面名称	水泥石灰碎（砾）石	水泥石灰土	水泥石灰土砂	水泥石灰砂砾土	水泥石灰碎石土	粒料改善		嵌锁级配型基、面层				磨　耗　层		
						砂、黏土	砾石	级配碎石	级配砾石	填隙碎石	泥结碎石	砂土	级配砂砾	煤渣
干密度	2.184	1.749	1.907	1.992	2.020	1.900	2.100	2.268	2.268	1.980	2.150	1.900	2.200	1.600

2. 各种路面材料松方干密度如下。

单位:t/m^3

材料名称	粉煤灰	煤渣	土	矿渣	煤矸石	砂	碎石	石屑	碎石土	石渣	砾石	砂砾	砂砾土	黏土	风化石
干密度	0.750	0.800	1.240	1.200	1.400	1.510	1.521	1.530	1.600	1.500	1.620	1.650	1.700	1.300	1.330

3. 单一材料结构,按压实系数计算。各种材料压实系数如下。

材料名称	级配砾石	级配碎石	砾石	碎石	砂	砂土	砾砂	煤渣	矿渣	天然砂砾	风化石
压实系数	1.280	1.340	1.200	1.220	1.260	1.280	1.250	1.650	1.300	1.310	1.300

注:沥青混凝土材料基础数据详见沥青混凝土配合比表。

附录二　砂浆及混凝土材料消耗

1.砂浆配合比表

单位:1m³ 砂浆及水泥浆

序号	项　　目	单位	水泥砂浆									
			砂浆强度等级									
			M5	M7.5	M10	M12.5	M15	M20	M25	M30	M35	M40
			水泥强度等级									
			32.5	32.5	325	32.5	32.5	32.5	32.5	32.5	32.5	32.5
			1	2	3	4	5	6	7	8	9	10
1	水泥	kg	218	266	311	345	393	448	527	612	693	760
2	生石灰	kg	–	–	–	–	–	–	–	–	–	–
3	中(粗)砂	m^3	1.12	1.09	1.07	1.07	1.07	1.06	1.02	0.99	0.98	0.95

续前页　　　　　　　　　　　　　　　　　　　　　　　　　　　　　　　单位:1m³ 砂浆及水泥浆

序号	项目	单位	水泥砂浆				混合砂浆				石灰砂浆	水泥浆
			砂浆强度等级									
			1∶1	1∶2	1∶2.5	1∶3	M2.5	M5	M7.5	M10	M1	
			水泥强度等级									
			32.5	32.5	325	32.5	32.5	32.5	32.5	32.5		32.5
			11	12	13	14	15	16	17	18	19	20
1	水泥	kg	780	553	472	403	165	210	253	290	–	1348
2	生石灰	kg	–	–	–	–	127	94	61	29	207	–
3	中(粗)砂	m^3	0.67	0.95	1.01	1.04	1.04	1.04	1.04	1.04	1.1	–

注:表列数量已包括场内运输及操作损耗。

2. 混凝土配合比表

单位：$1m^3$ 混凝土

序号	项目	单位	普通混凝土														
			碎(砾)石最大粒径(mm)														
			20														
			混凝土强度等级														
			C10	C15	C20	C25	C30		C35		C40			C45		C50	
			水泥强度等级														
			32.5	32.5	32.5	32.5	32.5	42.5	32.5	42.5	32.5	42.5	52.5	42.5	52.5	42.5	52.5
			1	2	3	4	5	6	7	8	9	10	11	12	13	14	15
1	水泥	kg	238	286	315	368	406	388	450	405	488	443	399	482	439	524	479
2	中(粗)砂	m^3	0.51	0.51	0.49	0.48	0.46	0.48	0.45	0.47	0.43	0.45	0.47	0.45	0.45	0.44	0.42
3	碎(砾)石	m^3	0.85	0.82	0.82	0.80	0.79	0.79	0.78	0.79	0.78	0.79	0.79	0.77	0.79	0.75	0.79

续前页

单位:1m³ 混凝土

序号	项目	单位	普通混凝土														
			碎(砾)石最大粒径(mm)														
			20		40												
			混凝土强度等级														
			C55	C60	C10	C15	C20	C25	C30		C35		C40			C45	
			水泥强度等级														
			52.5	52.5	32.5	32.5	32.5	42.5	32.5	42.5	32.5	42.5	32.5	42.5	52.5	42.5	52.5
			16	17	18	19	20	21	22	23	24	25	26	27	28	29	30
1	水泥	kg	516	539	225	267	298	335	377	355	418	372	461	415	359	440	399
2	中(粗)砂	m³	0.42	0.41	0.51	0.50	0.49	0.48	0.46	0.46	0.45	0.46	0.43	0.44	0.46	0.44	0.44
3	碎(砾)石	m³	0.74	0.71	0.87	0.85	0.84	0.83	0.83	0.84	0.82	0.83	0.81	0.83	0.84	0.81	0.84

续前页　　　　　　　　　　　　　　　　　　　　　　　　　　　　单位：1m^3 混凝土

序号	项目	单位	普通混凝土						泵送混凝土								
			碎（砾）石最大粒径（mm）														
			40			80			20								
			混凝土强度等级														
			C50		C55	C10	C15	C20	C15	C20	C25	C30	C35		C40		C45
			水泥强度等级														
			42.5	52.5	52.5	32.5	32.5	32.5	32.5	32.5	32.5	32.5	32.5	42.5	32.5	42.5	42.5
			31	32	33	34	35	36	37	38	39	40	41	42	43	44	45
1	水泥	kg	487	430	451	212	253	282	321	354	407	443	491	431	538	471	512
2	中（粗）砂	m^3	0.43	0.41	0.41	0.58	0.55	0.54	0.59	0.57	0.56	0.55	0.54	0.56	0.52	0.54	0.54
3	碎（砾）石	m^3	0.79	0.84	0.83	0.83	0.83	0.82	0.75	0.75	0.71	0.70	0.69	0.70	0.67	0.69	0.67

续前页　　　　单位：1m^3 混凝土

序号	项目	单位	泵送混凝土														
			碎（砾）石最大粒径（mm）														
			20			40											
			混凝土强度等级														
			C50	C55	C60	C10	C15	C20	C25	C30	C35		C40		C45	C50	C55
			水泥强度等级														
			42.5	52.5	52.5	32.5	32.5	32.5	32.5	32.5	32.5	42.5	32.5	42.5	42.5	42.5	52.5
			46	47	48	49	50	51	52	53	54	55	56	57	58	59	60
1	水泥	kg	554	546	570	236	302	325	372	420	461	403	505	440	478	505	498
2	中（粗）砂	m^3	0.53	0.51	0.5	0.66	0.59	0.59	0.58	0.56	0.54	0.57	0.52	0.55	0.56	0.55	0.52
3	碎（砾）石	m^3	0.66	0.65	0.62	0.73	0.77	0.75	0.73	0.73	0.72	0.72	0.70	0.71	0.68	0.67	0.65

续前页 单位:1m³ 混凝土

序号	项目	单位	水下混凝土				防水混凝土				喷射混凝土				片石混凝土		
			碎(砾)石最大粒径(mm)														
			40								20				80		
			混凝土强度等级														
			C20	C25	C30	C35	C25	C30	C35	C40	C15	C20	C25	C30	C10	C15	C20
			水泥强度等级														
			32.5	32.5	32.5	32.5	32.5	32.5	42.5	42.5	32.5	32.5	32.5	42.5	32.5	32.5	32.5
			61	62	63	64	65	66	67	68	69	70	71	72	73	74	75
1	水泥	kg	368	398	385	434	368	427	460	459	435	445	469	304	180	215	240
2	中(粗)砂	m³	0.49	0.46	0.47	0.46	0.52	0.51	0.51	0.44	0.61	0.61	0.60	0.54	0.49	0.47	0.46
3	碎(砾)石	m³	0.80	0.84	0.83	0.81	0.71	0.69	0.67	0.80	0.58	0.57	0.57	0.75	0.71	0.71	0.70
4	片石	t	–	–	–	–	–	–	–	–	–	–	–	–	0.215	0.215	0.215
5	一级粉煤灰	kg	–	–	–	–	–	–	–	–	–	–	–	92.70	–	–	–

3. 沥青混凝土结构配合比基础数据表

序号	结构层	油石比	压实干重度	组成材料									说明
				1号(%)	2号(%)	3号(%)	4号(%)	5号(%)	矿粉(%)	石灰(%)	机制砂(%)	纤维稳定剂	
1	AC25	3.80	2.432	33	30	12			3		22		AH-70 重交沥青,各号料为石灰岩
2	AC25	3.80	2.450	27	9	31	31		2				1号、2号、3号、4号石灰岩,矿粉,70号沥青
3	AC25	3.80	2.537	28	40	12	18		2				1号、2号、3号、4号石灰岩,矿粉,改性沥青
4	AC25	3.80	2.567	34	33	8	23		2				1号(15~30mm)、2号、3号、4号石灰岩,矿粉,重交沥青
5	AC25	3.90	2.429	22	44	11	20		3				石灰石、矿粉、改性沥青
6	AC25	4.00	2.536	34	32	10	19		5				石灰石、矿粉、AH70
7	AC25	4.00	2.427	30	38	8	19		5				石灰石、矿粉、AH70
8	AC25	4.00	2.504	30	31	10	22		4				石灰石、矿粉、AH70
9	AC25	4.00	2.449	35	37	6	17		5				石灰石、矿粉、AH70
10	AC25	4.00	2.459	32	32	10	21		5				石灰石、矿粉、AH70
11	AC25	3.90	2.535	34	35	7	20		4				石灰石、矿粉、AH70
12	AC25	4.03	2.427	32	18	13	16		3				
定额取定数据		4.00	2.475	32	32	10	21		5				

续前页

序号	结构层	油石比	压实干重度	组成材料									说明
				1号（%）	2号（%）	3号（%）	4号（%）	5号（%）	矿粉（%）	石灰（%）	机制砂（%）	纤维稳定剂	
13	AC20	4.10	2.556	26	36	8	28		2				1号、2号、3号、4号石灰岩，矿粉，改性沥青
14	AC20	4.50	2.548	15	43	6	34		1				1号、2号、3号、4号石灰岩，矿粉，橡胶粉改性沥青
15	AC20	4.10	2.519	40	10	17	29		2	2			石灰岩碎石、矿粉、石屑、石灰、70号沥青
16	AC20	4.10	2.449	32	32	6	21		3		6		石灰石、矿粉、改性沥青PG76－22、机制砂
17	AC20	4.10	2.446	30	34	8	25		3				石灰石、矿粉、改性沥青PG76－22
18	AC20	4.23	2.437	28	32	11	26		3				石灰石、矿粉、改性沥青PG76－22
19	AC20	4.10	2.433	23	20	14	23		4				
定额取定数据		4.10	2.481	40	10	17	29		4				
20	AC16	4.80	2.542	10	43	9	36		2				PG76，各号料为石灰岩
21	AC16	4.30	2.520	42	17	7	30		4				PG76，各号料为石灰岩
22	AC16												
定额取定数据		4.80	2.542	10	43	9	36		2				

续前页

序号	结构层	油石比	压实干重度	组成材料									说明
				1号(%)	2号(%)	3号(%)	4号(%)	5号(%)	矿粉(%)	石灰(%)	机制砂(%)	纤维稳定剂	
23	AC13	4.80	2.495	37	15	47			1				AH70 重交沥青,石灰岩
24	AC13	4.90	2.437			55	43		2				AH70 重交沥青,石灰岩
25	AC13	4.40	2.500	31	21	14	30		4				石灰岩,改性沥青
26	AC13	5.00	2.469	32	30	12	22		4				
27	AC13	4.80	2.479	32	30	12	22		4				
28	AC13	4.80	2.477	32	28	14	22		4				
定额取定数据		5.00	2.469	32	30	12	22		4				
29	AC10	5.80	2.363				51	46	3				AH70 重交沥青,石灰岩
30	AC10	5.50	2.449		35	12	50		3				2 号辉绿岩,其他石灰岩,PG-76
定额取定数据		5.50	2.449		35	12	50		3				
31	SMA13	6.00	2.611	45	34		11		10				1 号、2 号、4 号玄武岩,PG-76
32	SMA13	6.10	2.565	60	20		10		10			0.30%	改性沥青,1 号、2 号、3 号、4 号辉绿岩,矿粉
33	SMA13	6.20	2.423	46	28	7	9		10			0.30%	1 号、2 号、3 号辉绿岩,4 号石灰岩,矿粉,改性沥青,木质纤维
34	SMA13	6.00	2.553	45	30	7	7		11			0.30%	改性沥青,1 号、2 号、3 号、4 号辉绿岩,矿粉

续前页

序号	结构层	油石比	压实干重度	组成材料									说明
				1号(%)	2号(%)	3号(%)	4号(%)	5号(%)	矿粉(%)	石灰(%)	机制砂(%)	纤维稳定剂	
35	SMA13	6.10	2.460	40	33	7	10		10			0.40%	改性沥青,1号、2号、3号、4号辉绿岩,矿粉
36	SMA13	6.10	2.472	42	36		12		10				1号/2号玄武岩、4号石灰石、矿粉、沥青PG76-22
37	SMA13	6.10	2.478	43	33	4	9		11				1号2号3号玄武岩、4号石灰石、矿粉、沥青PG76-22
38	SMA13	6.10	2.475	38	40		12		10				1号2号玄武岩、4号石灰石、矿粉、沥青PG76-22
39	SMA13	6.00	2.468	34	38	7	10		11				
40	SMA13	6.10	2.463	34	38	7	10		11				
定额取定数据		6.10	2.490	40	33	7	10		10			0.30%	
41	SMA10	5.10	2.560	20	28	19	28		5				玄武岩,改性沥青,矿粉
定额取定数据		6.10	2.560	20	28	19	28		5			0.30%	
42	SMA16	6.60	2.491	48	22	7	14		9				玄武岩、矿粉、胶粉沥青
43	SMA16	6.10	2.463	34	38	7	10		11				
定额取定数据		6.10	2.463	34	38	7	10		11			0.30%	
44	Sup12.5	5.00	2.470	34	25	8	31		2				1号、2号、3号辉绿岩,4号石灰岩,矿粉,改性沥青

续前页

序号	结构层	油石比	压实 干重度	组成材料									说　明
				1号 (%)	2号 (%)	3号 (%)	4号 (%)	5号 (%)	矿粉 (%)	石灰 (%)	机制砂 (%)	纤维 稳定剂	
45	Sup12.5	4.90	2.567	27	30	21	18		4				玄武岩、矿粉、改性沥青 pg76-16
46	Sup12.5	4.80	2.656	29	15	18	27		1				玄武岩、矿粉、改性沥青 pg76-16
47	Sup12.5	4.90	2.607	27	27	17	27		2				玄武岩、矿粉、改性沥青 pg76-16
48	Sup12.5	4.90	2.605	29	26	19	25		1				玄武岩、矿粉、改性沥青 pg76-16
定额取定数据		5.00	2.470	34	25	8	31		2				1号,2号,3号玄武岩,4号石灰岩、矿粉、改性沥青 pg76-16
49	Sup19	4.10	2.537	26	28	15	27		4				玄武岩、矿粉、改性沥青 pg76-16
50	Sup19	4.30	2.443	22	38	13	23		4				玄武岩、矿粉、改性沥青 pg76-16
51	Sup19	4.30	2.515	28	28	14	26		4				玄武岩、矿粉、改性沥青 pg76-16
52	Sup19	4.30	2.44	25	29	18	24		4				玄武岩、矿粉、改性沥青 pg76-16
53	Sup19	4.10	2.515	25	34	13	23		6				玄武岩、矿粉、改性沥青 pg76-16
54	Sup19	4.50	2.472	34	31	25	8		2				
定额取定数据		4.30	2.515	28	28	14	26		4				
55	超薄 磨耗层	4.70		47	25	0	25	3	3				
56	柔性基层	3.50	2.367	19	36	15	27		3				

附录三　定额基价人工、材料单位质量、单价表

序号	名　　称	代号	规　　格	单位	单位质量（kg）	场内运输及操作损耗率（%）	基价（元）
（一）人工							
1	人工	1	混合	工日			42.98
2	机械工	2		工日			42.98
（二）混凝土及砂浆							
3	C10 片石混凝土	11		m^3			
4	C15 片石混凝土	12		m^3			
5	C20 片石混凝土	13		m^3			
6	C25 片石混凝土	14		m^3			
7	C20 喷射混凝土	15		m^3			
8	C10 水泥混凝土(含粉煤灰)	16		m^3			
9	C15 水泥混凝土	17		m^3			
10	C20 水泥混凝土	18		m^3			
11	C25 水泥混凝土	19		m^3			

续前页

序号	名　　称	代号	规　　格	单位	单位质量（kg）	场内运输及操作损耗率（%）	基价（元）
12	C30 水泥混凝土	20		m^3			
13	C35 水泥混凝土	21		m^3			
14	C40 水泥混凝土	22		m^3			
15	C45 水泥混凝土	23		m^3			
16	C50 水泥混凝土	24		m^3			
17	C55 水泥混凝土	25		m^3			
18	C60 水泥混凝土	26		m^3			
19	C20 水下混凝土	28		m^3			
20	C25 水下混凝土	29		m^3			
21	C30 水下混凝土	30		m^3			
22	水泥浆	31		m^3			
23	水泥粉煤灰浆	32		m^3			
24	2∶1∶4 三合土	33		m^3			
25	C10 防水混凝土	34		m^3			
26	C20 防水混凝土	35		m^3			

续前页

序号	名　　称	代号	规　　格	单位	单位质量（kg）	场内运输及操作损耗率（%）	基价（元）
27	C25 防水混凝土	36		m^3			
28	C30 防水混凝土	37		m^3			
29	C35 防水混凝土	38		m^3			
30	C40 防水混凝土	39		m^3			
31	C45 防水混凝土	40		m^3			
32	C50 防水混凝土	41		m^3			
33	C15 泵送混凝土	45		m^3			
34	C20 泵送混凝土	46		m^3			
35	C25 泵送混凝土	47		m^3			
36	C30 泵送混凝土	48		m^3			
37	C35 泵送混凝土	49		m^3			
38	C40 泵送混凝土	50		m^3			
39	C45 泵送混凝土	51		m^3			
40	C50 泵送混凝土	52		m^3			
41	C55 泵送混凝土	53		m^3			

续前页

序号	名　　称	代号	规　　格	单位	单位质量（kg）	场内运输及操作损耗率（%）	基价（元）
42	C60 泵送混凝土	54		m^3			
43	C20 泵送防水混凝土	56		m^3			
44	C25 泵送防水混凝土	57		m^3			
45	C30 泵送防水混凝土	58		m^3			
46	C35 泵送防水混凝土	59		m^3			
47	C40 泵送防水混凝土	60		m^3			
48	C45 泵送防水混凝土	61		m^3			
49	C50 泵送防水混凝土	62		m^3			
50	C50 钢纤维混凝土	63		m^3			
51	环氧混凝土	64		m^3			
52	M5 水泥砂浆	65		m^3			
53	M7.5 水泥砂浆	66		m^3			
54	M10 水泥砂浆	67		m^3			
55	M12.5 水泥砂浆	68		m^3			
56	M15 水泥砂浆	69		m^3			

续前页

序号	名　称	代号	规　格	单位	单位质量（kg）	场内运输及操作损耗率（%）	基价（元）
57	M20 水泥砂浆	70		m^3			
58	M25 水泥砂浆	71		m^3			
59	M30 水泥砂浆	72		m^3			
60	M35 水泥砂浆	73		m^3			
61	M40 水泥砂浆	74		m^3			
62	25 号水泥浆	75		m^3			
63	环氧砂浆	76		m^3			
64	环氧胶砂	77		m^3			
65	环氧胶泥	78		m^3			
66	环氧胶液	79		kg			
67	甲基丙烯酸甲酯浆液	80		kg			
68	粗粒式沥青碎石	81		m^3			
69	中粒式沥青碎石	82		m^3			
70	细粒式沥青碎石	83		m^3			
71	粗粒式沥青混凝土	84		m^3			

续前页

序号	名　称	代号	规　格	单位	单位质量（kg）	场内运输及操作损耗率（%）	基价（元）
72	中粒式沥青混凝土	85		m^3			
73	细粒式沥青混凝土	86		m^3			
74	砂粒式沥青混凝土	87		m^3			
75	AC25	88		m^3			
76	AC20	89		m^3			
77	AC16	90		m^3			
78	AC13	91		m^3			
79	AC10	92		m^3			
80	SMA16	93		m^3			
81	SMA13	94		m^3			
82	SMA10	95		m^3			
83	Sup19	96		m^3			
84	Sup12.5	97		m^3			
85	超薄磨耗层	98		m^3			
86	柔性基层	99		m^3			

续前页

序号	名　　称	代号	规　　格	单位	单位质量（kg）	场内运输及操作损耗率（%）	基价（元）
87	水泥稳定碎石	100		m^3			
（三）材料							
88	原木	101	混合规格	m^3	750	5	1350.00
89	锯材	102	中板 $\delta=19\sim36$mm，中板混合规格	m^3	650	15	1900.00
90	枕木	103	硬	m^3	650	5	1700.00
91	毛竹	104	$\phi=60$mm，$L\geqslant6$m；$\phi=75\sim90$mm，$L\geqslant6$m	根	14	5	15.83
92	胶合板	105	5层	m^2	3.4	5	26.68
93	竹胶模板	106	2.44m×1.22m，厚度7～15mm	m^2	8.5	5	75.00
94	光圆钢筋	111	直径10～14mm	t	1000	2.5	4350.00
95	带肋钢筋	112	直径15～24mm，25mm以上	t	1000	2.5	4250.00
96	冷轧带肋钢筋网	113	直径7～9mm	t	1000	2.5	4750.00
97	环氧光圆钢筋	114	带环氧涂层的光圆钢筋	t	1000	2.5	5300.00
98	环氧带肋钢筋	115	带环氧涂层的带肋钢筋	t	1000	2.5	5400.00
99	预应力粗钢筋	121	直径10mm以上精轧螺纹钢筋	t	1000	4	6320.00
100	钢绞线	125	普通，无松弛	t	1000	4	6500.00

续前页

序号	名　　称	代号	规　　格	单位	单位质量（kg）	场内运输及操作损耗率（%）	基价（元）
101	环氧钢绞线	126	带环氧涂层的钢绞线	t	1000	4	18000.00
102	镀锌钢绞线	127	混合规格(7 股、19 股,1.0 ~ 134.2mm²)	t	1000	4	19000.00
103	钢丝	131	ϕ5mm 以内	kg	1	4	5.97
104	冷拔低碳钢丝	132	ϕ5mm 以内冷拔丝	t	1000	4	6130.00
105	高强钢丝	133	ϕ5mm 以内预应力用碳素钢丝	t	1000	4	5950.00
106	镀锌高强钢丝	134	ϕ5mm 以内预应力用镀锌碳素钢丝	t	1000	4	8560.00
107	平行钢丝斜拉索	141	成品索	t	1000	0	17500.00
108	钢绞线斜拉索	142	成品索	t	1000	0	9500.00
109	主缆索股	143	成品索股	t	1000	0	16000.00
110	斜拉索减振器	145		个		0	8000.00
111	吊索	148	成品索	t	1000	0	20000.00
112	系杆	149	成品索	t	1000	0	12000.00
113	波纹管钢带	151	0.25mm×36mm、0.28mm×36mm	t	1000	2	6350.00
114	紧缆钢带	155		t	1000	2	20000.00
115	型钢	182	工字钢、角钢	t	1000	6	4700.00

续前页

序号	名　称	代号	规　格	单位	单位质量（kg）	场内运输及操作损耗率（%）	基价（元）
116	钢板	183	A_3，$\delta = 5 \sim 40$mm	t	1000	6	4950.00
117	圆钢	184	$\phi 6 \sim 36$mm 混合型号	t	1000	6	3700.00
118	钢轨	185	重轨、轻轨、吊车轨	t	1000	6	4100.00
119	钢管	191	无缝钢管	t	1000	4	6110.00
120	镀锌钢管	192	外径 15 ~ 200mm，壁厚 2.75 ~ 4.5mm	t	1000	4	6060.00
121	不锈钢管	193	混合规格	kg	1	4	53.00
122	承插式铸铁管	194	混合规格	t	1000	4	3500.00
123	压制弯头	196	各种规格	kg	1	4	19.34
124	镀锌钢板	208	$\delta = 1 \sim 3$mm	t	1000	4	6060.00
125	钢钎	211	$\phi = 22 \sim 25$mm，32mm	kg	1	20	6.50
126	空心钢钎	212	优质碳素工具钢	kg	1	20	8.00
127	ϕ50mm 以内合金钻头	213	ϕ43mm	个	0.45	0	35.00
128	ϕ150mm 以内合金钻头	214		个	1	0	105.00
129	钻杆	216	$\phi = 50$mm、$\phi = 73$mm、$\phi = 89$mm、$\phi = 114$mm，长 1m、1.5m	kg	1	0	7.00

续前页

序号	名称	代号	规格	单位	单位质量（kg）	场内运输及操作损耗率（%）	基价（元）
130	中空注浆锚杆	217	混合规格	m		1	30.00
131	自进式锚杆	218	*R*25mm、*R*27mm、*R*32mm、*R*38mm、*R*51mm	m		1	40.00
132	钢丝绳	221	股丝 6～7×19mm，股径 7.1～9mm，股丝 6×37mm，股径 14.1～15.5mm	t	1000	2.5	6850.00
133	钢纤维	225	扁丝切断型、钢丝切断型、高强铣削型等	t	1000	2	5350.00
134	电焊条	231	结 422(502、506、507)3.2mm、4.0mm、5.0mm	kg	1	10	6.50
135	钢筋连接套筒	232	ϕ16～40mm	个		1	9.00
136	锌	236	1 号	kg	1	6	9.96
137	螺栓	240	混合规格	kg	1	2	10.65
138	镀锌螺栓	241	混合规格	kg	1	2	14.76
139	膨胀螺栓	242	混合规格	套	0.186	4	3.30
140	镀锌膨胀螺栓	243	混合规格	套		4	5.01
141	法兰	244		kg	1	0	10.63
142	镀锌法兰	245		kg	1	0	14.73
143	钢管立柱	247		t	1000	0	6100.00

续前页

序号	名　　称	代号	规　　格	单位	单位质量（kg）	场内运输及操作损耗率（%）	基价（元）
144	型钢立柱	248	镀锌（包括斜撑）	t	1000	0	5800.00
145	波形钢板	249	镀锌（包括端头板、撑架）	t	1000	0	6300.00
146	托架	250		kg	1	1	6.20
147	柱帽	251		个		1	10.00
148	钢板桩	261	混合规格	t	1000	0	5400.00
149	钢管桩	262	直径219～2440mm，壁厚5～20mm	t	1000	0	5600.00
150	钢护筒	263		t	1000	0	5300.00
151	钢套箱	264		t	1000	0	5800.00
152	钢壳沉井	265		t	1000	0	5800.00
153	钢模板	271	各类定型大块钢模板	t	1000	0	6870.00
154	组合钢模板	272		t	1000	0	6710.00
155	门式钢支架	273		t	1000	0	6000.00
156	钢格栅	289		t	1000	0	17500.00
157	索夹	290		t	1000	0	25000.00
158	索鞍构件	291		t	1000	0	25000.00

续前页

序号	名　　称	代号	规　　格	单位	单位质量（kg）	场内运输及操作损耗率（%）	基价（元）
159	悬吊系统构件	292		t	1000	0	8000.00
160	套管及拉杆构件	293		t	1000	0	7000.00
161	钢梁	301		t	1000	0	9500.00
162	钢桁	302		t	1000	0	10000.00
163	钢纵横梁	303		t	1000	0	8000.00
164	钢箱梁及桥面板	304		t	1000	0	10000.00
165	钢锚箱	305		t	1000	0	9600.00
166	钢管拱肋	310		t	1000	0	7500.00
167	钢支座	400		t	1000	0	7600.00
168	四氟板式橡胶组合支座	401	$GJZF_4$ 系列、$GYZF_4$ 系列	dm^3	3.2	0	80.00
169	板式橡胶支座	402	GJZ 系列、GYZ 系列	dm^3	3.2	0	60.00
170	盆式橡胶支座(800kN)	501	GPZ(Ⅱ)	套	35.3	0	1500.00
171	盆式橡胶支座(1000kN)	502	GPZ(Ⅱ)	套	44.5	0	1915.80
172	盆式橡胶支座(1250kN)	503	GPZ(Ⅱ)	套	55.0	0	2100.00
173	盆式橡胶支座(1500kN)	504	GPZ(Ⅱ)	套	69.8	0	2348.40

续前页

序号	名　　称	代号	规　　格	单位	单位质量（kg）	场内运输及操作损耗率（%）	基价（元）
174	盆式橡胶支座(2000kN)	505	GPZ(Ⅱ)	套	98.5	0	3090.00
175	盆式橡胶支座(2500kN)	506	GPZ(Ⅱ)	套	125.0	0	3522.60
176	盆式橡胶支座(3000kN)	507	GPZ(Ⅱ)	套	160.0	0	4264.20
177	盆式橡胶支座(3500kN)	508	GPZ(Ⅱ)	套	202.3	0	5428.10
178	盆式橡胶支座(4000kN)	509	GPZ(Ⅱ)	套	253.8	0	6396.30
179	盆式橡胶支座(5000kN)	510	GPZ(Ⅱ)	套	335.3	0	9053.70
180	盆式橡胶支座(6000kN)	511	GPZ(Ⅱ)	套	421.8	0	10639.90
181	盆式橡胶支座(7000kN)	512	GPZ(Ⅱ)	套	514.0	0	13410.60
182	盆式橡胶支座(8000kN)	513	GPZ(Ⅱ)	套	626.0	0	15450.00
183	盆式橡胶支座(9000kN)	514	GPZ(Ⅱ)	套	732.3	0	18303.10
184	盆式橡胶支座(10000kN)	515	GPZ(Ⅱ)	套	882.8	0	21073.80
185	盆式橡胶支座(12500kN)	516	GPZ(Ⅱ)	套	1175.3	0	26913.90
186	盆式橡胶支座(15000kN)	517	GPZ(Ⅱ)	套	1481.3	0	32269.90
187	盆式橡胶支座(17500kN)	518	GPZ(Ⅱ)	套	1836.3	0	40963.10
188	盆式橡胶支座(20000kN)	519	GPZ(Ⅱ)	套	2223.0	0	46885.60

续前页

序号	名称	代号	规格	单位	单位质量(kg)	场内运输及操作损耗率(%)	基价(元)
189	盆式橡胶支座(22500kN)	520	GPZ(Ⅱ)	套	2574.8	0	56196.80
190	盆式橡胶支座(25000kN)	521	GPZ(Ⅱ)	套	2997.0	0	64447.10
191	盆式橡胶支座(27500kN)	522	GPZ(Ⅱ)	套	3397.0	0	76117.00
192	盆式橡胶支座(30000kN)	523	GPZ(Ⅱ)	套	3811.8	0	85902.00
193	盆式橡胶支座(32500kN)	524	GPZ(Ⅱ)	套	4360.3	0	96845.75
194	盆式橡胶支座(35000kN)	525	GPZ(Ⅱ)	套	4836.5	0	108356.00
195	盆式橡胶支座(37500kN)	526	GPZ(Ⅱ)	套	5380.3	0	122930.50
196	盆式橡胶支座(40000kN)	527	GPZ(Ⅱ)	套	5863.8	0	134621.00
197	盆式橡胶支座(45000kN)	528	GPZ(Ⅱ)	套	6885.5	0	146363.00
198	盆式橡胶支座(50000kN)	529	GPZ(Ⅱ)	套	7869.0	0	161504.00
199	盆式橡胶支座(55000kN)	530	GPZ(Ⅱ)	套	9102.3	0	273649.00
200	盆式橡胶支座(60000kN)	531	GPZ(Ⅱ)	套	10136.8	0	520802.00
201	阻尼器	532	液体黏滞阻尼器	套		0	1581602.00
202	抗风支座	533		套		0	120000.00
203	毛勒伸缩缝	541	伸缩量80mm/排,质量80kg/(排·m)	t	1000	0	43100.00

续前页

序号	名　称	代号	规　格	单位	单位质量(kg)	场内运输及操作损耗率(%)	基价(元)
204	板式橡胶伸缩缝	542	混合规格	m	186	0	375.00
205	TST 伸缩体	545		kg	1	2	21.58
206	铸铁	561		kg	1	0	4.20
207	钢砂	562		t	1000	2.5	5000.00
208	钢丸	563		t	1000	2	4500.00
209	弗式锚具	565		kg	1	1	9.00
210	冷铸镦头锚	567		kg	1	0	16.00
211	镦头锚	568		kg	1	0	14.00
212	钢绞线群锚(1孔)	571	包括夹片、锚垫板和螺旋筋	套		1	22.80
213	钢绞线群锚(3孔)	572	包括夹片、锚垫板和螺旋筋	套	6	1	105.00
214	钢绞线群锚(4孔)	573	包括夹片、锚垫板和螺旋筋	套		1	140.00
215	钢绞线群锚(5孔)	574	包括夹片、锚垫板和螺旋筋	套		1	175.00
216	钢绞线群锚(6孔)	575	包括夹片、锚垫板和螺旋筋	套		1	210.00
217	钢绞线群锚(7孔)	576	包括夹片、锚垫板和螺旋筋	套	10.5	1	245.00
218	钢绞线群锚(8孔)	577	包括夹片、锚垫板和螺旋筋	套		1	280.00

续前页

序号	名　称	代号	规　格	单位	单位质量(kg)	场内运输及操作损耗率(%)	基价(元)
219	钢绞线群锚(9孔)	578	包括夹片、锚垫板和螺旋筋	套		1	315.00
220	钢绞线群锚(10孔)	579	包括夹片、锚垫板和螺旋筋	套		1	350.00
221	钢绞线群锚(12孔)	580	包括夹片、锚垫板和螺旋筋	套	19.5	1	420.00
222	钢绞线群锚(14孔)	581	包括夹片、锚垫板和螺旋筋	套		1	490.00
223	钢绞线群锚(15孔)	582	包括夹片、锚垫板和螺旋筋	套		1	525.00
224	钢绞线群锚(16孔)	583	包括夹片、锚垫板和螺旋筋	套		1	560.00
225	钢绞线群锚(17孔)	584	包括夹片、锚垫板和螺旋筋	套		1	595.00
226	钢绞线群锚(19孔)	585	包括夹片、锚垫板和螺旋筋	套	37	1	665.00
227	钢绞线群锚(22孔)	586	包括夹片、锚垫板和螺旋筋	套	48.5	1	770.00
228	钢绞线群锚(24孔)	587	包括夹片、锚垫板和螺旋筋	套		1	840.00
229	钢绞线群锚(31孔)	588	包括夹片、锚垫板和螺旋筋	套	76	1	1085.00
230	轧丝锚具	596		kg	1	1	15.00
231	自动排气阀	601	ND25	个	25	0	269.19
232	螺纹截止阀	602	J11t－16DN20	个	1.1	0	13.46
233	法兰阀门(ND80)	603		个	29.1	0	218.01

续前页

序号	名　　称	代号	规　　格	单位	单位质量（kg）	场内运输及操作损耗率（%）	基价（元）
234	法兰阀门（ND100）	604		个	40.4	0	310.91
235	法兰阀门（ND150）	605		个	91	0	447.23
236	法兰阀门（ND200）	606		个	140	0	550.27
237	不锈钢板	631		kg	1	6	32.00
238	不锈钢滑板	632		kg	1	6	41.40
239	聚四氟乙烯滑块	641		kg	1	20	50.00
240	聚四氟乙烯滑块	642		块	4.62	0	210.00
241	锚链	650	ϕ37～58mm	t	1000	0	9774.00
242	铁件	651	混合规格	kg	1	2	6.50
243	镀锌铁件	652		kg	1	2	6.90
244	铁钉	653	混合规格	kg	1	2	6.97
245	8～12 号铁丝	655	镀锌铁丝	kg	1	2	6.10
246	20～22 号铁丝	656	镀锌铁丝	kg	1	2	6.40
247	刺铁丝	658		kg	1	2	6.62
248	铜接地板	660		kg	1	2	22.31

续前页

序号	名　　称	代号	规　　格	单位	单位质量(kg)	场内运输及操作损耗率(%)	基价(元)
249	吊顶轻钢龙骨	665	4.2m/kg	kg	1	6	13.03
250	铁皮	666	26 号镀锌铁皮	m^2	4.32	2	25.40
251	钢板标志	667	包括板面、立柱、横梁、法兰盘、垫板及其他金属附件	t	1000	0	7500.00
252	铝合金标志	668	包括板面、立柱、横梁、法兰盘、垫板及其他金属附件	t	1000	0	27000.00
253	滑动槽钢	669		kg	1	0	26.26
254	铸铁箅子	681		kg	1	0	8.84
255	铸铁管	682		kg	1	0	3.50
256	胶管	685		m	2	4	23.40
257	电焊网排	691		m^2		2	19.22
258	钢板网	692	网眼尺寸 25mm×76mm	m^2	1.845	2.5	25.00
259	铁丝编织网	693	镀锌铁丝	m^2	3.5	2	6.80
260	照明灯具	698	混光路灯,汞灯 400,钠灯 250	盏		1	522.86
261	硅芯管	699	40/33mm	m		1	5.50
262	通信子管	700		m		1	3.80

续前页

序号	名　称	代号	规　格	单位	单位质量（kg）	场内运输及操作损耗率（%）	基价（元）
263	光缆	701		m		2	20.00
264	光缆护套	702		m		1	10.00
265	光缆接头盒	703		套		1	500.00
266	光缆终端盒(48 芯以内)	704	每增加 12 芯,单价增加 20 元	个		2	480.00
267	光纤插头	705		对		1	60.00
268	光纤连接器	706		套		1	50.00
269	尾纤	707	10m 双头	根		2	150.00
270	电缆	708	$35mm^2$ 三芯铝芯连地	m		5	39.93
271	母线	709		m		1	14.33
272	屏蔽线	710		m	0.15	2	1.91
273	电线	711	$6\sim25mm^2$ BLX 铝芯 500V	m		5	2.67
274	裸铝线	712	$35mm^2$ 钢芯铝绞线	m		5	3.22
275	橡皮线	713		m		5	6.80
276	皮线	714		m		5	5.40
277	绝缘软线	715	BVR-35	m		5	15.26

续前页

序号	名　称	代号	规　格	单位	单位质量（kg）	场内运输及操作损耗率（%）	基价（元）
278	橡胶条	716		kg	1	2.5	8.70
279	户外终端盒（热塑头）	717	35、120、240	套	40	2	360.00
280	电缆中间接头	718	35、120、240	套		2	155.00
281	铜接线端子	719	Dt-10、25、35	个	0.02	2	6.80
282	线槽	720		m		5	15.00
283	桥架	721		m		1	65.00
284	支撑架	722		kg	1	0.5	6.20
285	玻璃钢管箱	723		m		1	128.00
286	套管	724	kt2 型	个		5	15.50
287	绝缘橡胶板	725	δ10 ~ 12mm	kg	1	2	6.50
288	配线箱	726		套		0	45.00
289	路灯控制箱	727	半周长 2m 以内	个		0	107.34
290	接线箱	728		个		0	757.46
291	升降传动装置	729		套		0	56.00
292	无机富锌漆	731		kg	1	2	34.50

续前页

序号	名　　称	代号	规　　格	单位	单位质量（kg）	场内运输及操作损耗率（%）	基价（元）
293	油漆	732		kg	1	2	13.04
294	标线漆	733	常温型	kg	1	2	37.80
295	涂料	734	毛面涂料	kg	1	4	19.09
296	桥面防水涂料	735	聚合物渗透水性桥面防水涂料	kg	1	4	6.20
297	防水卷材	736		m^2		2	31.00
298	底油	737		kg	1	2	11.00
299	热熔涂料	738		kg	1	2	4.50
300	反光玻璃珠	739	JT/T 280—1995 1、2 号（A 类）	kg	1	2	3.50
301	反光膜	740		m^2		10	220.00
302	反光突起路钮	741	通用型、耐磨型、陶瓷隧道专用	个		2	15.00
303	防眩板	742		块		0	45.00
304	栏式反射器	743		个		1	10.25
305	柱式轮廓标	744		根		0	98.00
306	防撞桶	745	950mm × 950mm	个		0	150.00
307	环氧树脂	746	E-42，E-44，E-51	kg	1	2	28.26

续前页

序号	名 称	代号	规 格	单位	单位质量（kg）	场内运输及操作损耗率（%）	基价（元）
308	PE 防护料	747		kg	1	10	25.00
309	氯化乳胶	748		kg	1	3	5.40
310	水玻璃	749	黏度 40^0 Bel	kg	1	2	0.76
311	磷酸二氢钠	750		kg	1	2	15.76
312	早强剂	751		kg	1	2	2.50
313	黏稠剂	752		kg	1	2	2.81
314	缓凝剂	753		kg	1	2	6.80
315	气密剂	754		kg	1	2	3.50
316	抗剥落剂	755		kg	1	2	30.00
317	聚丙烯纤维	756		kg	1	2	35.00
318	聚丙烯腈纤维	757		kg	1	2	55.00
319	轻型井点总管	761		m	15.63	4	49.40
320	轻型井点管	762		m	3.84	4	21.00
321	土工布	770	4～5m 宽	m^2	0.28	2	5.50
322	玻璃纤维布	771	宽为:1.0～1.37,长为:100～200m	m^2	0.2	2	2.40

续前页

序号	名　　称	代号	规　　格	单位	单位质量（kg）	场内运输及操作损耗率（%）	基价（元）
323	土工格栅	772	宽6m，聚乙烯单向、双向拉伸、聚丙烯双向、玻璃纤维	m^2	450	2	8.50
324	土工格室	773	5~50cm，网格尺寸根据客户需求制作	m^2		2	20.00
325	三维植被网	774	EM2、EM3、EM4、EM5	m^2		2	5.40
326	U形锚钉	775		kg	1	2	6.20
327	塑料防水板	776	厚1.2mm	m^2	2	6	26.00
328	橡胶防水板	777		m^2	2.6	6	35.00
329	塑料板盲沟	778		m		6	12.50
330	PVC塑料管（ϕ50mm）	779		m	0.77	6	8.00
331	PVC塑料管（ϕ100mm）	780		m	2.71	6	13.00
332	PVC阻燃塑料管	781		m		2	11.70
333	塑料软管	782		kg	1	2	16.65
334	塑料弹簧软管（ϕ50mm）	783		m		6	11.30
335	塑料弹簧软管（ϕ80mm）	784		m		6	20.50
336	塑料弹簧软管（ϕ110mm）	785		m		6	33.50

续前页

序号	名 称	代号	规 格	单位	单位质量（kg）	场内运输及操作损耗率（%）	基价（元）
337	塑料波纹管（ϕ100mm）	786	双壁	m		6	14.00
338	塑料波纹管（ϕ200mm）	787	双壁	m		6	55.00
339	塑料波纹管（ϕ400mm）	788	双壁	m		6	80.00
340	塑料打孔波纹管（ϕ100mm）	789		m		6	16.00
341	塑料打孔波纹管（ϕ200mm）	790		m		6	60.00
342	塑料打孔波纹管（ϕ400mm）	791		m		6	98.00
343	金属软管	792		m	0.71	3	5.84
344	橡胶止水带	794	15mm×300mm	m	0.585	2.5	27.27
345	橡胶止水条	795		m		2.5	18.00
346	可挠金属管（LV-5V/38 号）	798		m		6	4.50
347	可挠金属管（LV-5V/50 号）	799		m		6	6.50
348	可挠金属管（LV-5V/63 号）	800		m		6	8.00
349	可挠金属管（LV-5V/76 号）	801		m		6	10.00
350	可挠金属管（LV-5V/83 号）	802		m		6	12.00
351	可挠金属管（LV-5V/101 号）	803		m		6	15.00

续前页

序号	名　　称	代号	规　　格	单位	单位质量（kg）	场内运输及操作损耗率（%）	基价（元）
352	PVC 注浆管	807		m	2	6	1.30
353	塑料排水板	811	96g/m	m	0.18	2	1.40
354	塑料编织带	812	袋装砂井用	m	0.01	5	1.12
355	塑料拉筋带	813	聚丙烯塑料带	t	1000	16.2	13420.00
356	钢拉带	814		t	1000	2	6600.00
357	麻袋	818		个	1.3	1	2.60
358	草袋	819		个	1.8	4	1.09
359	绿篱	820		m		5	36.00
360	草籽	821		kg	1	3	50.00
361	树苗	822		株		5	5.00
362	乔木	823		株		5	15.00
363	灌木	824		株		5	10.00
364	油毛毡	825	400g,0,915m×21.95m	m^2	1.97	2	2.29
365	玻璃钢瓦	826	1300mm×7300mm×1.1mm	m^2	1.1	2	51.81
366	32.5 级水泥	832		t	1000	2	330.00

续前页

序号	名　　称	代号	规　　格	单位	单位质量（kg）	场内运输及操作损耗率（%）	基价（元）
367	42.5 级水泥	833		t	1000	2	380.00
368	52.5 级水泥	834		t	1000	2	450.00
369	白水泥	837		t	1000	2	650.00
370	硝铵炸药	841	1 号、2 号岩石硝铵炸药	kg	1	1	6.90
371	导火线	842	120s/m	m	0.012	6	0.80
372	砂包线	843	ϕ1.2mm	m	0.012	4	0.45
373	母线	844	2.5mm^2	m	0.032	2	1.13
374	普通雷管	845	8 号铜管	个	0.004	3	0.70
375	电雷管	846	6 号瞬发电雷管，带脚线 1.5m	个	0.007	3	0.90
376	非电毫砂雷管	847	导爆管长 3～7m	个	0.007	3	1.52
377	导爆索	848	爆速 6000～7000m/s	m	0.04	2	1.10
378	石油沥青	851		t	1000	3	4100.00
379	改性沥青	852	SBS、SBR、SR 复合	t	1000	3	5400.00
380	乳化沥青	853	阳离子类乳化沥青，阴、阳离子类乳化改性沥青	t	1000	3	3800.00
381	环氧沥青	854		t	1000	3	47500.00

续前页

序号	名　称	代号	规　格	单位	单位质量（kg）	场内运输及操作损耗率（%）	基价（元）
382	纤维稳定剂	856	木质纤维、矿物纤维等	t	1	2	8000.00
383	重油	861		kg	1	2	3.00
384	汽油	862	93 号	kg	1	2	6.67
385	柴油	863	0 号，-10 号，-20 号	kg	1	2	5.99
386	煤	864		t	1000	7	460.00
387	电	865		kw·h		0	1.20
388	水	866		m^3	1000	0	1.50
389	木柴	867		kg	1	5	0.49
390	马赛克	871		m^2	12	2	26.33
391	瓷砖	872	150mm×150mm×8mm	m^2	14	2	30.86
392	石膏板	876	吸音板，600mm×600mm×9mm	m^2	12	5	10.78
393	青(红)砖	877	240mm×115mm×53mm	千块	2600	1	212.00
394	生石灰	891		t	1000	3	160.00
395	土	895	路面用，堆方	m^3	1400	4	10.00
396	砂	897	路面用，堆方	m^3	1500	4	45.00

续前页

序号	名　　称	代号	规　　格	单位	单位质量(kg)	场内运输及操作损耗率(%)	基价(元)
397	中(粗)砂	899	混凝土、砂浆用,堆方	m^3	1430	4	55.00
398	砂砾	902	堆方	m^3	1465	2	35.00
399	天然级配	908	堆方	m^3	1700	2	35.00
400	黏土	911	堆方	m^3	1800	4	12.00
401	膨润土	912		kg	1	2	0.62
402	碎石土	915	天然堆方	m^3	1550	2	19.50
403	砂砾土	916	天然堆方	m^3	1700	2	22.00
404	砾石(2cm)	921	最大粒径2cm,堆方	m^3	1650	2	50.00
405	砾石(4cm)	922	最大粒径4cm,堆方	m^3	1650	2	50.00
406	砾石(6cm)	923	最大粒径6cm,堆方	m^3	1650	2	45.00
407	砾石(8cm)	924	最大粒径8cm,堆方	m^3	1650	2	45.00
408	片石	931	码方	m^3	1600	2	45.00
409	大卵石	935	粒径>8cm,码方	m^3	1750	2	40.00
410	煤矸石	936	堆方	m^3	1450	2	16.00
411	煤渣	937	过筛净渣,堆方	m^3	800	2	16.00

续前页

序号	名　　称	代号	规　　格	单位	单位质量(kg)	场内运输及操作损耗率(%)	基价(元)
412	矿渣	938	堆方	m^3	1050	2	16.00
413	石渣	939	堆方	m^3	1500	2	22.60
414	粉煤灰	945	堆方	m^3	930	3	20.97
415	风化石	948	堆方	m^3	1700	2	18.10
416	矿粉	949	粒径 <0.0074cm，质量比 >70%	t	1000	3	160.00
417	白石子	950	堆方	m^3	1500	2	240.00
418	碎石(2cm)	951	最大粒径 2cm，堆方	m^3	1500	2	65.00
419	碎石(4cm)	952	最大粒径 4cm，堆方	m^3	1500	2	65.00
420	碎石(6cm)	953	最大粒径 6cm，堆方	m^3	1500	2	62.00
421	碎石(8cm)	954	最大粒径 8cm，堆方	m^3	1500	2	60.00
422	碎石	958	未筛分碎石统料，堆方	m^3	1500	2	55.00
423	石屑	961	粒径≤0.8cm，堆方	m^3	1500	2	70.00
424	路面用玄武岩碎石	964	混合规格(1.5cm～3.5cm)	m^3	1720	2	235.00
425	路面用碎石(1.5cm)	965	最大粒径 1.5cm，堆方	m^3	1500	2	75.00
426	路面用碎石(2.5cm)	966	最大粒径 2.5cm，堆方	m^3	1500	2	75.00

续前页

序号	名　　称	代号	规　　格	单位	单位质量(kg)	场内运输及操作损耗率(%)	基价(元)
427	路面用碎石(3.5cm)	967	最大粒径3.5cm,堆方	m^3	1500	2	73.00
428	路面用碎石(5cm)	968	最大粒径5cm,堆方	m^3	1500	2	70.00
429	路面用碎石(6cm)	969	最大粒径6cm,堆方	m^3	1500	2	70.00
430	路面用碎石(7cm)	970	最大粒径7cm,堆方	m^3	1500	2	65.00
431	路面用碎石(8cm)	971	最大粒径8cm,堆方	m^3	1500	2	65.00
432	块石	981	码方	m^3	1850	1.5	85.00
433	盖板石	982	实方	m^3	2600	1	100.00
434	料石	983	实方	m^3	2600		170.00
435	粗料石	984	实方	m^3	2600	1	123.14
436	细料石	985	实方	m^3	2600	1	170.00
437	草皮	995		m^2	100	10	1.80

(四)新材料

序号	名　　称	代号	规　　格	单位	单位质量(kg)	场内运输及操作损耗率(%)	基价(元)
438	干排Ⅱ级粉煤灰	2011		t	1000	3	60.00
439	干排Ⅰ级粉煤灰	2012		t	1000	3	220.00
440	聚氨酯沥青	2015		kg	1	3	30.00

续前页

序号	名　　称	代号	规　　格	单位	单位质量（kg）	场内运输及操作损耗率（%）	基价（元）
441	橡胶改性沥青	2016		kg	1	3	8.00
442	道路密封胶	2017		kg	1	3	14.00
443	SBS 改性沥青碎石冷修补填料	2018		t	1000	3	800.00
444	桥面硅胶防水剂	2019		kg	1	3	36.00
445	乙二胺（EDA）	2021		kg	1	2	27.00
446	二丁脂	2022		kg	1	2	24.00
447	丙酮	2023		kg	1	2	14.00
448	甲基丙烯酸甲酯	2024		kg	1	2	35.50
449	密封胶	2025		kg	1	2	32.00
450	灌缝胶	2026		kg	1	2	32.00
451	ϕ12×120mm 螺栓	2027		套		2	9.00
452	环氧油漆	2028		kg	1	2	28.50
453	黏结胶	2029		kg	1	2	35.00
454	植筋胶	2030		kg	1	2	35.00

续前页

序号	名　称	代号	规　格	单位	单位质量（kg）	场内运输及操作损耗率（%）	基价（元）
455	底胶	2031		kg	1	2	150.00
456	找平胶	2032		kg	1	2	120.00
457	浸渍树脂	2033		kg	1	2	150.00
458	涂饰胶液	2034		kg	1	2	20.00
459	碳纤维布	2035		m^2		3	240.00
460	植筋用胶黏剂	2036		kg	1	2	35.00
461	丙酮清洗液	2037		kg	1	2	25.00
462	80 型毛勒伸缩缝	2041		m		0	530.00
463	160 型毛勒伸缩缝	2042		m		0	2000.00
464	240 型毛勒伸缩缝	2043		m		0	3200.00
465	ϕ70 金刚石钻头	2044		个		0	2000.00
466	ϕ110 金刚石钻头	2045		个		0	2800.00
467	自锚锚头	2046		套		0	1050.00
468	JLM-32 螺栓锚	2047		套		0	88.00
469	WSJ 建筑结构胶	2048		kg		0	95.86

续前页

序号	名　　称	代号	规　　格	单位	单位质量（kg）	场内运输及操作损耗率（%）	基价（元）
470	ICG-1 无机黏结材料	2049		kg		3	8.00
471	防阻块	2051		个		1	18.00
472	波形钢板螺栓	2052		个		2	1.97
473	分设型端头	2053		t	1000	1	11111.00
474	组合型端头	2054		t	1000	1	7500.00
475	活动式钢护栏	2061		m		0	700.00
476	镀锌钢管立柱	2062		t	1000	0	7500.00
477	镀锌钢板网	2065		m^2			92.50
478	焊接钢丝网(网片型)	2066		m^2			35.10
479	焊接钢丝网(卷网型)	2067		m^2			18.25
480	玻璃钢立柱	2068		根			46.06
481	一级反光膜	2071		m^2		10	350.00
482	二级反光膜	2072		m^2		10	175.00
483	三级反光膜	2073		m^2		10	135.00
484	四级反光膜	2074		m^2		10	80.00

续前页

序号	名　　称	代号	规　　格	单位	单位质量（kg）	场内运输及操作损耗率（%）	基价（元）
485	防眩板支架	2081		t	1000	1	7500.00
486	防眩板膨胀螺栓（M14 × 100）	2082		套		4	1.50
487	防眩板膨胀螺栓（M6 ×50）	2083		套		4	0.60
488	附着式轮廓标	2086		块		2	7.00
489	热熔振动标线涂料	2091		kg		3	11.00
490	冷塑路面材料底漆 29550	2092		kg		3	37.00
491	冷塑路面材料面漆 29500	2093		kg		3	45.50
492	防滑砂 67530	2094		kg		3	2.00
493	水泥加压复合吸声板	2095		m^2			380.00
494	铝合金吸声板	2096		m^2			610.00
495	玻璃钢吸声板	2097		m^2			430.00
496	木屑吸声板	2098		m^2			395.00
497	吸声砖	2099		m^2			320.00
498	突起路标（单面）	2101		个		2	9.20

续前页

序号	名　　称	代号	规　　格	单位	单位质量（kg）	场内运输及操作损耗率（%）	基价（元）
499	突起路标（双面）	2102		个		2	10.30
500	水马/砂马	2103		个		2	420.00
501	防撞桶	2104		个		2	480.00
502	化肥	2111	混合规格	t	1000	3	2000.00
503	无纺布	2112	混合规格	m^2		3	2.00
504	煤气	2121		kg			6.50
	（五）半成品						
505	石灰膏			m^3		1	
506	各种厂拌路面稳定土			m^3		4	
507	各种厂拌沥青混合料			m^3		5	
508	各种砂浆			m^3	2000		
	（1）砌筑			m^3		3	
	（2）勾缝			m^3		5	
	（3）抹面			m^3		4	
509	水泥浆			m^3		5	

续前页

序号	名　称	代号	规　格	单位	单位质量（kg）	场内运输及操作损耗率（%）	基价（元）
510	水泥混凝土			m^3			
	（1）现浇无筋混凝土			m^3	2400	3	
	（2）现浇有筋混凝土			m^3	2600	3	
	（3）预制无筋混凝土			m^3	2400	2	
	（4）预制有筋混凝土			m^3	2600	2	
511	混凝土及钢筋混凝土构件			m^3			
	（1）小型构件			m^3	2400	2	
	（2）桥涵上部构造			m^3	2600		
	（3）钢筋混凝土方桩、管桩			m^3	2600	3	

湖 北 省
高速公路养护工程机械台班费用定额
Hubeisheng Gaosu Gonglu Yanghu Gongcheng Jixie Taiban Feiyong Ding′e

（试行）

目　录

说　明

一、本定额是《湖北省高速公路养护工程预算定额(试行)》的配套定额,是编制湖北省高速公路养护工程预算的依据,一般公路养护的大、中修工程可参考使用。

二、本定额包括:路基养护机械,路面养护机械,混凝土及灰浆机械,水平运输机械,起重及垂直运输机械,打桩、钻孔机械,金属、木、石料加工机械,动力机械,其他机械等,共 11 类 874 个子目。

三、本定额中各类机械每台班均按 8h 计算。

四、本定额由以下 7 项费用组成:

1. 折旧费:指机械设备在规定的使用期限内陆续收回其原值的费用。

2. 大修理费:指机械设备按规定的大修理间隔台班必须进行大修理,以恢复其正常功能所需的费用。

3. 经常修理费:指机械设备除大修理以外的各级保养(包括一、二、三级保养)及为排除临时故障所需的费用;为保障机械正常运转所需替换设备、随机使用工具、附具摊销和维护的费用;机械运转与日常保养所需的润滑油脂、擦拭材料(布及棉纱等)费用和机械在规定年工作台班以外的维护、保养费用等。

4. 安装拆卸及辅助设施费:指机械在施工现场进行安装、拆卸所需的人工费、材料费、机械费、试运转费以及安装所需的辅助设施费。辅助设施费包括安置机械的基础、底座及固定锚桩等费用。打桩、钻孔机械在施工过程中的过墩、移位等所发生的安装及拆卸费包括在工程项目费之内;稳定土厂拌设备、沥青乳化设备、黑色粒料拌和机、沥青混合料拌和设备、混凝土搅拌站(楼),塔式起重机、施工电梯的安装、拆卸以及拌和设备、混凝土搅拌站(楼)、大型发电机的混凝土基础、沉淀池、散热池等辅助设施和机械操作所需的轨道、工作台的设置费用，不在此项费用内，在工程项目中另行计算。

5. 人工费：指随机操作人员的工作日工资（包括基本工资、各类津贴、补贴、辅助工资、劳动保护费以及各类保险和住房公积金等）。

6. 动力燃料费：指机械在运转作业中所耗用的电力、固体燃料（煤、木柴）、液体燃料（汽油、柴油、重油）和水等。

7. 车船使用税：车船使用税应按现行国家及湖北省的有关规定计算。

五、本定额中第 1 ~ 4 项费用（折旧费、大修理费、经常修理费、安装拆卸及辅助设施费）为不变费用，编制机械台班单价时不得调整。

六、本定额中第 5 ~ 7 项费用（人工费、动力燃料费、车船使用税）为可变费用，编制机械台班单价时，随机操作人员数量及动力物资消耗量应以本定额中的数值为准。工资标准按《湖北省高速公路养护工程预算编制办法》的规定执行。动力燃料费按当地动力物资的工地预算价格计算。车船使用税，如需缴纳，应按湖北省及国务院有关部门规定的标准，按机械的年工作台班（见下表）计入台班费中。

机械项目	沥青洒布车、汽车式画线车	平板拖车组	液态沥青运输车、散装水泥运输车、混凝土搅拌运输车、混凝土输送泵车、自卸汽车、运油汽车、加油汽车、洒水汽车、拖拉机、汽车式起重机、轮胎式起重机、汽车式钻孔机、内燃拖轮、起重船	载货汽车、机动翻斗车	工程驳船、抛锚船、机动艇、泥浆船
年工作台班	150	160	200	220	230

七、机械自管理部门至工地或自某一工地至另一工地的运杂费，不包括在本定额中。

八、加油及油料过滤的损耗和由变电设备至机械之间的输电线路的电力损失，均已包括在本定额中。

九、本定额中凡注明“××以内”者，均含“××”数本身。定额子目步距起点均由前项开始，如“30以内”、“60以内”、“80以内”等，其中“60以内”指“30以外至60以内”，“80以内”指“60以外至80以内”。

十、本定额的计量单位均执行国家颁布的“中华人民共和国法定计量单位”。

十一、本定额中的基价是不变费用和可变费用的合计数，仅供参考比较之用，不作为编制湖北省高速公路养护工程预算的依据。不变费用是按定额规定编制的，可变费用是结合当前的市场价格综合取定的，可变费用中的人工费、动力燃料费按下表的预算价格计算。

项目	工资（工日）	汽油（kg）	柴油（kg）	重油（kg）	煤（kg）	煤气（kg）	电（kW·h）	水（m^3）	木柴（kg）
预算价格（元）	42.98	6.67	5.99	3.00	0.46	6.50	1.20	1.50	0.49

十二、本定额按照高速公路养护工程中常用的施工机械的规格编制，规格与之相同或相似的，均应直接采用。

一、土、石方工程机械

序号			1	2	3	4	5	6	7	8
代号			1002	1003	1004	1005	1006	1007	1008	1009
机械名称		单位	60kW 以内履带式推土机	75kW 以内履带式推土机	90kW 以内履带式推土机	105kW 以内履带式推土机	135kW 以内履带式推土机	165kW 以内履带式推土机	240kW 以内履带式推土机	320kW 以内履带式推土机
主机型号			T80	TY100	T120A	T140-1 带松土器	T180 带松土器	T220 带松土器	SH320 带松土器	带松土器
不变费用	折旧费	元	54.40	101.41	128.75	136.68	250.44	287.91	450.61	498.50
	大修理费	元	21.53	39.73	50.44	53.55	98.11	112.79	176.53	195.29
	经常修理费	元	55.98	103.30	131.14	139.23	255.09	293.25	354.83	361.29
	安拆及辅助设施费	元	0.59	0.70	0.81	0.95	1.05	1.18	1.29	1.34
	小计	元	132.50	245.14	311.14	330.41	604.69	695.13	983.26	1056.42

续前页

序　　号		1	2	3	4	5	6	7	8
代　　号		1002	1003	1004	1005	1006	1007	1008	1009
机械名称	单位	60kW 以内履带式推土机	75kW 以内履带式推土机	90kW 以内履带式推土机	105kW 以内履带式推土机	135kW 以内履带式推土机	165kW 以内履带式推土机	240kW 以内履带式推土机	320kW 以内履带式推土机
主机型号		T80	TY100	T120A	T140-1 带松土器	T180 带松土器	T220 带松土器	SH320 带松土器	带松土器
可变费用 人工	工日	2.00	2.00	2.00	2.00	2.00	2.00	2.00	2.00
汽油	kg	–	–	–	–	–	–	–	–
柴油	kg	43.68	54.97	65.37	76.52	98.06	120.35	174.57	237.72
重油	kg	–	–	–	–	–	–	–	–
煤气	kg	–	–	–	–	–	–	–	–
煤	kg	–	–	–	–	–	–	–	–
电	kW·h	–	–	–	–	–	–	–	–
水	m^3	–	–	–	–	–	–	–	–
木柴	kg	–	–	–	–	–	–	–	–
车船使用税	元	–	–	–	–	–	–	–	–
定额基价	元	480.10	660.37	788.67	874.72	1278.03	1501.99	2114.89	2566.32

续前页

序号			9	10	11	12	13	14	15	16
代号			1010	1011	1012	1013	1014	1016	1017	1018
机械名称		单位	105kW 以内湿地推土机	135kW 以内湿地推土机	165kW 以内湿地推土机	135kW 以内轮胎式推土机	160kW 以内轮胎式推土机	$4m^3$ 自行式铲运机	$8m^3$ 自行式铲运机	$10m^3$ 自行式铲运机
主机型号			TS140	TS180	TS220	TL180A	TL210A		C1-6	CL7
不变费用	折旧费	元	152.11	250.98	300.70	201.39	245.00	193.00	198.01	261.17
	大修理费	元	50.81	83.83	100.44	63.53	77.29	60.88	62.47	82.39
	经常修理费	元	124.99	206.22	247.08	174.71	212.55	163.16	167.42	220.81
	安拆及辅助设施费	元	0.95	1.05	1.18	1.05	1.18	–	–	–
	小计	元	328.86	542.08	649.40	440.68	536.02	417.04	427.90	564.37
可变费用	人工	工日	2.00	2.00	2.00	2.00	2.00	2.00	2.00	2.00
	汽油	kg	–	–	–	–	–	–	–	–
	柴油	kg	76.52	98.06	120.35	98.06	114.40	47.06	70.40	91.67
	重油	kg	–	–	–	–	–	–	–	–
	煤气	kg	–	–	–	–	–	–	–	–
	煤	kg	–	–	–	–	–	–	–	–
	电	kW·h	–	–	–	–	–	–	–	–
	水	m^3	–	–	–	–	–	–	–	–
	木柴	kg	–	–	–	–	–	–	–	–
	车船使用税	元	–	–	–	–	–	–	–	–
定额基价		元	873.17	1215.42	1456.26	1114.02	1307.24	784.89	935.56	1199.43

续前页

序号			17	18	19	20	21	22	23	24
代号			1019	1020	1022	1023	1024	1025	1027	1028
机械名称		单位	$12m^3$ 自行式铲运机	$23m^3$ 自行式铲运机	$3m^3$ 以内拖式(含头)铲运机	$8m^3$ 以内拖式(含头)铲运机	$10m^3$ 以内拖式(含头)铲运机	$12m^3$ 以内拖式(含头)铲运机	$0.6m^3$ 履带式单斗挖掘机	$0.8m^3$ 履带式单斗挖掘机
主机型号			621B,CL9	631D	C2-3A,CTY3	C2-6,CTY6	CT-7	CT-10	WY60 液压	WY80 液压
不变费用	折旧费	元	316.82	996.29	53.36	155.40	221.07	296.82	101.35	204.16
	大修理费	元	99.94	225.96	22.23	64.08	91.16	122.40	36.57	73.67
	经常修理费	元	267.84	474.52	73.14	210.82	299.92	402.70	81.92	155.44
	安拆及辅助设施费	元	–	–	0.54	0.68	0.83	0.95	–	–
	小计	元	684.60	1696.77	149.27	430.98	612.98	822.87	219.84	433.27
可变费用	人工	工日	2.00	2.00	2.00	2.00	2.00	2.00	2.00	2.00
	汽油	kg	–	–	–	–	–	–	–	–
	柴油	kg	129.60	176.54	44.00	59.20	76.27	96.80	37.09	55.32
	重油	kg	–	–	–	–	–	–	–	–
	煤气	kg	–	–	–	–	–	–	–	–
	煤	kg	–	–	–	–	–	–	–	–
	电	kW·h	–	–	–	–	–	–	–	–
	水	m^3	–	–	–	–	–	–	–	–
	木柴	kg	–	–	–	–	–	–	–	–
	车船使用税	元	–	–	–	–	–	–	–	–
定额基价		元	1546.86	2840.20	498.79	871.55	1155.80	1488.66	527.97	850.60

续前页

序号			25	26	27	28	29	30	31	32
代号			1029	1030	1031	1032	1033	1035	1036	1037
机械名称		单位	$1.0m^3$ 履带式 单斗挖掘机	$1.25m^3$ 履带式 单斗挖掘机	$1.6m^3$ 履带式 单斗挖掘机	$2.0m^3$ 履带式 单斗挖掘机	$2.5m^3$ 履带式 单斗挖掘机	$1.0m^3$ 履带式 单斗挖掘机	$1.5m^3$ 履带式 单斗挖掘机	$2.0m^3$ 履带式 单斗挖掘机
主机型号			WY100 液压	WY125 液压	WY160 液压	WY200A 液压	WY250	WK100 机械		W200A 机械
不变费用	折旧费	元	216.32	227.72	235.35	255.00	278.29	173.17	185.93	360.72
	大修理费	元	78.05	82.17	84.92	92.01	100.42	62.49	67.09	130.16
	经常修理费	元	164.69	173.38	179.18	194.14	211.89	173.72	186.51	361.84
	安拆及辅助设施费	元	–	–	–	–	–	1.77	2.22	2.66
	小计	元	459.06	483.27	499.45	541.15	590.60	411.15	441.75	855.38
可变费用	人工	工日	2.00	2.00	2.00	2.00	2.00	2.00	2.00	2.00
	汽油	kg	–	–	–	–	–	–	–	–
	柴油	kg	74.91	80.35	89.89	92.19	160.03	64.53	86.54	92.19
	重油	kg	–	–	–	–	–	–	–	–
	煤气	kg	–	–	–	–	–	–	–	–
	煤	kg	–	–	–	–	–	–	–	–
	电	kW·h	–	–	–	–	–	–	–	–
	水	m^3	–	–	–	–	–	–	–	–
	木柴	kg	–	–	–	–	–	–	–	–
	车船使用税	元	–	–	–	–	–	–	–	–
定额基价		元	993.73	1050.53	1123.85	1179.33	1635.14	883.64	1046.08	1493.56

续前页

	序号		33	34	35	36	37	38	39	40
	代号		1040	1041	1045	1046	1047	1048	1049	1050
	机械名称	单位	$0.2m^3$ 轮胎式 单斗挖掘机	$0.4m^3$ 轮胎式 单斗挖掘机	$2.0m^3$ 履带式 装载机	$3.2m^3$ 履带式 装载机	$0.5m^3$ 轮胎式 装载机	$1.0m^3$ 轮胎式 装载机	$1.5m^3$ 轮胎式 装载机	$2.0m^3$ 轮胎式 装载机
	主机型号		WY20 液压	WY40 液压	Z2-3.5,ZY40	ZY65	ZL10	ZL20	ZL30	ZL40
不变费用	折旧费	元	44.21	50.76	254.63	355.67	38.73	46.48	59.95	82.52
	大修理费	元	22.79	26.16	92.40	114.40	12.14	14.57	18.79	25.86
	经常修理费	元	60.62	69.59	231.00	286.00	43.22	51.87	65.01	92.06
	安拆及辅助设施费	元	–	–	–	–	–	–	–	–
	小计	元	127.62	146.51	578.03	756.07	94.09	112.92	143.75	200.44
可变费用	人工	工日	2.00	2.00	2.00	2.00	1.00	1.00	1.00	1.00
	汽油	kg	–	–	–	–	–	–	–	–
	柴油	kg	22.00	29.54	58.63	94.12	33.43	49.03	65.37	92.86
	重油	kg	–	–	–	–	–	–	–	–
	煤气	kg	–	–	–	–	–	–	–	–
	煤	kg	–	–	–	–	–	–	–	–
	电	kW·h	–	–	–	–	–	–	–	–
	水	m^3	–	–	–	–	–	–	–	–
	木柴	kg	–	–	–	–	–	–	–	–
	车船使用税	元	–	–	–	–	–	–	–	–
	定额基价	元	345.36	409.41	1015.18	1405.81	337.32	449.59	578.30	799.65

续前页

序号			41	42	43	44	45	46	47	48
代号			1051	1052	1053	1054	1056	1057	1058	1059
机械名称		单位	$3.0m^3$ 轮胎式装载机	$3.5m^3$ 轮胎式装载机	$2.0m^3$ 轮胎式装载机	$3.0m^3$ 轮胎式装载机	90kW 以内平地机	120kW 以内平地机	150kW 以内平地机	200kW 以内平地机
主机型号			ZL50	ZL60	ZLD40 三向倾卸	ZLD50 三向倾卸	F105	F155	F205	F250
不变费用	折旧费	元	99.36	114.61	112.83	138.09	111.15	169.75	209.43	277.77
	大修理费	元	31.14	35.92	34.90	42.71	35.06	53.55	66.07	87.63
	经常修理费	元	110.86	127.88	99.47	121.72	120.96	184.75	227.94	302.32
	安拆及辅助设施费	元	–	–	–	–	–	–	–	–
	小计	元	241.36	278.41	247.20	302.52	267.17	408.05	503.44	667.72
可变费用	人工	工日	2.00	2.00	2.00	2.00	2.00	2.00	2.00	2.00
	汽油	kg	–	–	–	–	–	–	–	–
	柴油	kg	115.15	128.52	104.40	123.74	60.35	82.13	98.27	134.20
	重油	kg	–	–	–	–	–	–	–	–
	煤气	kg	–	–	–	–	–	–	–	–
	煤	kg	–	–	–	–	–	–	–	–
	电	kW·h	–	–	–	–	–	–	–	–
	水	m^3	–	–	–	–	–	–	–	–
	木柴	kg	–	–	–	–	–	–	–	–
	车船使用税	元	–	–	–	–	–	–	–	–
定额基价		元	1017.07	1134.20	958.52	1129.68	714.63	985.97	1178.04	1557.54

续前页

序号			49	50	51	52	53	54	55	56
代号			1060	1062	1063	1064	1065	1066	1067	1068
机械名称		单位	220kW 以内平地机	60kW 以内履带式拖拉机	75kW 以内履带式拖拉机	90kW 以内履带式拖拉机	120kW 以内履带式拖拉机	135kW 以内履带式拖拉机	165kW 以内履带式拖拉机	240kW 以内履带式拖拉机
主机型号									NT855-C280	NTA-855C
不变费用	折旧费	元	330.90	24.86	62.16	104.67	115.85	152.21	236.44	357.69
	大修理费	元	104.39	10.77	26.92	45.32	50.16	65.91	102.38	154.88
	经常修理费	元	360.15	28.86	72.15	121.46	134.43	176.64	274.38	415.08
	安拆及辅助设施费	元	–	–	–	–	–	–	–	–
	小计	元	795.44	64.49	161.23	271.45	300.44	394.76	613.20	927.65
可变费用	人工	工日	2.00	2.00	2.00	2.00	2.00	2.00	2.00	2.00
	汽油	kg	–	–	–	–	–	–	–	–
	柴油	kg	161.34	43.27	54.27	64.53	74.17	82.97	121.00	176.00
	重油	kg	–	–	–	–	–	–	–	–
	煤气	kg	–	–	–	–	–	–	–	–
	煤	kg	–	–	–	–	–	–	–	–
	电	kW·h	–	–	–	–	–	–	–	–
	水	m^3	–	–	–	–	–	–	–	–
	木柴	kg	–	–	–	–	–	–	–	–
	车船使用税	元	–	–	–	–	–	–	–	–
定额基价		元	1847.83	409.64	572.27	743.94	830.68	977.71	1423.95	2067.85

续前页

序号			57	58	59	60	61	62	63	64
代号			1069	1070	1072	1073	1075	1076	1077	1078
机械名称		单位	21kW 以内轮胎式拖拉机	41kW 以内轮胎式拖拉机	3t 以内的拖式羊足碾（含头）	6t 以内的拖式羊足碾（含头）	6~8t 光轮压路机	8~10t 光轮压路机	10~12t 光轮压路机	12~15t 光轮压路机
主机型号					单筒	双筒	2Y-6/8	2Y-8/10	3Y-10/12	3Y-12/15
不变费用	折旧费	元	14.67	26.01	66.57	69.96	47.62	52.03	65.03	72.75
	大修理费	元	8.74	15.50	28.83	30.29	14.24	15.55	19.44	21.75
	经常修理费	元	18.44	32.71	77.26	81.18	45.71	49.92	62.40	69.82
	安拆及辅助设施费	元	–	–	–	–	–	–	–	–
	小计	元	41.85	74.22	172.66	181.43	107.57	117.50	146.87	164.32
可变费用	人工	工日	1.00	1.00	2.00	2.00	1.00	1.00	1.00	1.00
	汽油	kg	–	–	–	–	–	–	–	–
	柴油	kg	15.40	29.33	42.29	50.74	19.33	23.20	33.71	40.46
	重油	kg	–	–	–	–	–	–	–	–
	煤气	kg	–	–	–	–	–	–	–	–
	煤	kg	–	–	–	–	–	–	–	–
	电	kW·h	–	–	–	–	–	–	–	–
	水	m^3	–	–	–	–	–	–	–	–
	木柴	kg	–	–	–	–	–	–	–	–
	车船使用税	元	–	–	–	–	–	–	–	–
定额基价		元	177.08	292.89	511.94	571.32	266.34	299.45	391.77	449.66

续前页

序号			65	66	67	68	69	70	71	72
代号			1079	1080	1081	1083	1085	1086	1087	1088
机械名称		单位	15～18t 光轮压路机	18～21t 光轮压路机	21～25t 光轮压路机	0.6t 手扶式振动碾	6t 以内振动压路机	8t 以内振动压路机	10t 以内振动压路机	15t 以内振动压路机
主机型号			3Y-15/18	3Y-18/21	3Y-21/25	YZS06B	YZC5	YZ8	YZJ10B	CA25PD
不变费用	折旧费	元	77.60	85.10	96.12	10.64	66.30	84.88	91.18	121.25
	大修理费	元	23.20	25.44	28.74	5.65	25.98	33.25	35.72	47.50
	经常修理费	元	74.47	81.66	92.26	21.81	80.02	102.41	110.02	146.30
	安拆及辅助设施费	元	–	–	–	–	–	–	–	–
	小计	元	175.27	192.20	217.12	38.10	172.30	220.54	236.92	315.05
可变费用	人工	工日	1.00	1.00	1.00	1.00	2.00	2.00	2.00	2.00
	汽油	kg	–	–	–	–	–	–	–	–
	柴油	kg	50.74	59.20	70.40	2.96	24.27	41.07	59.20	73.60
	重油	kg	–	–	–	–	–	–	–	–
	煤气	kg	–	–	–	–	–	–	–	–
	煤	kg	–	–	–	–	–	–	–	–
	电	kW·h	–	–	–	–	–	–	–	–
	水	m^3	–	–	–	–	–	–	–	–
	木柴	kg	–	–	–	–	–	–	–	–
	车船使用税	元	–	–	–	–	–	–	–	–
定额基价		元	522.18	589.79	681.80	98.81	403.64	552.51	677.49	841.87

续前页

序号			73	74	75	76	77	78	79	80
代号			1089	1092	1094	1095	1097	1098	1099	1101
机械名称		单位	20t 以内 振动压路机	15t 拖式振动碾 （含头）	夯击功 200 ~ 620N · m 蛙式夯土机	夯足直径 265mm 内 燃夯土机	1200kN · m 以内强夯 机械	2000kN · m 以内强夯 机械	3000kN · m 以内强夯 机械	手持式 风动凿岩机
主机型号			YZ18A， YZJ19A	TZT16（K）	HW-280	HB-120	带 10t 夯锤头	带 15t 夯锤头	带 20t 夯锤头	
不变费用	折旧费	元	149.38	252.20	3.67	4.33	247.95	529.37	565.94	2.59
	大修理费	元	58.52	104.00	0.96	1.13	33.49	71.49	76.43	1.54
	经常修理费	元	180.24	291.20	4.45	5.24	76.02	221.62	236.93	10.86
	安拆及辅助设施费	元	–	0.74	–	–	3.77	5.67	7.56	–
	小计	元	388.14	648.14	9.08	10.70	361.23	828.15	886.86	14.99
可变费用	人工	工日	2.00	2.00	–	–	2.00	2.00	2.00	–
	汽油	kg	–	–	–	–	–	–	–	–
	柴油	kg	105.60	130.40		1.60	33.71	42.86	59.43	
	重油	kg	–	–	–	–	–	–	–	–
	煤气	kg	–	–	–	–	–	–	–	–
	煤	kg	–	–	–	–	–	–	–	–
	电	kW·h	–	–	17.34	–	–	–	–	–
	水	m^3	–	–	–	–	–	–	–	–
	木柴	kg	–	–	–	–	–	–	–	–
	车船使用税	元	–	–	–	–	–	–	–	–
定额基价		元	1106.64	1515.20	29.89	20.28	649.11	1170.84	1328.81	14.99

续前页

序号			81	82	83	84	85	86	87	88
代号			1102	1103	1104	1105	1108	1109	1112	1113
机械名称		单位	气腿式风动凿岩机	导轨式风动凿岩机	电动凿岩机	内燃式凿岩机	轮胎式MINB027PRL两臂凿岩台车	轮胎式H178三臂凿岩台车	38~76mm液压潜孔钻机	38~115mm液压潜孔钻机
主机型号			7655	YG250	YDT30	YN30A	机动+电动(104)	机动+电动(160)	YYG120含支架	YYG150含支架
不变费用	折旧费	元	3.19	13.55	3.63	4.32	1842.58	2046.35	37.30	68.80
	大修理费	元	1.89	8.04	2.15	1.28	718.04	797.45	13.60	25.08
	经常修理费	元	13.32	56.68	15.16	9.22	1945.89	2161.09	28.56	52.67
	安拆及辅助设施费	元	–	–	–	–	6.26	8.35	0.83	0.83
	小计	元	18.40	78.27	20.94	14.82	4512.77	5013.24	80.29	147.38
可变费用	人工	工日	–	–	–	–	4.00	4.00	1.00	1.00
	汽油	kg	–	–	–	–				
	柴油	kg	–	–	–	9.39	29.57	41.91	32.80	44.00
	重油	kg	–	–	–	–	–	–	–	–
	煤气	kg	–	–	–	–	–	–	–	–
	煤	kg	–	–	–	–	–	–	–	–
	电	kW·h	–	–	12.45	–	421.91	649.09	–	–
	水	m^3	–	–	–	–	–	–	–	–
	木柴	kg	–	–	–	–	–	–	–	–
	车船使用税	元	–	–	–	–	–	–	–	–
定额基价		元	18.40	78.27	35.88	71.07	5368.11	6215.11	319.74	453.92

续前页

序号			89	90	91	92	93	94	95	96
代号			1114	1115	1118	1119	1120	1124	1127	1128
机械名称		单位	100mm 以内履带式潜孔钻车	150mm 以内履带式潜孔钻车	38 ~ 105mm 液压锚固钻机	38 ~ 170mm 液压锚固钻机	38 ~ 200mm 液压锚固钻机	机动装药台车	0.2m³ 以内电动装岩机	0.4m³ 以内电动装岩机
主机型号			液压 CLQ15	液压 CLQ15A	YMG100	YMG150A	YMD-1	BCJ-4		
不变费用	折旧费	元	89.14	96.00	23.77	27.89	38.86	296.39	20.44	26.22
	大修理费	元	24.33	26.20	8.42	9.88	13.76	91.67	8.52	10.93
	经常修理费	元	45.50	45.06	17.68	20.75	28.90	248.43	14.48	18.58
	安拆及辅助设施费	元	–	–	0.35	0.50	0.59	–	–	–
	小计	元	158.97	167.26	50.22	59.02	82.11	636.49	43.44	55.73
可变费用	人工	工日	1.00	1.00	1.00	1.00	1.00	2.00	2.00	2.00
	汽油	kg								
	柴油	kg	46.80	50.40	–	–	–	32.80	–	–
	重油	kg	–	–	–	–	–	–	–	–
	煤气	kg	–	–	–	–	–	–	–	–
	煤	kg	–	–	–	–	–	–	–	–
	电	kW·h	–	–	85.01	104.85	178.53	–	64.75	86.33
	水	m³	–	–	–	–	–	–	–	–
	木柴	kg	–	–	–	–	–	–	–	–
	车船使用税	元	–	–	–	–	–	–	–	–
定额基价		元	482.28	512.14	195.21	227.82	339.33	918.92	207.10	245.29

续前页

序号			97	98	99	100	101	102	103	104
代号			1129	1130	1131	1135	1136	1137	1138	1139
机械名称		单位	0.6m³ 以内电动装岩机	0.2m³ 以内汽动装岩机	0.5m³ 以内汽动装岩机	风动锻纤机	液压锻钎机	电动钻头磨床	电动修钎机	机动液压喷播机
主机型号							421-120	M691		CYP-4456
不变费用	折旧费	元	26.70	14.46	22.38	9.84	16.15	5.84	23.07	47.20
	大修理费	元	11.13	6.02	9.33	4.30	7.40	2.68	6.15	6.39
	经常修理费	元	18.92	12.40	19.22	3.01	5.18	5.63	4.18	
	安拆及辅助设施费	元	–	–	–	0.95	0.95	0.57	–	–
	小计	元	56.75	32.88	50.93	18.10	29.68	14.72	33.40	53.59
可变费用	人工	工日	2.00	2.00	2.00	2.00	2.00	1.00	2.00	1.00
	汽油	kg	–	–	–	–	–	–	–	–
	柴油	kg	–	–	–	–	–	–	–	21.14
	重油	kg	–	–	–	–	–	–	–	–
	煤气	kg	–	–	–	–	–	–	–	–
	煤	kg	–	–	–	–	–	–	–	–
	电	kW·h	114.08	–	–	–	83.71	11.56	80.94	–
	水	m³	–	–	–	–	–	–	–	–
	木柴	kg	–	–	–	–	–	–	–	–
	车船使用税	元	–	–	–	–	–	–	–	–
定额基价		元	279.61	118.84	136.89	104.06	216.09	71.57	216.49	223.20

续前页

序号			105	106	107	108	109	110	111
代号			2301	2302	2303	2305	2307	2309	2312
机械名称		单位	$0.6m^3$ 轮胎式单斗挖掘机	破碎机（W4-60C挖掘机，动力）	挖掘装载机（挖斗 $0.4m^3$，铲斗 $1.0m^3$）	140kW 以内平地机	16t 冲击式压实机	液压凿岩机	75～150mm 工程勘察锚杆钻机
主机型号			W4-60C	SB43 破碎锤	W40-16	PY160G	6830	QL-Y28（40mm 内）	MGS-30
不变费用	折旧费	元	153.58	179.85	50.52	202.08	363.75	44.05	22.63
	大修理费	元	38.00	41.67	12.50	66.67	90.00	4.17	4.17
	经常修理费	元	93.10	102.08	35.63	166.67	243.00	8.75	8.75
	安拆及辅助设施费	元	–	–	–	–	–	–	–
	小计	元	284.68	323.60	98.65	435.42	696.75	56.97	35.55
可变费用	人工	工日	2.00	1.00	2.00	2.00	2.00	1.00	2.00
	汽油	kg	–	–	–	–	–	–	–
	柴油	kg	47.77	47.77	37.91	92.85	204.11	–	8.89
	重油	kg	–		–	–	–	–	–
	煤气	kg	–	–	–	–	–	–	–
	煤	kg	–	–	–	–	–	–	–
	电	kW·h	–	–	–	–	–	10.44	–
	水	m^3	–	–	–	–	–	–	–
	木柴	kg	–	–	–	–	–	–	–
	车船使用税	元	–	–	–	–	–	–	–
定额基价		元	656.78	652.72	411.69	1077.55	2005.33	112.48	174.76

二、路面工程机械

序　　号			112	113	114	115	116	117	118	119
代　　号			1151	1152	1153	1154	1155	1157	1158	1159
机械名称		单位	88kW 以内稳定土拌和机	118kW 以内稳定土拌和机	135kW 以内稳定土拌和机	165kW 以内稳定土拌和机	235kW 以内稳定土拌和机	50t/h 以内稳定土厂拌设备	100t/h 以内稳定土厂拌设备	200t/h 以内稳定土厂拌设备
主机型号			WBL-190	WB210	WB210	WB220	WB230	WBC-50	WBC-100	WBC-200
不变费用	折旧费	元	87.30	135.73	209.80	296.59	397.41	79.95	123.59	184.30
	大修理费	元	32.58	50.65	78.30	110.69	148.31	26.05	38.99	56.24
	经常修理费	元	82.75	128.65	198.88	281.15	376.71	74.24	111.12	160.28
	安拆及辅助设施费	元	–	–	–	–	–	–	–	–
	小计	元	202.63	315.03	486.98	688.43	922.43	180.24	273.70	400.82

续前页

序号			112	113	114	115	116	117	118	119
代号			1151	1152	1153	1154	1155	1157	1158	1159
机械名称		单位	88kW 以内稳定土拌和机	118kW 以内稳定土拌和机	135kW 以内稳定土拌和机	165kW 以内稳定土拌和机	235kW 以内稳定土拌和机	50t/h 以内稳定土厂拌设备	100t/h 以内稳定土厂拌设备	200t/h 以内稳定土厂拌设备
主机型号			WBL-190	WB210	WB210	WB220	WB230	WBC-50	WBC-100	WBC-200
可变费用	人工	工日	2.00	2.00	2.00	2.00	2.00	3.00	4.00	4.00
	汽油	kg	–	–	–	–	–	–	–	–
	柴油	kg	55.32	74.17	84.86	103.72	147.72	–	–	–
	重油	kg	–	–	–	–	–	–	–	–
	煤气	kg	–	–	–	–	–	–	–	–
	煤	kg	–	–	–	–	–	–	–	–
	电	kW·h	–	–	–	–	–	141.08	203.90	397.57
	水	m^3	–	–	–	–	–	–	–	–
	木柴	kg	–	–	–	–	–	–	–	–
	车船使用税	元	–	–	–	–	–	–	–	–
定额基价		元	619.96	845.27	1081.25	1395.67	1893.23	478.48	690.30	1049.82

续前页

序号			120	121	122	123	124	125	126	127
代号			1160	1161	1162	1164	1165	1166	1168	1169
机械名称		单位	300t/h 以内稳定土厂拌设备	400t/h 以内稳定土厂拌设备	500t/h 以内稳定土厂拌设备	7.5m 以内稳定土摊铺机	9.5m 以内稳定土摊铺机	12.5m 以内稳定土摊铺机	1000L/h 以内沥青乳化机	3000L/h 以内沥青乳化机
主机型号			WBC-300	WBC-400	WBZ500	WTU75	WTU95	WTU125	LR-500	RH-A
不变费用	折旧费	元	213.40	252.20	368.60	460.75	693.55	873.00	4.38	5.64
	大修理费	元	62.92	71.76	104.88	152.00	228.80	288.00	1.82	2.36
	经常修理费	元	179.32	204.52	298.91	299.44	450.74	567.36	3.64	4.72
	安拆及辅助设施费	元	–	–	–	–	–	–	–	–
	小计	元	455.64	528.48	772.39	912.19	1373.09	1728.36	9.84	12.72
可变费用	人工	工日	4.00	4.00	4.00	2.00	2.00	2.00	1.00	1.00
	汽油	kg	–	–	–	–	–	–	–	–
	柴油	kg	–	–	–	54.86	85.94	136.41	–	–
	重油	kg	–	–	–	–	–	–	–	–
	煤气	kg	–	–	–	–	–	–	–	–
	煤	kg	–	–	–	–	–	–	–	–
	电	kW·h	539.56	681.55	766.74	–	–	–	9.74	35.70
	水	m^3	–	–	–	–	–	–	–	–
	木柴	kg	–	–	–	–	–	–	–	–
	车船使用税	元	–	–	–	–	–	–	–	–
定额基价		元	1275.03	1518.26	1864.40	1326.76	1973.83	2631.42	64.51	98.54

续前页

序号			128	129	130	131	132	133	134	135
代号			1170	1172	1174	1175	1176	1177	1178	1180
机械名称		单位	6000L/h 以内沥青乳化机	6000L/h 以内沥青乳化设备	20～40t/班导热油加热沥青设备	40～60t/班导热油加热沥青设备	60～80t/班导热油加热沥青设备	80～100t/班导热油加热沥青设备	100～140t/班导热油加热沥青设备	4t/h 沥青脱桶设备
主机型号			LRJ-6A	LRMZ-6 含罐	QXG-25	QXL-40	QXL-60	QXL-80	QXL-100	LT3
不变费用	折旧费	元	8.40	173.79	129.87	193.73	230.64	251.39	335.46	107.78
	大修理费	元	3.52	75.25	16.07	23.97	28.53	31.10	41.50	13.33
	经常修理费	元	7.04	150.50	46.60	69.51	82.74	90.19	120.35	38.66
	安拆及辅助设施费	元	–	–	–	–	–	–	–	–
	小计	元	18.96	399.54	192.54	287.21	341.91	372.68	497.31	159.77
可变费用	人工	工日	1.00	2.00	1.00	1.00	2.00	2.00	2.00	2.00
	汽油	kg	–	–	–	–	–	–	–	–
	柴油	kg	–	–	–	–	–	–	–	113.60
	重油	kg	–	–	–	–	–	–	–	–
	煤气	kg	–	–	–	–	–	–	–	–
	煤	kg	–	–	306.00	437.00	524.00	743.00	1048.00	–
	电	kW·h	110.35	242.76	151.08	205.04	215.83	345.33	379.86	97.12
	水	m^3	–	–	–	–	–	–	–	–
	木柴	kg	–	–	–	–	–	–	–	–
	车船使用税	元	–	–	–	–	–	–	–	–
定额基价		元	194.36	776.81	557.58	777.26	927.91	1214.82	1521.18	1042.74

续前页

序号			136	137	138	139	140	141	142	143
代号			1181	1183	1185	1186	1187	1188	1190	1191
机械名称		单位	6t/h 沥青脱桶设备	石屑撒布机（宽度 1 ~ 3m）	4000L 以内液态沥青运输车	7000L 以内液态沥青运输车	9000L 以内液态沥青运输车	22000L 以内液态沥青运输车	500L 以内沥青洒布机	1000L 以内沥青洒布机
主机型号			LT5	SA3	LYZ-4000	YLY-7000	YLY-9000	CZL9350	LS-500	LSA-1000A
不变费用	折旧费	元	123.94	175.92	59.69	116.38	147.00	355.25	11.06	14.46
	大修理费	元	15.33	54.41	24.61	47.98	60.60	146.45	2.14	2.82
	经常修理费	元	44.46	163.23	86.14	167.93	212.10	512.58	4.28	5.64
	安拆及辅助设施费	元	–	–	–	–	–	–	–	–
	小计	元	183.73	393.56	170.44	332.29	419.70	1014.28	17.48	22.92
可变费用	人工	工日	2.00	2.00	1.00	1.00	1.00	1.00	–	–
	汽油	kg	–	–	34.28	–	–	–	–	–
	柴油	kg	174.70	32.69	–	45.26	53.94	53.94	2.35	4.27
	重油	kg	–	–	–	–	–	–	–	–
	煤气	kg	–	–	–	–	–	–	–	–
	煤	kg	–	–	–	–	–	–	–	–
	电	kW·h	118.71	–	–	–	–	–	–	–
	水	m^3	–	–	–	–	–	–	–	–
	木柴	kg	–	–	–	–	–	–	–	–
	车船使用税	元	–	–	–	–	–	–	–	–
定额基价		元	1458.60	675.33	442.07	646.38	785.78	1380.36	31.56	48.50

续前页

序号			144	145	146	147	148	149	150	151
代号			1192	1193	1194	1195	1197	1198	1199	1201
机械名称		单位	2000L 以内沥青洒布车	4000L 以内沥青洒布车	6000L 以内沥青洒布车	8000L 以内沥青洒布车	15t/h 以内电动黑色粒料拌和机	25t/h 以内电动黑色粒料拌和机	25t/h 以内机动黑色粒料拌和机	30t/h 以内沥青混合料拌和设备
主机型号			LS-1700	LS-3500	LS-6000	LS-7500	HB10,HB15	DHHB-25	HHB-25	LB-30
不变费用	折旧费	元	89.83	102.06	145.37	186.36	149.54	258.67	282.92	634.54
	大修理费	元	20.53	19.27	34.12	43.74	19.27	32.00	44.04	78.50
	经常修理费	元	61.59	57.81	102.36	131.22	49.33	81.92	123.31	227.65
	安拆及辅助设施费	元	–	–	–	–	–	–	–	–
	小计	元	171.95	179.14	281.85	361.32	218.14	372.59	450.27	940.69
可变费用	人工	工日	1.00	1.00	1.00	1.00	3.00	4.00	4.00	5.00
	汽油	kg	26.94	34.28	–	–	–	–	–	–
	柴油	kg	–	–	41.49	49.45	–	–	57.12	–
	重油	kg	–	–	–	–	448.80	748.00	748.00	897.60
	煤气	kg	–	–	–	–	–	–	–	–
	煤	kg	–	–	–	–	–	–	–	–
	电	kW·h	–	–	–	–	173.63	476.33	–	606.06
	水	m^3	–	–	–	–	–	–	–	–
	木柴	kg	–	–	–	–	–	–	–	–
	车船使用税	元	–	–	–	–	–	–	–	–
定额基价		元	394.62	450.77	573.36	700.51	1901.84	3360.11	3208.34	4575.66

续前页

序号			152	153	154	155	156	157	158	159
代号			1202	1203	1207	1209	1210	1211	1212	1214
机械名称		单位	60t/h 以内沥青混合料拌和设备	80t/h 以内沥青混合料拌和设备	320t/h 以内沥青混合料拌和设备	3.6m 以内普通沥青混合料摊铺机	4.5m 以内普通沥青混合料摊铺机	4.5m 内自动找平沥青混合料摊铺机	6.0m 内自动找平沥青混合料摊铺机	12.5m 以内自动找平沥青混合料摊铺机
主机型号			LB800	LB1000	H40000	LTU4	LT-6A	2LTZ45	S1500,S1502	S2000
不变费用	折旧费	元	959.22	1277.17	6455.89	106.70	167.06	402.82	679.00	1266.39
	大修理费	元	118.67	158.00	798.67	43.12	67.51	124.58	210.00	391.67
	经常修理费	元	344.14	458.20	2316.14	84.95	132.99	245.42	413.70	771.59
	安拆及辅助设施费	元	–	–	–	–	–	–	–	–
	小计	元	1422.03	1893.37	9570.70	234.77	367.56	772.82	1302.70	2429.65
可变费用	人工	工日	6.00	6.00	6.00	2.00	2.00	3.00	3.00	3.00
	汽油	kg	–	–	–	–	–	–	–	–
	柴油	kg	–	–	–	27.43	32.00	42.06	46.63	136.41
	重油	kg	1795.20	2393.60	9574.40	–	–	–	–	–
	煤气	kg	–	–	–	–	–	–	–	–
	煤	kg	–	–	–	–	–	–	–	–
	电	kW·h	1318.11	1560.92	5917.61	–	–	–	–	–
	水	m^3	–	–	–	–	–	–	–	–
	木柴	kg	–	–	–	–	–	–	–	–
	车船使用税	元	–	–	–	–	–	–	–	–
定额基价		元	8647.24	11205.15	45652.91	485.04	645.20	1153.70	1710.95	3375.69

续前页

序号			160	161	162	163	164	165	166	167
代号			1216	1218	1219	1220	1223	1224	1225	1227
机械名称		单位	摊铺宽度 2.5～3.5m 稀浆封层机	10t 以内 双钢轮 振动压路机	12t 以内 双钢轮 振动压路机	15t 以内 双钢轮 振动压路机	9～16t 轮胎式 压路机	16～20t 轮胎式 压路机	20～25t 轮胎式 压路机	热熔标线设备(含热熔标线车 BJ-130，油涂抹器动力等)
主机型号			RF80 47kW	YZC-10	YZC-12	YZC-15	YL16	YL20	YL27	
不变费用	折旧费	元	851.44	188.18	226.98	300.70	87.30	101.41	130.07	102.82
	大修理费	元	263.33	73.72	88.92	117.80	45.00	52.27	67.05	16.07
	经常修理费	元	950.65	227.06	273.87	362.82	179.55	208.56	267.53	56.25
	安拆及辅助设施费	元	–	–	–	–	–	–	–	–
	小计	元	2065.42	488.96	589.77	781.32	311.85	362.24	464.65	175.14
可变费用	人工	工日	2.00	2.00	2.00	2.00	1.00	1.00	1.00	2.00
	汽油	kg	–	–	–	–	–	–	–	45.43
	柴油	kg	103.62	54.86	63.77	80.92	33.71	42.29	50.29	–
	重油	kg	–	–	–	–	–	–	–	–
	煤气	kg	–	–	–	–	–	–	–	–
	煤	kg	–	–	–	–	–	–	–	–
	电	kW·h	–	–	–	–	–	–	–	–
	水	m^3	–	–	–	–	–	–	–	–
	木柴	kg	–	–	–	–	–	–	–	–
	车船使用税	元	–	–	–	–	–	–	–	–
定额基价		元	2772.06	903.53	1057.71	1351.99	556.75	658.54	808.87	564.12

续前页

序号			168	169	170	171	172	173	174	175
代号			1229	1230	1232	1234	1235	1237	1239	1240
机械名称		单位	2.2kW 以内手扶自行式路面画线车	5.0kW 以内手扶自行式路面画线车	汽车式画线车	3.0~9.0m 滑模式水泥混凝土摊铺机	2.5~4.5m 轨道式水泥混凝土摊铺机	排式振捣机	混凝土真空吸水机组（电动）	电动混凝土整平机
主机型号			SH3	ZH6	车载式	SF30	HTG4500 含模轨 400m	ZD500	含吸垫 5m×5m	TZ219A
不变费用	折旧费	元	21.00	32.63	55.72	1368.76	417.12	38.67	10.75	28.00
	大修理费	元	3.92	5.44	12.22	134.05	66.65	6.24	3.42	8.20
	经常修理费	元	15.68	21.76	42.77	268.10	199.95	21.84	10.26	20.09
	安拆及辅助设施费	元	–	–	–	17.06	11.78	–	–	–
	小计	元	40.60	59.83	110.71	1787.97	695.50	66.75	24.43	56.29
可变费用	人工	工日	1.00	1.00	2.00	3.00	3.00	1.00	1.00	1.00
	汽油	kg	3.21	4.99	35.81	–	–	–	–	–
	柴油	kg	–	–	–	83.66	48.00	–	–	–
	重油	kg	–	–	–	–	–	–	–	–
	煤气	kg	–	–	–	–	–	–	–	–
	煤	kg	–	–	–	–	–	–	–	–
	电	kW·h	–	–	–	–	–	31.50	15.42	15.42
	水	m^3	–	–	–	–	–	–	–	–
	木柴	kg	–	–	–	–	–	–	–	–
	车船使用税	元	–	–	–	–	–	–	–	–
定额基价		元	104.99	136.09	435.52	2418.03	1111.96	147.53	85.91	117.77

续前页

序号			176	177	178	179	180	181	182	183
代号			1241	1242	1243	1244	1245	1246	1248	1249
机械名称		单位	电动混凝土抹光机	机动混凝土抹光机	电动混凝土刻纹机	机动混凝土刻纹机	电动混凝土切缝机	风冷汽油机混凝土切缝机	机动高压清洗机	机动路缘石开沟机
主机型号			JM90	QJM90	RQF180	RQF280	SLF	SLF		LK-180
不变费用	折旧费	元	6.00	10.27	29.33	37.33	7.47	13.07	1.47	25.60
	大修理费	元	1.76	3.01	7.64	9.72	1.94	3.35	0.43	5.20
	经常修理费	元	4.31	7.37	91.68	116.64	71.82	95.07	1.05	15.60
	安拆及辅助设施费	元	–	–	–	–	–	–	–	–
	小计	元	12.07	20.65	128.65	163.69	81.23	111.49	2.95	46.40
可变费用	人工	工日	1.00	1.00	1.00	1.00	1.00	1.00	1.00	1.00
	汽油	kg	–	–	–	–	–	6.24	–	–
	柴油	kg	–	–	–	8.55	–	–	4.19	14.96
	重油	kg	–	–	–	–	–	–	–	–
	煤气	kg	–	–	–	–	–	–	–	–
	煤	kg	–	–	–	–	–	–	–	–
	电	kW·h	8.48	11.56	37.80	–	20.16	–	–	–
	水	m^3	–	–	–	–	–	–	–	–
	木柴	kg	–	–	–	–	–	–	–	–
	车船使用税	元	–	–	–	–	–	–	–	–
定额基价		元	65.23	77.50	216.99	257.88	148.40	196.09	71.03	178.99

续前页

序号			184	185	186	187	188	189	190	191
代号			1250	1251	1252	1253	1256	1257	1258	1259
机械名称		单位	机动沥青路缘石铺筑机	机动混凝土路缘石铺筑机	燃气加热沥青灌缝机	500mm 以内路面铣刨机	机动破路机	机动路面清扫机	路面清扫车	机动扫雪机
主机型号			LCI (2～3m/min)	机动	TLG-1	LXZY500	LPR300	YD80Q-1	东风底盘	
不变费用	折旧费	元	28.80	23.04	13.44	161.67	11.20	43.52	188.61	15.60
	大修理费	元	5.85	4.63	2.73	30.17	2.28	8.84	70.00	3.58
	经常修理费	元	17.55	13.89	8.19	111.63	6.16	41.55	329.00	16.83
	安拆及辅助设施费	元	–	–	–	–	–	–	–	–
	小计	元	52.20	41.56	24.36	303.47	19.64	93.91	587.61	36.01
可变费用	人工	工日	1.00	1.00	1.00	1.00	1.00	1.00	1.00	1.00
	汽油	kg	–	–	–	–	–	–	–	–
	柴油	kg	9.97	9.97	9.41	28.91	9.97	16.66	60.34	5.10
	重油	kg	–	–	–	–	–	–	–	–
	煤气	kg	–	–	–	–	–	–	–	–
	煤	kg	–	–	–	–	–	–	–	–
	电	kW·h	–	–	–	–	–	–	–	–
	水	m^3	–	–	–	–	–	–	–	–
	木柴	kg	–	–	–	–	–	–	–	–
	车船使用税	元	–	–	–	–	–	–	–	–
定额基价		元	154.90	144.26	123.71	519.62	122.34	236.68	992.03	109.54

续前页

序号			192	193	194	195	196	197	198	199
代号			1260	2321	2322	2323	2326	2327	2328	2329
机械名称		单位	道路养护车	10000L以内沥青洒布车	12000L以内沥青洒布车	15000L以内沥青洒布车	120t/h以内沥青混合料拌和设备	160t/h以内沥青混合料拌和设备	160t/h以内沥青混合料拌和设备	175t/h以内沥青混合料拌和设备
主机型号			CZL5061TYH	FD/LMT 5160GLQ	FD/LMT 5250GLQ	FL80	LB1500	LB2000	J2000	MAP175E 220L
不变费用	折旧费	元	118.56	582.00	743.67	965.30	1636.80	2243.13	3637.50	6237.93
	大修理费	元	44.00	53.33	66.67	80.00	202.50	277.50	437.50	750.00
	经常修理费	元	140.80	160.00	200.00	240.00	587.25	804.75	1268.75	2175.00
	安拆及辅助设施费	元	–	–	–	–	–	–	–	–
	小计	元	303.36	795.33	1010.34	1285.30	2426.55	3325.38	5343.75	9162.93
可变费用	人工	工日	1.00	1.00	1.00	1.00	6.00	6.00	6.00	6.00
	汽油	kg	–	–	–	–	–	–	–	–
	柴油	kg	46.10	70.52	87.81	102.82	5.10	5.10	663.20	250.00
	重油	kg	–	–	–	–	6048.00	8064.00	8064.00	8820.00
	煤气	kg	–	–	–	–	–	–	–	–
	煤	kg	–	–	–	–	–	–	–	–
	电	kW·h	–	–	–	–	3095.82	3759.21	–	3589.84
	水	m^3	–	–	–	–	–	–	–	–
	木柴	kg	–	–	–	–	–	–	–	–
	车船使用税	元	–	–	–	–	–	–	–	–
定额基价		元	622.48	1260.72	1579.30	1944.17	24573.96	32316.86	33766.20	41686.12

续前页

序号			200	201	202	203	204	205	206	207
代号			2330	2332	2334	2335	2336	2337	2338	2341
机械名称		单位	240t/h以内沥青混合料拌和设备	120t/h以内沥青路面热再生设备	9.0m以内自动找平沥青混合料摊铺机	环氧砂浆摊铺机	0.24t手扶式单钢轮振动压路机	10t双钢轮振动压路机	12t双钢轮振动压路机	24t轮胎式压路机
主机型号			LBQ3000	ARM2001	Vogele Super1900	单车道	SX-17H	BOMAG 202AD-2	YZC-12II	BOMAG BW24R
不变费用	折旧费	元	6062.50	1753.18	1139.50	51.19	36.38	389.18	286.15	257.86
	大修理费	元	750.00	216.67	258.44	6.33	8.75	88.00	70.00	63.80
	经常修理费	元	2175.00	628.33	516.89	20.27	30.63	237.60	189.00	223.31
	安拆及辅助设施费	元	–	–	–	–	–	–	–	–
	小计	元	8987.50	2598.18	1914.83	77.79	75.76	714.78	545.15	544.97
可变费用	人工	工日	6.00	4.00	3.00	2.00	1.00	2.00	2.00	1.00
	汽油	kg	–	–	–	–	–	–	–	–
	柴油	kg	5.00	362.93	128.05	–	12.44	65.06	103.63	48.76
	重油	kg	12096.00	5616.00	–	–	–	–	–	–
	煤气	kg	–	–	–	–	–	–	–	–
	煤	kg	–	–	–	–	–	–	–	–
	电	kW·h	5203.06	–	–	33.20	–	–	–	–
	水	m^3	–	–	–	–	–	–	–	–
	木柴	kg	–	–	–	–	–	–	–	–
	车船使用税	元	–	–	–	–	–	–	–	–
定额基价		元	51807.00	21792.05	2810.79	203.59	193.26	1190.45	1251.85	880.02

续前页

序号			208	209	210	211	212	213	214	215
代号			2342	2344	2345	2346	2347	2350	2352	2354
机械名称		单位	26t 胶轮压路机	液压双缸热熔釜（热熔涂料加热）	普通热熔画线机	凸起震荡画线机	斑马线热熔画线机	2.5～5.0m 滑模式水泥混凝土摊铺机	汽油机混凝土清缝机	开槽机（宽12.5～40mm，深35mm 内）
主机型号			XP260	CK800	日本菊水 CL-15DM	CKM	CK400/450	HTH5000	QY-95II	LF-1
不变费用	折旧费	元	150.35	32.33	36.38	56.58	12.13	781.39	17.43	53.58
	大修理费	元	35.00	6.67	5.63	5.00	1.67	76.53	2.19	6.63
	经常修理费	元	122.50	13.33	11.25	10.00	3.33	153.06	6.78	20.50
	安拆及辅助设施费	元	–	1.00	–	–	–	–	35.00	–
	小计	元	307.85	53.33	53.26	71.58	17.13	1010.98	61.40	80.71
可变费用	人工	工日	1.00	2.00	2.00	2.00	2.00	3.00	1.00	1.00
	汽油	kg	–	–	–	3.24	–	–	16.92	22.67
	柴油	kg	74.06	10.83	–	–	–	58.57	–	–
	重油	kg	–	–	–	–	–	–	–	–
	煤气	kg	–	29.04	8.90	12.72	6.32	–	–	–
	煤	kg	–	–	–	–	–	–	–	–
	电	kW·h	–	–	–	–	–	–	–	–
	水	m^3	–	–	–	–	–	–	–	–
	木柴	kg	–	–	–	–	–	–	–	–
	车船使用税	元	–	–	–	–	–	–	–	–
定额基价		元	794.45	392.92	197.07	261.83	144.17	1490.75	217.24	274.90

续前页

序号			216	217	218	219	220	221	222	223
代号			2355	2356	2357	2360	2361	2362	2363	2364
机械名称		单位	开槽机(深10~25mm,0~3m/min)	开槽机(宽10mm,深30mm内)	开槽机(宽10~50mm,深50mm内)	沥青路面裂缝修补车	灌缝洒布两用车	拖车型灌缝机	牵引式灌缝机	牵引式灌缝机(含开槽机A18)
主机型号			山推5066	Coaler-A18	Coaler-A20	KER147H	牵引式	RVK180i	Coaler-C180	Coaler-C260
不变费用	折旧费	元	46.19	23.04	51.96	371.43	53.89	150.55	57.74	120.10
	大修理费	元	10.71	5.63	11.90	61.27	6.67	24.83	14.29	28.57
	经常修理费	元	34.29	18.00	38.10	85.77	13.33	49.67	28.57	57.14
	安拆及辅助设施费	元	–	–	–	–	–	–	–	–
	小计	元	91.19	46.67	101.96	518.47	73.89	225.05	100.60	205.81
可变费用	人工	工日	1.00	1.00	1.00	2.00	2.00	1.00	1.00	1.00
	汽油	kg	12.34	10.09	40.00	18.30	–	9.30	11.07	11.07
	柴油	kg	–	–	–	–	14.78	–	32.00	32.00
	重油	kg	–	–	–	–	–	–	–	–
	煤气	kg	–	–	–	20.00	–	40.00	–	–
	煤	kg	–	–	–	–	–	–	–	–
	电	kW·h	–	–	–	–	–	–	–	–
	水	m^3	–	–	–	–	–	–	–	–
	木柴	kg	–	–	–	–	–	–	–	–
	车船使用税	元	–	–	–	–	–	–	–	–
定额基价		元	216.48	156.95	411.74	856.49	248.38	590.06	409.10	514.31

续前页

序号			224	225	226	227	228	229	230	231
代号			2365	2366	2367	2371	2372	2373	2377	2378
机械名称		单位	牵引式灌缝机（含开槽机A18）	牵引式灌缝机（含开槽机A20）	牵引式灌缝机（含开槽机A20）	254mm以内路面铣刨机	1000mm以内路面铣刨机	2000mm以内路面铣刨机	路面清扫车	抛扬式除雪机
主机型号			Coaler-A360	Coaler-A600	Coaler-A1200	SP10	SF100T4	维特根W2000	宝加秀灵Cityfant60	P2400
不变费用	折旧费	元	133.95	184.76	221.71	64.02	957.07	2606.88	460.94	200.74
	大修理费	元	30.48	42.86	47.62	6.00	120.00	430.00	111.11	49.67
	经常修理费	元	60.95	85.71	95.24	21.00	420.00	1505.00	355.56	141.55
	安拆及辅助设施费	元	–	–	–	–	–	–	–	–
	小计	元	225.38	313.33	364.57	91.02	1497.07	4541.88	927.61	391.96
可变费用	人工	工日	1.00	1.00	1.00	1.00	1.00	1.00	1.00	1.00
	汽油	kg	–	–	–	10.01	–	–	–	–
	柴油	kg	47.00	78.90	89.72	–	89.40	321.60	91.19	150.26
	重油	kg	–	–	–	–	–	–	–	–
	煤气	kg	–	–	–	–	–	–	–	–
	煤	kg	–	–	–	–	–	–	–	–
	电	kW·h	–	–	–	–	–	–	–	–
	水	m^3	–	–	–	–	–	–	–	–
	木柴	kg	–	–	–	–	–	–	–	–
	车船使用税	元	–	–	–	–	–	–	–	–
定额基价		元	549.89	828.92	944.97	200.77	2075.56	6511.24	1516.82	1335.00

续前页

序号			232	233	234	235	236	237	238	239
代号			2379	2380	2383	2384	2385	2386	2387	2388
机械名称		单位	抛扬式除雪机	多功能除雪机	沥青路面养护车	多功能养护车	沥青道路综合养护车	微波路面加热养护车	沥青路面养护机（自行式）	滑移装载机（带封闭式清扫器）
主机型号			P3000	CZ-2420-II	CZL5093TYH	MV-5000	三湘 CK5140TYHB	灵特 142TB	CJ-108	山猫 S160
不变费用	折旧费	元	348.93	828.54	233.41	1610.29	585.08	834.20	29.40	147.81
	大修理费	元	86.33	205.00	57.75	416.67	142.86	206.40	6.06	18.29
	经常修理费	元	246.05	574.00	202.13	1333.33	457.14	660.48	17.28	36.57
	安拆及辅助设施费	元	–	–	–	–	–	–	–	–
	小计	元	681.31	1607.54	493.29	3360.29	1185.08	1701.08	52.74	202.67
可变费用	人工	工日	1.00	1.00	2.00	1.00	2.00	2.00	2.00	1.00
	汽油	kg	–	–	–	–	10.98	–	–	–
	柴油	kg	233.12	215.84	153.81	82.90	99.48	192.87	–	34.80
	重油	kg	–	–	–	–	–	–	–	–
	煤气	kg	–	–	–	–	–	–	44.80	–
	煤	kg	–	–	–	–	–	–	–	–
	电	kW·h	–	–	–	–	–	–	–	–
	水	m^3	–	–	–	–	–	–	–	–
	木柴	kg	–	–	–	–	–	–	–	–
	车船使用税	元	–	–	–	–	–	–	–	–
定额基价		元	2120.68	2943.40	1500.57	3899.84	1940.16	2942.33	429.90	454.10

三、混凝土及灰浆机械

序号			240	241	242	243	244	245	246	247
代号			1271	1272	1273	1274	1275	1276	1277	1278
机械名称		单位	150L以内强制式混凝土搅拌机	250L以内强制式混凝土搅拌机	350L以内强制式混凝土搅拌机	500L以内强制式混凝土搅拌机	750L以内强制式混凝土搅拌机	1000L以内强制式混凝土搅拌机	1500L以内强制式混凝土搅拌机	2000L以内强制式混凝土搅拌机
主机型号			JD150	JD250	JD350	JW500，JS500	JS750	JW1000，JS1000	JS1500	JS2000
不变费用	折旧费	元	7.41	9.19	13.93	32.59	50.37	94.81	117.33	165.93
	大修理费	元	1.62	2.01	3.05	7.13	11.02	20.74	25.67	36.30
	经常修理费	元	4.28	5.31	8.05	11.76	18.18	34.22	42.36	59.90
	安拆及辅助设施费	元	1.73	2.07	2.42	2.75	3.09	3.78	4.07	4.35
	小计	元	15.04	18.58	27.45	54.23	82.66	153.55	189.43	266.48

续前页

序号			240	241	242	243	244	245	246	247
代号			1271	1272	1273	1274	1275	1276	1277	1278
机械名称		单位	150L 以内强制式混凝土搅拌机	250L 以内强制式混凝土搅拌机	350L 以内强制式混凝土搅拌机	500L 以内强制式混凝土搅拌机	750L 以内强制式混凝土搅拌机	1000L 以内强制式混凝土搅拌机	1500L 以内强制式混凝土搅拌机	2000L 以内强制式混凝土搅拌机
主机型号			JD150	JD250	JD350	JW500，JS500	JS750	JW1000，JS1000	JS1500	JS2000
可变费用	人工	工日	1.00	1.00	1.00	1.00	1.00	1.00	1.00	1.00
	汽油	kg	–	–	–	–	–	–	–	–
	柴油	kg	–	–	–	–	–	–	–	–
	重油	kg	–	–	–	–	–	–	–	–
	煤气	kg	–	–	–	–	–	–	–	–
	煤	kg	–	–	–	–	–	–	–	–
	电	kW·h	40.57	52.74	87.02	116.03	178.91	218.66	340.77	420.29
	水	m^3	–	–	–	–	–	–	–	–
	木柴	kg	–	–	–	–	–	–	–	–
	车船使用税	元	–	–	–	–	–	–	–	–
定额基价		元	106.70	124.85	174.85	236.45	340.33	458.92	641.33	813.81

续前页

序号			248	249	250	251	252	253	254	255
代号			1280	1281	1283	1285	1286	1287	1288	1289
机械名称		单位	200L 以内灰浆搅拌机	400L 以内灰浆搅拌机	4～6m^3/h 混凝土喷射机	3m^3/h 灰浆输送泵	4m^3/h 灰浆输送泵	5m^3/h 灰浆输送泵	出灰量 4m^3/h 内灰气联合泵	0.5～0.8m^3/h 水泥喷枪
主机型号			UJ200	UJ325	HPH6	UB3	UB4	UB5	UB76-1	HP1-0.8
不变费用	折旧费	元	3.27	4.05	34.46	14.70	19.64	21.40	11.41	5.90
	大修理费	元	0.92	1.14	4.67	2.76	3.68	4.01	2.14	1.20
	经常修理费	元	3.68	4.56	19.01	13.25	17.66	19.25	10.27	7.80
	安拆及辅助设施费	元	–	–	0.62	0.62	0.68	0.82	0.68	–
	小计	元	7.87	9.75	58.76	31.33	41.66	45.48	24.50	14.90
可变费用	人工	工日	1.00	1.00	2.00	1.00	1.00	1.00	1.00	1.00
	汽油	kg	–	–	–	–	–	–	–	–
	柴油	kg	–	–	–	–	–	–	–	–
	重油	kg	–	–	–	–	–	–	–	–
	煤气	kg	–	–	–	–	–	–	–	–
	煤	kg	–	–	–	–	–	–	–	–
	电	kW·h	13.39	18.26	42.60	22.72	31.24	36.51	26.78	6.25
	水	m^3	–	–	–	–	–	–	–	–
	木柴	kg	–	–	–	–	–	–	–	–
	车船使用税	元	–	–	–	–	–	–	–	–
定额基价		元	66.92	74.64	195.84	101.57	122.13	132.27	99.62	65.38

续前页

序号			256	257	258	259	260	261	262	263
代号			1290	1291	1293	1295	1297	1298	1299	1300
机械名称		单位	风动灌浆机	电动灌浆机	电动双液注浆泵	电动单液注浆泵	5t 以内散装水泥车	8t 以内散装水泥车	10t 以内散装水泥车	15t 以内散装水泥车
主机型号					PH2 ×5	HYB50/50-1	EQ140	JN150	JN161	T815
不变费用	折旧费	元	4.16	6.10	105.84	43.90	65.46	112.33	164.77	192.08
	大修理费	元	1.41	1.64	28.55	11.85	15.76	27.05	39.68	46.26
	经常修理费	元	4.23	4.92	85.65	35.55	49.33	84.67	124.20	144.79
	安拆及辅助设施费	元	–	–	–	–	–	–	–	–
	小计	元	9.80	12.66	220.04	91.30	130.55	224.05	328.65	383.13
可变费用	人工	工日	1.00	1.00	1.00	1.00	1.00	1.00	1.00	1.00
	汽油	kg	–	–	–	–	–	–	–	–
	柴油	kg	–	–	–	–	44.14	50.57	56.57	69.43
	重油	kg	–	–	–	–	–	–	–	–
	煤气	kg	–	–	–	–	–	–	–	–
	煤	kg	–	–	–	–	–	–	–	–
	电	kW·h	–	14.60	26.78	36.51	–	–	–	–
	水	m^3	–	–	–	–	–	–	–	–
	木柴	kg	–	–	–	–	–	–	–	–
	车船使用税	元	–	–	–	–	–	–	–	–
定额基价		元	52.78	73.16	295.16	178.09	437.93	569.94	710.48	842.00

续前页

序号			264	265	266	267	268	269	270	271
代号			1301	1302	1304	1305	1306	1307	1308	1309
机械名称		单位	20t 以内散装水泥车	26t 以内散装水泥车	$3m^3$ 以内混凝土搅拌运输车	$4m^3$ 以内混凝土搅拌运输车	$5m^3$ 以内混凝土搅拌运输车	$6m^3$ 以内混凝土搅拌运输车	$60m^3/h$ 以内混凝土输送泵车	$75m^3/h$ 以内混凝土输送泵车
主机型号					JCQ3		SP2440	MR45	BPL58-18	
不变费用	折旧费	元	270.11	462.43	196.00	229.69	254.19	398.13	486.20	580.41
	大修理费	元	65.05	111.36	49.20	57.66	63.81	99.94	59.54	76.99
	经常修理费	元	203.61	348.56	202.70	237.56	262.90	411.75	162.54	210.18
	安拆及辅助设施费	元	–	–	–	–	–	–	–	–
	小计	元	538.77	922.35	447.90	524.91	580.90	909.82	708.28	867.58
可变费用	人工	工日	1.00	1.00	1.00	1.00	1.00	1.00	2.00	2.00
	汽油	kg	–	–	–	–	–	–	–	–
	柴油	kg	93.43	105.00	40.46	45.26	50.40	55.54	76.06	84.70
	重油	kg	–	–	–	–	–	–	–	–
	煤气	kg	–	–	–	–	–	–	–	–
	煤	kg	–	–	–	–	–	–	–	–
	电	kW·h	–	–	–	–	–	–	–	–
	水	m^3	–	–	–	–	–	–	–	–
	木柴	kg	–	–	–	–	–	–	–	–
	车船使用税	元	–	–	–	–	–	–	–	–
定额基价		元	1141.40	1594.28	733.24	839.00	925.78	1285.48	1249.84	1460.89

续前页

序号			272	273	274	275	276	277	278	279
代号			1310	1312	1313	1314	1315	1316	1317	1319
机械名称		单位	90m³/h 以内混凝土输送泵车	10m³/h 以内混凝土输送泵	20m³/h 以内混凝土输送泵	30m³/h 以内混凝土输送泵	45m³/h 以内混凝土输送泵	60m³/h 以内混凝土输送泵	80m³/h 以内混凝土输送泵	1×2m 混凝土振动台
主机型号			IPF-85B	HB10	HBT20	HBT30	BSA1405A	BSA1406，HBT60	BSA1406，HBT60	HZT1×2
不变费用	折旧费	元	807.70	133.36	150.29	231.00	413.87	504.40	750.74	7.30
	大修理费	元	107.14	37.51	42.27	64.30	115.20	140.40	208.97	0.80
	经常修理费	元	292.49	83.65	94.26	143.39	160.13	195.16	290.47	4.42
	安拆及辅助设施费	元	–	5.54	6.65	7.76	8.89	9.99	10.44	0.66
	小计	元	1207.33	260.06	293.47	446.45	698.09	849.95	1260.62	13.18
可变费用	人工	工日	2.00	1.00	1.00	1.00	1.00	1.00	1.00	1.00
	汽油	kg	–	–	–	–	–	–	–	–
	柴油	kg	93.34	–	–	–	–	–	–	–
	重油	kg	–	–	–	–	–	–	–	–
	煤气	kg	–	–	–	–	–	–	–	–
	煤	kg	–	–	–	–	–	–	–	–
	电	kW·h	–	98.18	169.82	219.07	267.75	365.11	–	33.50
	水	m³	–	–	–	–	–	–	–	–
	木柴	kg	–	–	–	–	–	–	–	–
	车船使用税	元	–	–	–	–	–	–	–	–
定额基价		元	1852.40	420.86	540.23	752.31	1062.37	1331.06	1303.60	96.36

续前页

序号			280	281	282	283	284	285	286	287
代号			1320	1321	1323	1324	1325	1326	1327	1328
机械名称		单位	1.5×6.0m混凝土振动台	2.4×6.2m混凝土振动台	$15m^3/h$以内水泥混凝土搅拌站	$25m^3/h$以内水泥混凝土搅拌站	$40m^3/h$以内水泥混凝土搅拌站	$50m^3/h$以内水泥混凝土搅拌站	$60m^3/h$以内水泥混凝土搅拌站	$90m^3/h$以内水泥混凝土搅拌站
主机型号					HZ15	HZQ25(含输送器、仓各2套)	HZS40(含输送器、仓各2套)	HZS50	HZS60	HZS90
不变费用	折旧费	元	24.02	45.78	145.75	188.46	288.73	360.29	632.44	721.68
	大修理费	元	2.63	5.01	30.80	39.83	61.02	76.14	133.66	152.52
	经常修理费	元	14.54	27.71	81.93	105.95	162.31	202.53	355.54	405.70
	安拆及辅助设施费	元	0.84	1.06	–	–	–	–	–	–
	小计	元	42.03	79.56	258.48	334.24	512.06	638.96	1121.64	1279.90
可变费用	人工	工日	1.00	1.00	5.00	5.00	7.00	8.00	9.00	9.00
	汽油	kg	–	–	–	–	–	–	–	–
	柴油	kg	–	–	–	–	–	–	–	–
	重油	kg	–	–	–	–	–	–	–	–
	煤气	kg	–	–	–	–	–	–	–	–
	煤	kg	–	–	–	–	–	–	–	–
	电	kW·h	67.01	122.85	249.90	285.60	394.31	553.94	684.98	833.89
	水	m^3	–	–	–	–	–	–	–	–
	木柴	kg	–	–	–	–	–	–	–	–
	车船使用税	元	–	–	–	–	–	–	–	–
定额基价		元	165.42	269.96	773.26	891.86	1286.09	1647.53	2330.44	2667.39

续前页

序号			288	289	290	291	292	293	294	295
代号			1329	1331	1332	1333	1335	1336	1338	1340
机械名称		单位	120m³/h 以内水泥混凝土搅拌站	15m 以内混凝土布料机	20m 以内混凝土布料机	30m 以内混凝土布料机	插入式混凝土振捣器	附着式混凝土振捣器	液压滑升机械(含50个千斤顶)	400kN 以内连续梁桥顶推设备
主机型号			HZS120	HGY13	HGY17	HGY28	ZX-70	ZW5,ZW7	YKT36,GYD-35	HNW-40
不变费用	折旧费	元	886.86	77.04	177.78	237.04	1.22	0.88	76.45	21.53
	大修理费	元	187.43	16.85	38.89	51.85	0.22	0.25	10.43	3.36
	经常修理费	元	498.56	27.80	64.17	85.55	1.21	1.38	35.57	11.46
	安拆及辅助设施费	元	–	3.11	5.09	5.98	–	–	–	–
	小计	元	1572.85	124.80	285.93	380.42	2.65	2.51	122.45	36.35
可变费用	人工	工日	9.00	1.00	1.00	1.00	–	–	1.00	–
	汽油	kg	–	–	–	–	–	–	–	–
	柴油	kg	–	–	–	–	–	–	–	–
	重油	kg	–	–	–	–	–	–	–	–
	煤气	kg	–	–	–	–	–	–	–	–
	煤	kg	–	–	–	–	–	–	–	–
	电	kW·h	1072.15	53.55	85.19	107.10	4.87	4.87	48.68	19.47
	水	m³	–	–	–	–	–	–	–	–
	木柴	kg	–	–	–	–	–	–	–	–
	车船使用税	元	–	–	–	–	–	–	–	–
定额基价		元	3246.25	232.04	431.14	551.92	8.49	8.35	223.85	59.71

续前页

序号			296	297	298	299	300	301	302	303
代号			1341	1343	1344	1345	1346	1347	1349	1350
机械名称		单位	600kN 以内连续梁桥顶推设备	650kN 以内预应力拉伸机	900kN 以内预应力拉伸机	1200kN 以内预应力拉伸机	3000kN 以内预应力拉伸机	5000kN 以内预应力拉伸机	钢绞线拉伸设备	钢绞线压花机
主机型号			TL1-60	YC60	YC100	YC120	YC300	YC500	（油泵、千斤顶各 1 个）	（含泵）
不变费用	折旧费	元	29.40	10.48	17.15	23.81	30.06	87.21	82.08	37.65
	大修理费	元	4.59	1.38	2.25	3.13	3.95	11.45	11.12	5.29
	经常修理费	元	15.65	5.02	8.19	11.39	14.38	41.68	33.36	15.87
	安拆及辅助设施费	元	–	–	–	–	–	–	–	–
	小计	元	49.64	16.88	27.59	38.33	48.39	140.34	126.56	58.81
可变费用	人工	工日	–	–	–	–	–	–	–	–
	汽油	kg	–	–	–	–	–	–	–	–
	柴油	kg	–	–	–	–	–	–	–	–
	重油	kg	–	–	–	–	–	–	–	–
	煤气	kg	–	–	–	–	–	–	–	–
	煤	kg	–	–	–	–	–	–	–	–
	电	kW·h	35.70	14.89	27.92	27.92	44.63	68.97	16.23	14.89
	水	m^3	–	–	–	–	–	–	–	–
	木柴	kg	–	–	–	–	–	–	–	–
	车船使用税	元	–	–	–	–	–	–	–	–
定额基价		元	92.48	34.75	61.09	71.83	101.95	223.10	146.04	76.68

续前页

序号			304	305	306	307	308	309	310	311
代号			1351	1352	1353	2401	2404	2405	2409	2410
机械名称		单位	钢绞线穿束机	波纹管卷制机(含钢带点焊机)	压浆机(含拌浆机)	电动双液注浆泵	$8m^3$ 以内混凝土搅拌运输车	$10m^3$ 以内混凝土搅拌运输车	水泥胶沙搅拌机	水泥胶沙振实台
主机型号			(含泵)	6D150(DN-10)	HB50/15(50L/min)	FBY70	SY5250GJB	FY5250GJB	JJ-5	ZS-15
不变费用	折旧费	元	38.00	66.28	7.19	15.31	336.00	291.00	4.85	5.58
	大修理费	元	5.54	10.36	1.48	3.75	82.29	72.00	0.60	0.69
	经常修理费	元	22.16	41.44	8.18	11.25	263.31	230.40	1.20	1.79
	安拆及辅助设施费	元	–	1.82	–	–	–	–	–	–
	小计	元	65.70	119.90	16.85	30.31	681.60	593.40	6.65	8.06
可变费用	人工	工日	–	2.00	1.00	1.00	1.00	1.00	1.00	1.00
	汽油	kg	–	–	–	–	–	–	–	–
	柴油	kg	–	–	–	–	69.00	75.60	–	–
	重油	kg	–	–	–	–	–	–	–	–
	煤气	kg	–	–	–	–	–	–	–	–
	煤	kg	–	–	–	–	–	–	–	–
	电	kW·h	75.05	22.31	22.31	64.68	–	–	4.01	5.54
	水	m^3	–	–	–	–	–	–	–	–
	木柴	kg	–	–	–	–	–	–	–	–
	车船使用税	元	–	–	–	–	–	–	–	–
定额基价		元	155.76	232.63	86.60	150.91	1137.89	1089.22	54.44	57.69

续前页

序号			312	313						
代号			2413	2417						
机械名称		单位	配料机	电动水泥压浆机						
主机型号			1200CD	YSB-2						
不变费用	折旧费	元	68.46	4.70						
	大修理费	元	4.46	1.15						
	经常修理费	元	14.29	6.36						
	安拆及辅助设施费	元	–	–						
	小计	元	87.21	12.21						
可变费用	人工	工日	2.00	1.00						
	汽油	kg	–	–						
	柴油	kg	–	–						
	重油	kg	–	–						
	煤气	kg	–	–						
	煤	kg	–	–						
	电	kW·h	73.54	16.46						
	水	m^3	–	–						
	木柴	kg	–	–						
	车船使用税	元	–	–						
定额基价		元	261.42	74.94						

四、水平运输机械

序号			314	315	316	317	318	319	320	321
代号			1370	1371	1372	1373	1374	1375	1376	1377
机械名称		单位	2t 以内载货汽车	3t 以内载货汽车	4t 以内载货汽车	5t 以内载货汽车	6t 以内载货汽车	8t 以内载货汽车	10t 以内载货汽车	12t 以内载货汽车
主机型号					CA10B		CA141K，CA1091K	JN150	JN161，JN162	
不变费用	折旧费	元	23.42	24.96	28.84	33.03	39.69	63.79	77.09	122.59
不变费用	大修理费	元	4.61	4.92	5.68	6.51	7.82	12.56	15.18	24.14
不变费用	经常修理费	元	25.86	27.60	31.86	36.52	43.87	70.46	85.16	135.43
不变费用	安拆及辅助设施费	元	–	–	–	–	–	–	–	–
不变费用	小计	元	53.89	57.48	66.38	76.06	91.38	146.81	177.43	282.16

续前页

序号			314	315	316	317	318	319	320	321
代号			1370	1371	1372	1373	1374	1375	1376	1377
机械名称		单位	2t 以内载货汽车	3t 以内载货汽车	4t 以内载货汽车	5t 以内载货汽车	6t 以内载货汽车	8t 以内载货汽车	10t 以内载货汽车	12t 以内载货汽车
主机型号					CA10B		CA141K，CA1091K	JN150	JN161，JN162	
可变费用	人工	工日	1.00	1.00	1.00	1.00	1.00	1.00	1.00	1.00
	汽油	kg	20.08	25.96	34.28	43.10	–	–	–	–
	柴油	kg	–	–	–	–	39.24	44.95	50.29	57.14
	重油	kg	–	–	–	–	–	–	–	–
	煤气	kg	–	–	–	–	–	–	–	–
	煤	kg	–	–	–	–	–	–	–	–
	电	kW·h	–	–	–	–	–	–	–	–
	水	m^3	–	–	–	–	–	–	–	–
	木柴	kg	–	–	–	–	–	–	–	–
	车船使用税	元	–	–	–	–	–	–	–	–
定额基价		元	230.80	273.61	338.01	406.52	369.41	459.04	521.65	667.41

续前页

序号			322	323	324	325	326	327	328	329
代号			1378	1379	1382	1383	1384	1385	1386	1387
机械名称		单位	15t 以内载货汽车	20t 以内载货汽车	3t 以内自卸汽车	5t 以内自卸汽车	6t 以内自卸汽车	8t 以内自卸汽车	10t 以内自卸汽车	12t 以内自卸汽车
主机型号			SH161，T815	CQ30290/38		CA340	CA/CQ340X	QD351	QD361	T138，SX360
不变费用	折旧费	元	144.77	172.57	36.12	55.29	73.96	114.97	140.52	160.39
	大修理费	元	28.51	33.99	5.79	8.86	11.85	18.42	22.51	25.70
	经常修理费	元	159.94	190.68	25.71	39.34	52.61	61.52	75.18	85.84
	安拆及辅助设施费	元	–	–	–	–	–	–	–	–
	小计	元	333.22	397.24	67.62	103.49	138.42	194.91	238.21	271.93
可变费用	人工	工日	1.00	1.00	1.00	1.00	1.00	1.00	1.00	1.00
	汽油	kg	–	–	34.28	41.63	–	–	–	–
	柴油	kg	61.72	81.14	–	–	44.00	49.45	55.32	61.60
	重油	kg	–	–	–	–	–	–	–	–
	煤气	kg	–	–	–	–	–	–	–	–
	煤	kg	–	–	–	–	–	–	–	–
	电	kW·h	–	–	–	–	–	–	–	–
	水	m^3	–	–	–	–	–	–	–	–
	木柴	kg	–	–	–	–	–	–	–	–
	车船使用税	元	–	–	–	–	–	–	–	–
定额基价		元	745.90	926.25	339.25	424.14	444.96	534.10	612.56	683.89

续前页

序号			330	331	332	333	334	335	336	337
代号			1388	1389	1390	1392	1393	1394	1395	1396
机械名称		单位	15t 以内 自卸汽车	18t 以内 自卸汽车	20t 以内 自卸汽车	15t 以内 平板拖车组	20t 以内 平板拖车组	30t 以内 平板拖车组	40t 以内 平板拖车组	60t 以内 平板拖车组
主机型号			SH361， T815		BJ374	JN462				
不变费用	折旧费	元	178.84	208.65	242.72	135.40	219.56	300.07	404.00	461.09
	大修理费	元	28.65	33.13	38.88	18.65	30.25	41.34	55.65	63.52
	经常修理费	元	95.69	111.66	129.86	88.21	143.08	195.54	263.22	300.45
	安拆及辅助设施费	元	–	–	–	–	–	–	–	–
	小计	元	303.18	353.74	411.46	242.26	392.89	536.95	722.87	825.06
可变费用	人工	工日	1.00	1.00	1.00	2.00	2.00	2.00	2.00	2.00
	汽油	kg	–	–	–	–	–	–	–	–
	柴油	kg	67.89	72.92	77.11	40.46	45.26	50.40	55.54	63.09
	重油	kg	–	–	–	–	–	–	–	–
	煤气	kg	–	–	–	–	–	–	–	–
	煤	kg	–	–	–	–	–	–	–	–
	电	kW·h	–	–	–	–	–	–	–	–
	水	m^3	–	–	–	–	–	–	–	–
	木柴	kg	–	–	–	–	–	–	–	–
	车船使用税	元	–	–	–	–	–	–	–	–
定额基价		元	752.82	833.51	916.33	570.58	749.96	924.81	1141.51	1288.93

续前页

序号			338	339	340	341	342	343	344	345
代号			1397	1398	1400	1401	1402	1403	1404	1405
机械名称		单位	80t 以内平板拖车组	100t 以内平板拖车组	5000L 以内运油汽车	8000L 以内运油汽车	5000L 以内加油汽车	8000L 以内加油汽车	4000L 以内洒水汽车	6000L 以内洒水汽车
主机型号										YGJ5102-GSSEQ
不变费用	折旧费	元	725.17	849.49	59.14	79.04	65.21	98.90	67.07	78.94
	大修理费	元	99.90	117.02	19.31	25.81	21.29	32.29	28.75	33.83
	经常修理费	元	472.53	553.50	98.29	131.37	108.37	164.36	123.34	145.13
	安拆及辅助设施费	元	–	–	–	–	–	–	–	–
	小计	元	1297.60	1520.01	176.74	236.22	194.87	295.55	219.16	257.90
可变费用	人工	工日	2.00	2.00	1.00	1.00	1.00	1.00	1.00	1.00
	汽油	kg	–	–	34.28	–	34.28	–	36.00	–
	柴油	kg	80.57	100.80	–	44.95	–	44.95	–	42.43
	重油	kg	–	–	–	–	–	–	–	–
	煤气	kg	–	–	–	–	–	–	–	–
	煤	kg	–	–	–	–	–	–	–	–
	电	kW·h	–	–	–	–	–	–	–	–
	水	m^3	–	–	–	–	–	–	–	–
	木柴	kg	–	–	–	–	–	–	–	–
	车船使用税	元	–	–	–	–	–	–	–	–
定额基价		元	1866.17	2209.76	448.37	548.45	466.50	607.78	502.26	555.04

续前页

序号			346	347	348	349	350	351	352	353
代号			1406	1407	1408	1409	1410	1411	1412	1413
机械名称		单位	8000L以内洒水汽车	10000L以内洒水汽车	1.0t以内机动翻斗车	1.5t以内机动翻斗车	2.0t以内机动翻斗车	30kW轨道拖车头	2t以内轨道铁斗车	4t以内轨道铁斗车
主机型号			YG5130GSSCA	YGJ5170-GSSJN	F10A	F15	F20		翻斗式	侧卸式
不变费用	折旧费	元	117.06	162.24	14.70	17.30	33.43	26.76	6.40	9.60
	大修理费	元	50.17	69.53	3.60	4.24	8.19	11.43	1.39	2.08
	经常修理费	元	215.23	298.28	14.15	16.66	32.19	35.43	2.78	4.16
	安拆及辅助设施费	元	–	–	–	–	–	–	–	–
	小计	元	382.46	530.05	32.45	38.20	73.81	73.62	10.57	15.84
可变费用	人工	工日	1.00	1.00	1.00	1.00	1.00	1.00	1.00	1.00
	汽油	kg	–	–	–	–	–	–	–	–
	柴油	kg	47.20	52.80	9.00	12.00	19.40	20.00	–	–
	重油	kg	–	–	–	–	–	–	–	–
	煤气	kg	–	–	–	–	–	–	–	–
	煤	kg	–	–	–	–	–	–	–	–
	电	kW·h	–	–	–	–	–	–	–	–
	水	m^3	–	–	–	–	–	–	–	–
	木柴	kg	–	–	–	–	–	–	–	–
	车船使用税	元	–	–	–	–	–	–	–	–
定额基价		元	708.17	889.30	129.34	153.06	233.00	236.40	53.55	58.82

续前页

序号			354	355	356	357	358	359	360	361
代号			1414	1415	1416	1417	1418	1419	1420	2421
机械名称		单位	6t 以内轨道铁斗车	9kW 手扶式拖拉机（带斗）	3t 以内电瓶车	5t 以内电瓶车	8t 以内电瓶车	10t 以内电瓶车	12t 以内电瓶车	2.14t 双排座载货汽车
主机型号			U 型	东风 12，工农 12						庆铃
不变费用	折旧费	元	12.80	10.09	27.37	42.07	53.57	64.42	82.71	62.22
	大修理费	元	2.77	6.30	9.70	14.90	15.63	18.79	24.12	15.39
	经常修理费	元	5.54	21.74	21.24	32.63	34.23	41.15	52.82	84.67
	安拆及辅助设施费	元	–	–	–	–	–	–	–	–
	小计	元	21.11	38.13	58.31	89.60	103.43	124.36	159.65	162.28
可变费用	人工	工日	1.00	1.00	1.00	1.00	2.00	2.00	2.00	1.00
	汽油	kg	–	–	–	–	–	–	–	–
	柴油	kg	–	9.00	–	–	–	–	–	37.01
	重油	kg	–	–	–	–	–	–	–	–
	煤气	kg	–	–	–	–	–	–	–	–
	煤	kg	–	–	–	–	–	–	–	–
	电	kW·h	–	–	80.94	124.10	199.64	242.81	296.77	
	水	m^3	–	–	–	–	–	–	–	–
	木柴	kg	–	–	–	–	–	–	–	–
	车船使用税	元	–	–	–	–	–	–	–	–
定额基价		元	64.09	135.02	198.42	281.50	428.96	501.69	601.73	426.95

续前页

序号			362	363	364	365	366			
代号			2422	2425	2426	2427	2428			
机械名称		单位	2.5t加长双排座载货汽车	5000L以内洒水喷药车	12000L以内洒水汽车	15000L以内洒水汽车	20000L以内洒水汽车			
主机型号			庆铃	东风多利卡	东风EQ145	东风EQ153	东风1208双桥			
不变费用	折旧费	元	65.03	49.04	85.14	101.31	128.26			
	大修理费	元	15.91	22.22	38.89	46.67	58.89			
	经常修理费	元	87.50	66.67	116.67	140.00	176.67			
	安拆及辅助设施费	元	–	–	–	–	–			
	小计	元	168.44	137.93	240.70	287.98	363.82			
可变费用	人工	工日	1.00	1.00	1.00	1.00	1.00			
	汽油	kg	–	–	–	–	–			
	柴油	kg	47.42	38.30	51.07	57.46	67.03			
	重油	kg	–	–	–	–	–			
	煤气	kg	–	–	–	–	–			
	煤	kg	–	–	–	–	–			
	电	kW·h	–	–	–	–	–			
	水	m^3	–	–	–	–	–			
	木柴	kg	–	–	–	–	–			
	车船使用税	元	–	–	–	–	–			
定额基价		元	495.47	410.33	589.59	675.15	808.31			

五、起重及垂直运输机械

序号			367	368	369	370	371	372	373	374
代号			1431	1432	1433	1434	1435	1436	1437	1440
机械名称		单位	10t 以内履带式起重机	15t 以内履带式起重机	20t 以内履带式起重机	25t 以内履带式起重机	30t 以内履带式起重机	40t 以内履带式起重机	50t 以内履带式起重机	8t 以内轮胎式起重机
主机型号						QU25	QU25		QUY50A	QLY8
不变费用	折旧费	元	144.90	211.05	242.50	278.43	361.55	405.64	551.14	114.07
	大修理费	元	28.38	41.34	47.50	54.54	70.82	79.45	107.95	29.64
	经常修理费	元	52.22	76.07	87.40	100.35	130.31	146.19	198.63	90.40
	安拆及辅助设施费	元	0.98	1.41	1.88	2.25	2.48	2.68	3.09	0.79
	小计	元	226.48	329.87	379.28	435.57	565.16	633.96	860.81	234.90

续前页

序号			367	368	369	370	371	372	373	374
代号			1431	1432	1433	1434	1435	1436	1437	1440
机械名称		单位	10t以内履带式起重机	15t以内履带式起重机	20t以内履带式起重机	25t以内履带式起重机	30t以内履带式起重机	40t以内履带式起重机	50t以内履带式起重机	8t以内轮胎式起重机
主机型号						QU25	QU25		QUY50A	QLY8
可变费用	人工	工日	2.00	2.00	2.00	2.00	2.00	2.00	2.00	2.00
	汽油	kg	–	–	–	–	–	–	–	–
	柴油	kg	25.29	33.52	39.24	46.10	55.32	67.20	87.16	24.72
	重油	kg	–	–	–	–	–	–	–	–
	煤气	kg	–	–	–	–	–	–	–	–
	煤	kg	–	–	–	–	–	–	–	–
	电	kW·h	–	–	–	–	–	–	–	–
	水	m^3	–	–	–	–	–	–	–	–
	木柴	kg	–	–	–	–	–	–	–	–
	车船使用税	元	–	–	–	–	–	–	–	–
定额基价		元	463.93	616.61	700.29	797.67	982.49	1122.45	1468.86	468.93

续前页

序号			375	376	377	378	379	380	381	382
代号			1441	1442	1443	1444	1445	1446	1449	1450
机械名称		单位	16t以内轮胎式起重机	20t以内轮胎式起重机	25t以内轮胎式起重机	40t以内轮胎式起重机	50t以内轮胎式起重机	60t以内轮胎式起重机	5t以内汽车式起重机	8t以内汽车式起重机
主机型号			QLY16	QLY16A	QLY25	RT740			QY5	QY8
不变费用	折旧费	元	256.66	293.74	307.83	399.35	486.90	621.74	80.78	111.55
	大修理费	元	66.68	76.92	80.61	104.57	127.50	162.81	38.71	52.90
	经常修理费	元	203.37	234.61	245.86	318.94	388.88	496.57	80.13	109.50
	安拆及辅助设施费	元	0.98	1.41	2.25	2.68	3.09	3.52	–	–
	小计	元	527.69	606.68	636.55	825.54	1006.37	1284.64	199.62	273.95
可变费用	人工	工日	2.00	2.00	2.00	2.00	2.00	2.00	1.00	2.00
	汽油	kg	–	–	–	–	–	–	25.71	–
	柴油	kg	36.88	43.16	49.45	60.34	67.20	80.46	–	32.38
	重油	kg	–	–	–	–	–	–	–	–
	煤气	kg	–	–	–	–	–	–	–	–
	煤	kg	–	–	–	–	–	–	–	–
	电	kW·h	–	–	–	–	–	–	–	–
	水	m^3	–	–	–	–	–	–	–	–
	木柴	kg	–	–	–	–	–	–	–	–
	车船使用税	元	–	–	–	–	–	–	–	–
定额基价		元	834.56	951.17	1018.72	1272.94	1494.86	1852.56	414.09	553.87

续前页

序号			383	384	385	386	387	388	389	390
代号			1451	1452	1453	1454	1455	1456	1457	1458
机械名称		单位	12t 以内汽车式起重机	16t 以内汽车式起重机	20t 以内汽车式起重机	25t 以内汽车式起重机	30t 以内汽车式起重机	40t 以内汽车式起重机	50t 以内汽车式起重机	75t 以内汽车式起重机
主机型号			QY12	QY16	QY20	QY25	QY30	QY40	QY50	QY75
不变费用	折旧费	元	157.63	210.98	274.03	324.95	400.13	637.78	848.75	1018.50
	大修理费	元	74.75	100.05	129.95	154.10	189.75	302.45	402.50	483.00
	经常修理费	元	154.73	207.10	269.00	318.99	392.78	626.07	833.18	999.81
	安拆及辅助设施费	元	–	–	–	–	–	–	–	–
	小计	元	387.11	518.13	672.98	798.04	982.66	1566.30	2084.43	2501.31
可变费用	人工	工日	2.00	2.00	2.00	2.00	2.00	2.00	2.00	2.00
	汽油	kg	–	–	–	–	–	–	–	–
	柴油	kg	44.95	44.95	56.00	56.00	62.86	74.29	78.48	89.53
	重油	kg	–	–	–	–	–	–	–	–
	煤气	kg	–	–	–	–	–	–	–	–
	煤	kg	–	–	–	–	–	–	–	–
	电	kW·h	–	–	–	–	–	–	–	–
	水	m^3	–	–	–	–	–	–	–	–
	木柴	kg	–	–	–	–	–	–	–	–
	车船使用税	元	–	–	–	–	–	–	–	–
定额基价		元	742.32	873.34	1094.38	1219.44	1445.15	2097.26	2640.49	3123.55

续前页

序号			391	392	393	394	395	396	397	398
代号			1461	1462	1463	1465	1466	1467	1468	1469
机械名称		单位	10m 以内高空作业车	15m 以内高空作业车	20m 以内高空作业车	80m 以内塔式起重机(附着式)(6t)	150m 以内塔式起重机(附着式)(6t)	200m 以内塔式起重机(附着式)(6t)	80m 以内塔式起重机(附着式)(8t)	150m 以内塔式起重机(附着式)(8t)
主机型号			QYJ5040-JGKZ10	QYJ5060-JGKZ15	QYJ5060-JGKZ18	QTZ63	QTZ63	QTZ63	QT80A,QTZ80	QT80A,QTZ80
不变费用	折旧费	元	77.06	150.89	231.72	241.26	322.48	380.50	297.13	412.89
	大修理费	元	22.24	43.56	66.89	83.44	111.53	131.59	102.76	142.79
	经常修理费	元	41.81	81.89	125.75	328.75	439.43	518.46	404.87	562.59
	安拆及辅助设施费	元	–	–	–	–	–	–	–	–
	小计	元	141.11	276.34	424.36	653.45	873.44	1030.55	804.76	1118.27
可变费用	人工	工日	2.00	2.00	2.00	2.00	2.00	2.00	2.00	2.00
	汽油	kg	–	–	–	–	–	–	–	–
	柴油	kg	20.95	26.67	44.95	–	–	–	–	–
	重油	kg	–	–	–	–	–	–	–	–
	煤气	kg	–	–	–	–	–	–	–	–
	煤	kg	–	–	–	–	–	–	–	–
	电	kW·h	–	–	–	117.17	117.17	117.17	169.58	169.58
	水	m^3	–	–	–	–	–	–	–	–
	木柴	kg	–	–	–	–	–	–	–	–
	车船使用税	元	–	–	–	–	–	–	–	–
定额基价		元	352.56	522.05	779.57	880.01	1100.00	1257.11	1094.22	1407.73

续前页

序号			399	400	401	402	403	404	405	406
代号			1470	1471	1472	1473	1476	1477	1478	1479
机械名称		单位	200m 以内塔式起重机（附着式 8t）	80m 以内塔式起重机（附着式 12t）	150m 以内塔式起重机（附着式 12t）	200m 以内塔式起重机（附着式 12t）	5t 以内桅杆式起重机	10t 以内桅杆式起重机	15t 以内桅杆式起重机	25t 以内桅杆式起重机
主机型号			QT80A，QTZ80	QT125，QTZ125	QT125，QTZ125	QT125，QTZ125	WD5	WD10	WD15	WD25
不变费用	折旧费	元	495.58	384.15	538.50	615.67	35.06	43.99	58.54	84.74
	大修理费	元	171.39	132.85	186.23	212.92	16.07	20.16	26.83	38.84
	经常修理费	元	675.28	523.43	733.75	838.90	67.49	84.67	112.69	163.13
	安拆及辅助设施费	元	–	–	–	–	–	–	–	–
	小计	元	1342.25	1040.43	1458.48	1667.49	118.62	148.82	198.06	286.71
可变费用	人工	工日	2.00	2.00	2.00	2.00	2.00	2.00	2.00	2.00
	汽油	kg	–	–	–	–	–	–	–	–
	柴油	kg	–	–	–	–	–	–	–	–
	重油	kg	–	–	–	–	–	–	–	–
	煤气	kg	–	–	–	–	–	–	–	–
	煤	kg	–	–	–	–	–	–	–	–
	电	kW·h	169.58	222.00	222.00	222.00	71.30	107.92	185.00	246.66
	水	m^3	–	–	–	–	–	–	–	–
	木柴	kg	–	–	–	–	–	–	–	–
	车船使用税	元	–	–	–	–	–	–	–	–
定额基价		元	1631.71	1392.79	1810.84	2019.85	290.14	364.28	506.02	668.66

续前页

序号			407	408	409	410	411	412	413	414
代号			1480	1481	1482	1483	1484	1485	1486	1487
机械名称		单位	40t 以内桅杆式起重机	5t 以内龙门式起重机（跨度 20m）	10t 以内龙门式起重机（跨度 20m）	20t 以内龙门式起重机（跨度 20m）	30t 以内龙门式起重机（跨度 30m）	40t 以内龙门式起重机（跨度 30m）	50t 以内龙门式起重机（跨度 30m）	60t 以内龙门式起重机（跨度 30m）
主机型号			WD40	电动	电动	电动	电动	电动	电动	电动
不变费用	折旧费	元	121.85	45.23	98.90	121.67	160.67	177.87	195.88	211.22
	大修理费	元	55.85	20.73	45.33	55.76	73.64	75.96	83.66	90.21
	经常修理费	元	234.57	72.56	158.66	195.16	257.74	265.86	292.81	315.74
	安拆及辅助设施费	元	–	–	–	–	–	–	–	–
	小计	元	412.27	138.52	302.89	372.59	492.05	519.69	572.35	617.17
可变费用	人工	工日	2.00	2.00	2.00	2.00	2.00	2.00	2.00	2.00
	汽油	kg	–	–	–	–	–	–	–	–
	柴油	kg	–	–	–	–	–	–	–	–
	重油	kg	–	–	–	–	–	–	–	–
	煤气	kg	–	–	–	–	–	–	–	–
	煤	kg	–	–	–	–	–	–	–	–
	电	kW·h	269.79	38.54	46.25	67.83	107.92	138.75	169.58	209.66
	水	m^3	–	–	–	–	–	–	–	–
	木柴	kg	–	–	–	–	–	–	–	–
	车船使用税	元	–	–	–	–	–	–	–	–
定额基价		元	821.98	270.73	444.35	539.95	707.51	772.15	861.81	954.72

续前页

序号			415	416	417	418	419	420	421	422
代号			1488	1489	1490	1491	1492	1494	1497	1498
机械名称		单位	80t以内龙门式起重机（跨度30m）	100t以内龙门式起重机（跨度30m）	120t以内龙门式起重机（跨度42m）	250t以内龙门式起重机（跨度42m）	350t以内龙门式起重机（跨度50m）	跨缆吊机	提升质量1t以内少先吊	10kN以内单筒慢动电动卷扬机
主机型号			电动	电动	电动	电动	电动			JJM-1
不变费用	折旧费	元	293.10	461.00	671.33	912.67	1344.37	1555.20	6.45	4.23
	大修理费	元	116.02	172.88	223.78	285.21	364.10	388.80	0.94	1.32
	经常修理费	元	406.07	605.08	783.23	998.24	1274.35	1088.64	7.65	3.52
	安拆及辅助设施费	元	–	–	–	–	–	60.80	–	1.68
	小计	元	815.19	1238.96	1678.34	2196.12	2982.82	3093.44	15.04	10.75
可变费用	人工	工日	2.00	2.00	2.00	2.00	2.00	9.00	1.00	1.00
	汽油	kg	–	–	–	–	–	–	–	–
	柴油	kg	–	–	–	–	–	–	–	–
	重油	kg	–	–	–	–	–	–	–	–
	煤气	kg	–	–	–	–	–	–	–	–
	煤	kg	–	–	–	–	–	–	–	–
	电	kW·h	271.33	302.16	339.16	564.24	863.32	462.49	17.71	18.54
	水	m^3	–	–	–	–	–	–	–	–
	木柴	kg	–	–	–	–	–	–	–	–
	车船使用税	元	–	–	–	–	–	–	–	–
定额基价		元	1226.75	1687.51	2171.29	2959.17	4104.76	4035.25	79.27	75.98

续前页

序号			423	424	425	426	427	428	429	430
代号			1499	1500	1501	1502	1503	1504	1505	1507
机械名称		单位	30kN 以内单筒慢动电动卷扬机	50kN 以内单筒慢动电动卷扬机	80kN 以内单筒慢动电动卷扬机	100kN 以内单筒慢动电动卷扬机	200kN 以内单筒慢动电动卷扬机	300kN 以内单筒慢动电动卷扬机	500kN 以内单筒慢动电动卷扬机	10kN 以内单筒快动电动卷扬机
主机型号			JJM-3	JJM-5	JJM-8	JJM-10	JJM-20	JJM-32	JJM-50	JJK-1
不变费用	折旧费	元	7.09	8.23	22.40	35.89	86.86	132.57	178.29	5.49
	大修理费	元	2.21	2.57	7.00	11.21	27.14	41.43	55.71	1.71
	经常修理费	元	5.90	6.86	18.69	29.93	72.46	110.62	148.75	4.57
	安拆及辅助设施费	元	2.02	2.42	2.91	3.48	4.18	5.02	6.02	1.68
	小计	元	17.22	20.08	51.00	80.51	190.64	289.64	388.77	13.45
可变费用	人工	工日	1.00	1.00	1.00	1.00	1.00	1.00	1.00	1.00
	汽油	kg	–	–	–	–	–	–	–	–
	柴油	kg	–	–	–	–	–	–	–	–
	重油	kg	–	–	–	–	–	–	–	–
	煤气	kg	–	–	–	–	–	–	–	–
	煤	kg	–	–	–	–	–	–	–	–
	电	kW·h	37.58	55.11	67.83	92.50	148.38	173.44	254.37	19.96
	水	m^3	–	–	–	–	–	–	–	–
	木柴	kg	–	–	–	–	–	–	–	–
	车船使用税	元	–	–	–	–	–	–	–	–
定额基价		元	105.30	129.19	175.38	234.49	411.68	540.75	736.99	80.38

续前页

序号		431	432	433	434	435	436	437	438
代号		1508	1509	1510	1511	1512	1514	1515	1516
机械名称	单位	20kN 以内单筒快动电动卷扬机	30kN 以内单筒快动电动卷扬机	50kN 以内单筒快动电动卷扬机	80kN 以内单筒快动电动卷扬机	100kN 以内单筒快动电动卷扬机	10kN 以内双筒慢动电动卷扬机	30kN 以内双筒慢动电动卷扬机	50kN 以内双筒慢动电动卷扬机
主机型号		JJK-2	JJK-3	JJK-5	JJK-8	JJK-10	JJ2M-1	JJ2M-3	JJ2M-5
不变费用 折旧费	元	7.31	10.51	19.89	39.31	51.66	4.50	10.03	16.38
大修理费	元	2.29	3.29	6.21	12.29	16.14	1.41	3.13	5.12
经常修理费	元	6.11	8.78	16.58	32.81	43.09	3.76	8.36	13.67
安拆及辅助设施费	元	1.85	2.02	2.42	2.91	3.48	2.19	2.64	3.16
小计	元	17.56	24.60	45.10	87.32	114.37	11.86	24.16	38.33
可变费用 人工	工日	1.00	1.00	1.00	1.00	1.00	1.00	1.00	1.00
汽油	kg	–	–	–	–	–	–	–	–
柴油	kg	–	–	–	–	–	–	–	–
重油	kg	–	–	–	–	–	–	–	–
煤气	kg	–	–	–	–	–	–	–	–
煤	kg	–	–	–	–	–	–	–	–
电	kW·h	40.47	59.35	93.27	128.34	169.58	33.92	67.83	93.27
水	m^3	–	–	–	–	–	–	–	–
木柴	kg	–	–	–	–	–	–	–	–
车船使用税	元	–	–	–	–	–	–	–	–
定额基价	元	109.10	138.80	200.00	284.31	360.85	95.54	148.54	193.23

续前页

序号			439	440	441	442	443	444	445	446
代号			1517	1518	1519	1520	1521	1522	1523	1524
机械名称		单位	80kN 以内双筒慢动电动卷扬机	100kN 以内双筒慢动电动卷扬机	250kN 以内双筒慢动电动卷扬机	10kN 以内双筒快动电动卷扬机	20kN 以内双筒快动电动卷扬机	30kN 以内双筒快动电动卷扬机	50kN 以内双筒快动电动卷扬机	80kN 以内双筒快动电动卷扬机
主机型号			JJ2M-8	JJ2M-10	JJ2M-25	JJ2K-1	JJ2K-2	JJ2K-3	JJ2K-5	JJ2K-8
不变费用	折旧费	元	23.84	32.91	75.43	5.94	13.26	19.66	26.51	40.23
	大修理费	元	7.45	10.29	23.57	1.86	4.14	6.14	8.29	12.57
	经常修理费	元	19.89	27.47	62.93	4.97	11.05	16.39	22.13	33.56
	安拆及辅助设施费	元	3.78	4.55	4.55	2.19	2.37	2.64	3.16	3.78
	小计	元	54.96	75.22	166.48	14.96	30.82	44.83	60.09	90.14
可变费用	人工	工日	1.00	1.00	1.00	1.00	1.00	1.00	1.00	1.00
	汽油	kg	–	–	–	–	–	–	–	–
	柴油	kg	–	–	–	–	–	–	–	–
	重油	kg	–	–	–	–	–	–	–	–
	煤气	kg	–	–	–	–	–	–	–	–
	煤	kg	–	–	–	–	–	–	–	–
	电	kW·h	127.19	173.44	211.98	46.25	67.83	84.79	104.06	156.09
	水	m^3	–	–	–	–	–	–	–	–
	木柴	kg	–	–	–	–	–	–	–	–
	车船使用税	元	–	–	–	–	–	–	–	–
定额基价		元	250.57	326.33	463.84	113.44	155.20	189.56	227.94	320.43

续前页

	序号		447	448	449	450	451	452	453	454
	代号		1525	1527	1528	1529	1531	1532	1533	1534
	机械名称	单位	100kN 以内双筒快动电动卷扬机	10kN 以内手摇卷扬机	30kN 以内手摇卷扬机	50kN 以内手摇卷扬机	10m×0.5m(带长×带宽)皮带运输机	15m×0.5m(带长×带宽)皮带运输机	20m×0.5m(带长×带宽)皮带运输机	30m×0.5m(带长×带宽)皮带运输机
	主机型号		JJ2K-10	JS-1	JS-3	JS-5				
不变费用	折旧费	元	77.71	1.65	2.57	3.68	15.81	21.89	27.97	38.21
	大修理费	元	24.29	0.26	0.40	0.58	5.60	7.75	9.91	13.53
	经常修理费	元	64.85	0.69	1.07	1.55	19.66	27.20	34.78	47.49
	安拆及辅助设施费	元	4.55	1.75	1.94	2.17	1.98	2.48	2.97	3.47
	小计	元	171.40	4.35	5.98	7.98	43.05	59.32	75.63	102.70
可变费用	人工	工日	1.00	–	–	–	1.00	1.00	1.00	1.00
	汽油	kg	–	–	–	–	–	–	–	–
	柴油	kg	–	–	–	–	–	–	–	–
	重油	kg	–	–	–	–	–	–	–	–
	煤气	kg	–	–	–	–	–	–	–	–
	煤	kg	–	–	–	–	–	–	–	–
	电	kW·h	190.78	–	–	–	20.16	21.25	26.57	38.96
	水	m^3	–	–	–	–	–	–	–	–
	木柴	kg	–	–	–	–	–	–	–	–
	车船使用税	元	–	–	–	–	–	–	–	–
	定额基价	元	443.32	4.35	5.98	7.98	110.22	127.80	150.49	192.43

续前页

序　　号			455	456	457	458	459	460	461	462
代　　号			1536	1537	1538	1539	1540	1541	1542	1545
机械名称		单位	2t 以内电动葫芦	3t 以内电动葫芦	5t 以内电动葫芦	10t 以内电动葫芦	15t 以内电动葫芦	20t 以内电动葫芦	30t 以内电动葫芦	1t 以内内燃叉车
主机型号			MD 型 H = 12m	MD 型 H = 12m	MD 型 H = 12m	MD 型 H = 12m	MD 型 H = 12m	MD 型 H = 12m	MD 型 H = 12m	CPC10A
不变费用	折旧费	元	13.08	15.00	17.28	33.00	55.80	71.76	99.60	29.59
	大修理费	元	3.00	3.44	3.96	7.56	12.79	16.45	22.83	14.03
	经常修理费	元	9.90	11.35	13.07	19.81	33.51	43.10	59.81	29.04
	安拆及辅助设施费	元	–	–	–	–	–	–	–	–
	小计	元	25.98	29.79	34.31	60.37	102.10	131.31	182.24	72.66
可变费用	人工	工日	–	–	–	–	–	–	–	1.00
	汽油	kg	–	–	–	–	–	–	–	–
	柴油	kg	–	–	–	–	–	–	–	14.29
	重油	kg	–	–	–	–	–	–	–	–
	煤气	kg	–	–	–	–	–	–	–	–
	煤	kg	–	–	–	–	–	–	–	–
	电	kW·h	14.45	20.83	35.28	50.16	63.76	93.51	127.52	–
	水	m^3	–	–	–	–	–	–	–	–
	木柴	kg	–	–	–	–	–	–	–	–
	车船使用税	元	–	–	–	–	–	–	–	–
定额基价		元	43.32	54.79	76.65	120.56	178.61	243.52	335.26	201.24

续前页

序号			463	464	465	466	467	468	469	470
代号			1546	1547	1548	1549	1551	1552	1553	1554
机械名称		单位	2t 以内内燃叉车	3t 以内内燃叉车	4t 以内内燃叉车	5t 以内内燃叉车	75m 以内单笼施工电梯	100m 以内单笼施工电梯	150m 以内单笼施工电梯	100m 以内双笼施工电梯
主机型号			CPCD20C	CPC30A	CPC40A	CPC50A	SC50			
不变费用	折旧费	元	34.92	41.71	50.93	66.93	81.43	89.40	99.79	111.57
	大修理费	元	16.56	19.78	24.15	31.74	23.07	25.33	28.27	31.61
	经常修理费	元	34.28	40.94	49.99	65.70	46.14	50.66	56.54	63.22
	安拆及辅助设施费	元	–	–	–	–	10.38	11.89	14.44	14.55
	小计	元	85.76	102.43	125.07	164.37	161.02	177.28	199.04	220.95
可变费用	人工	工日	1.00	1.00	1.00	1.00	1.00	1.00	1.00	1.00
	汽油	kg	–	–	–	–	–	–	–	–
	柴油	kg	16.00	20.00	31.43	41.72	–	–	–	–
	重油	kg	–	–	–	–	–	–	–	–
	煤气	kg	–	–	–	–	–	–	–	–
	煤	kg	–	–	–	–	–	–	–	–
	电	kW·h	–	–	–	–	47.82	47.82	63.76	85.01
	水	m^3	–	–	–	–	–	–	–	–
	木柴	kg	–	–	–	–	–	–	–	–
	车船使用税	元	–	–	–	–	–	–	–	–
定额基价		元	224.58	265.21	356.32	457.25	261.38	277.64	318.53	365.94

续前页

序号			471	472	473	474	475	476	477	478
代号			1555	1557	1558	1559	1560	1561	1562	2441
机械名称		单位	200m以内双笼施工电梯	100t以内液压千斤顶	200t以内液压千斤顶	300t以内液压千斤顶	300kg以内液压升降机	400kg以内液压升降机	500kg以内液压升降机	50t全液压路面汽车式起重机
主机型号							提升高度9m	提升高度9m	提升高度9m	NK-500E-V
不变费用	折旧费	元	123.24	1.41	1.90	2.82	15.84	19.84	21.82	1007.41
	大修理费	元	34.56	1.00	1.30	1.94	2.97	3.72	4.09	250.00
	经常修理费	元	69.12	3.00	3.90	5.82	8.91	11.16	12.27	700.00
	安拆及辅助设施费	元	17.64	–	–	–	–	–	–	–
	小计	元	244.56	5.41	7.10	10.58	27.72	34.72	38.18	1957.41
可变费用	人工	工日	1.00	–	–	–	1.00	1.00	1.00	2.00
	汽油	kg	–	–	–	–	–	–	–	–
	柴油	kg	–	–	–	–	–	–	–	162.48
	重油	kg	–	–	–	–	–	–	–	–
	煤气	kg	–	–	–	–	–	–	–	–
	煤	kg	–	–	–	–	–	–	–	–
	电	kW·h	159.61	–	–	–	–	–	–	–
	水	m^3	–	–	–	–	–	–	–	–
	木柴	kg	–	–	–	–	–	–	–	–
	车船使用税	元	–	–	–	–	–	–	–	–
定额基价		元	479.07	5.41	7.10	10.58	70.70	77.70	81.16	3016.63

六、打桩、钻孔机械

序号			479	480	481	482	483	484	485	486
代号			1566	1567	1568	1569	1570	1571	1574	1575
机械名称		单位	0.6t 以内导杆式柴油打桩机	1.2t 以内导杆式柴油打桩机	1.6t 以内导杆式柴油打桩机	1.8t 以内导杆式柴油打桩机	2.5t 以内轨道式柴油打桩机	3.5t 以内轨道式柴油打桩机	0.5t 以内重锤打桩机	300kN 以内振动打拔桩机
主机型号			DD6 耗油 3.1L/h	DD12 耗油 4.0L/h	DD16 耗油 5.2L/h	DD18 耗油 6.9L/h	D25	D35	DZ500	
不变费用	折旧费	元	37.52	43.95	53.72	63.49	286.33	415.11	11.70	250.55
	大修理费	元	16.02	18.77	22.94	27.11	121.03	175.46	4.39	95.05
	经常修理费	元	38.45	45.05	55.06	65.06	273.53	396.54	11.85	228.12
	安拆及辅助设施费	元	2.44	2.97	3.50	4.54	6.99	8.86	2.44	4.19
	小计	元	94.43	110.74	135.22	160.20	687.88	995.97	30.38	577.91

续前页

序号			479	480	481	482	483	484	485	486
代号			1566	1567	1568	1569	1570	1571	1574	1575
机械名称		单位	0.6t 以内 导杆式 柴油打桩机	1.2t 以内 导杆式 柴油打桩机	1.6t 以内 导杆式 柴油打桩机	1.8t 以内 导杆式 柴油打桩机	2.5t 以内 轨道式 柴油打桩机	3.5t 以内 轨道式 柴油打桩机	0.5t 以内 重锤打桩机	300kN 以内 振动 打拔桩机
主机型号			DD6 耗油 3.1L/h	DD12 耗油 4.0L/h	DD16 耗油 5.2L/h	DD18 耗油 6.9L/h	D25	D35	DZ500	
可变费用	人工	工日	2.00	2.00	2.00	2.00	2.00	2.00	2.00	2.00
	汽油	kg	–	–	–	–	–	–	–	–
	柴油	kg	17.00	22.00	22.00	38.00	47.00	47.00	14.25	17.00
	重油	kg	–	–	–	–	–	–	–	–
	煤气	kg	–	–	–	–	–	–	–	–
	煤	kg	–	–	–	–	–	–	–	–
	电	kW·h	32.45	46.25	46.25	48.68	122.22	163.80	–	134.60
	水	m^3	–	–	–	–	–	–	–	–
	木柴	kg	–	–	–	–	–	–	–	–
	车船使用税	元	–	–	–	–	–	–	–	–
定额基价		元	321.16	383.98	408.46	532.20	1202.03	1560.02	201.70	927.22

续前页

序号			487	488	489	490	491	492	493	494
代号			1576	1577	1578	1581	1582	1583	1584	1585
机械名称		单位	400kN 以内振动打拔桩机	500kN 以内振动打拔桩机	600kN 以内振动打拔桩机	300kN 以内振动打拔桩锤	500kN 以内振动打拔桩锤	600kN 以内振动打拔桩锤	900kN 以内振动打拔桩锤	1500kN 以内振动打拔桩锤
主机型号						DZ30	DZ45	DZ60	DZ90	ZD150
不变费用	折旧费	元	318.28	402.82	478.19	90.11	126.10	158.43	245.73	376.53
	大修理费	元	120.75	153.65	181.41	28.98	40.30	50.63	78.53	120.33
	经常修理费	元	289.80	368.76	435.38	69.55	96.72	121.51	188.47	288.79
	安拆及辅助设施费	元	4.89	5.38	5.92	4.19	4.89	5.38	5.92	6.51
	小计	元	733.72	930.61	1100.90	192.83	268.01	335.95	518.65	792.16
可变费用	人工	工日	2.00	2.00	2.00	2.00	2.00	2.00	2.00	2.00
	汽油	kg	–	–	–	–	–	–	–	–
	柴油	kg	25.00	31.00	37.00	–	–	–	–	–
	重油	kg		–	–	–	–	–	–	–
	煤气	kg	–	–	–	–	–	–	–	–
	煤	kg	–	–	–	–	–	–	–	–
	电	kW·h	183.11	250.52	289.06	127.79	198.78	255.58	354.97	511.16
	水	m^3	–	–	–	–	–	–	–	–
	木柴	kg	–	–	–	–	–	–	–	–
	车船使用税	元	–	–	–	–	–	–	–	–
定额基价		元	1189.16	1502.88	1755.36	432.14	592.51	728.61	1030.57	1491.51

续前页

序号			495	496	497	498	499	500	501	502
代号			1588	1589	1590	1593	1594	1595	1600	1602
机械名称		单位	20型、22型电动冲击钻机	30型电动冲击钻机	28型机动冲击钻机	1200mm以内冲击反循环钻机	2000mm以内冲击反循环钻机	2500mm以内冲击反循环钻机	1500mm以内回旋钻机	2500mm以内回旋钻机
主机型号			CZ-20，CZ-22	CZ-30		CJF-13	CJF-20A	YCJF-25	GPS-15，ZJ150-1	QJ-250
不变费用	折旧费	元	89.12	127.31	138.52	174.60	247.35	286.15	265.52	477.48
	大修理费	元	29.40	42.00	57.12	57.60	81.60	94.40	98.55	177.21
	经常修理费	元	58.80	84.00	125.66	115.20	163.20	188.80	305.51	549.35
	安拆及辅助设施费	元	4.54	5.05	5.67	6.12	6.61	7.15	11.92	15.81
	小计	元	181.86	258.36	326.97	353.52	498.76	576.50	681.50	1219.85
可变费用	人工	工日	2.00	2.00	2.00	2.00	2.00	2.00	2.00	2.00
	汽油	kg	–	–	–	–	–	–	–	–
	柴油	kg	–	–	33.00	–	–	–	–	–
	重油	kg	–	–	–	–	–	–	–	–
	煤气	kg	–	–	–	–	–	–	–	–
	煤	kg	–	–	–	–	–	–	–	–
	电	kW·h	100.80	183.27	–	412.36	526.91	618.55	566.56	782.39
	水	m^3	–	–	–	–	–	–	–	–
	木柴	kg	–	–	–	–	–	–	–	–
	车船使用税	元	–	–	–	–	–	–	–	–
定额基价		元	388.78	564.24	610.60	934.31	1217.01	1404.72	1447.33	2244.68

续前页

序号			503	504	505	506	507	508	509	510
代号			1603	1604	1607	1608	1610	1611	1612	1615
机械名称		单位	3000mm 以内回旋钻机	3500mm 以内回旋钻机	1000mm 以内汽车式钻孔机	2000mm 以内汽车式钻孔机	1125mm 以内潜水钻机	1500mm 以内潜水钻机	2500mm 以内潜水钻机	1500mm 以内全套管钻孔机
主机型号			GZY-300			SPC300H，GJC40H	GZQ1250B 含砂石	RRC-15 含砂石	RRC-20B 含砂石	MT150
不变费用	折旧费	元	1218.13	2143.94	155.71	205.49	95.67	240.61	443.05	2267.79
	大修理费	元	452.09	795.69	48.16	63.55	30.57	76.90	100.49	561.10
	经常修理费	元	1401.48	2466.64	132.44	174.76	82.23	206.86	251.23	1739.41
	安拆及辅助设施费	元	23.72	31.38	–	–	8.19	10.00	11.82	15.67
	小计	元	3095.42	5437.65	336.31	443.80	216.66	534.37	806.59	4583.97
可变费用	人工	工日	3.00	3.00	2.00	2.00	2.00	2.00	2.00	2.00
	汽油	kg	–	–	–	–	–	–	–	–
	柴油	kg	–	–	33.00	68.00	–	–	–	178.54
	重油	kg	–	–	–	–	–	–	–	–
	煤气	kg	–	–	–	–	–	–	–	–
	煤	kg	–	–	–	–	–	–	–	–
	电	kW·h	1025.20	1284.19	82.00	94.00	458.64	620.51	755.41	–
	水	m^3	–	–	–	–	–	–	–	–
	木柴	kg	–	–	–	–	–	–	–	–
	车船使用税	元	–	–	–	–	–	–	–	–
定额基价		元	4454.60	7107.62	718.34	1049.88	852.99	1364.94	1799.04	5739.38

续前页

序号			511	512	513	514	515	516	517	518
代号			1616	1621	1624	1626	1627	1628	1629	1630
机械名称		单位	2000mm 以内全套管钻孔机	泥浆制作循环设备	100~150L 泥浆搅拌机	不带门架袋装砂井机	带门架袋装砂井机	13kW 振冲器	30kW 振冲器	55kW 振冲器
主机型号			MT200			DZS	DZS	ZCQ-13	ZCQ-30	ZCQ-55
不变费用	折旧费	元	3146.79	640.59	2.53	57.87	188.45	22.08	33.60	46.08
	大修理费	元	778.59	40.94	0.87	8.62	15.12	5.31	7.70	8.40
	经常修理费	元	2413.63	61.82	4.26	38.79	68.04	23.90	34.65	37.80
	安拆及辅助设施费	元	23.52	–	–	3.05	10.19	–	–	–
	小计	元	6362.53	743.35	7.66	108.33	281.80	51.29	75.95	92.28
可变费用	人工	工日	2.00	5.00	1.00	2.00	2.00	2.00	2.00	2.00
	汽油	kg	–	–	–	–	–	–	–	–
	柴油	kg	206.00	–	–	–	–	–	–	–
	重油	kg	–	–	–	–	–	–	–	–
	煤气	kg	–	–	–	–	–	–	–	–
	煤	kg	–	–	–	–	–	–	–	–
	电	kW·h	–	611.39	9.74	93.94	157.27	64.47	148.77	272.75
	水	m^3	–	–	–	–	–	–	–	–
	木柴	kg	–	–	–	–	–	–	–	–
	车船使用税	元	–	–	–	–	–	–	–	–
定额基价		元	7682.43	1691.92	62.33	307.02	556.48	214.61	340.43	505.54

续前页

序号			519	520	521	522	523	524	525	526
代号			1631	1632	1633	1634	1635	1636	1637	1638
机械名称		单位	75kW 振冲器	400mm 以内螺旋钻孔机	600mm 以内螺旋钻孔机	800mm 以内螺旋钻孔机	铣槽机	履带式液压抓斗成槽机	履带式绳索抓斗成槽机	液压冲击重凿机
主机型号			ZCQ-75				CBC25/MBC30	KH180MHL-800	550A-50MHL-630	
不变费用	折旧费	元	79.68	135.81	160.05	248.24	6227.30	1014.11	668.29	1377.32
	大修理费	元	14.53	16.80	19.80	30.71	2118.57	230.00	151.57	447.27
	经常修理费	元	65.39	105.34	124.15	192.55	2987.18	324.30	213.71	630.65
	安拆及辅助设施费	元	–	1.08	1.29	1.70	–	–	–	–
	小计	元	159.60	259.03	305.29	473.20	11333.05	1568.41	1033.57	2455.24
可变费用	人工	工日	2.00	2.00	2.00	2.00	5.00	4.00	4.00	5.00
	汽油	kg	–	–	–	–	–	–	–	–
	柴油	kg	–	–	–	–	216.00	110.60	138.30	148.00
	重油	kg	–	–	–	–	–	–	–	–
	煤气	kg	–	–	–	–	–	–	–	
	煤	kg	–	–	–	–	–	–	–	–
	电	kW·h	371.93	161.87	242.81	404.68	–	–	–	–
	水	m^3	–	–	–	–	–	–	–	–
	木柴	kg	–	–	–	–	–	–	–	–
	车船使用税	元	–	–	–	–	–	–	–	–
定额基价		元	691.88	539.23	682.62	1044.78	12841.79	2402.82	2033.91	3556.66

续前页

序号			527	528	529	530	531	532	533	534
代号			1639	1640	1641	1643	1645	1646	1647	2451
机械名称		单位	锁口管顶升机	18m 高压旋喷钻机	粉体发送器	44MPa 高压注浆泵	15m 以内深层喷射搅拌机	18m 以内深层喷射搅拌机	25m 以内深层喷射搅拌机	液压打桩机
主机型号				XP-30	GS-1	GZB-40A	GPP-5B	GPP-5B	GPP-5B	YZ180
不变费用	折旧费	元	50.80	161.67	5.34	52.89	148.73	156.49	163.61	24.25
	大修理费	元	6.62	36.67	1.57	14.27	33.73	35.49	37.11	6.77
	经常修理费	元	29.06	165.02	7.07	42.81	151.79	159.71	167.00	16.25
	安拆及辅助设施费	元	2.05	–	–	–	–	–	–	–
	小计	元	88.53	363.36	13.98	109.97	334.25	351.69	367.72	47.27
可变费用	人工	工日	2.00	1.00	1.00	1.00	1.00	1.00	1.00	2.00
	汽油	kg	–	–	–	–	–	–	–	–
	柴油	kg	64.00	–	–	–	–	–	–	20.90
	重油	kg	–	–	–	–	–	–	–	–
	煤气	kg	–	–	–	–	–	–	–	–
	煤	kg	–	–	–	–	–	–	–	–
	电	kW·h	–	129.50	8.09	46.25	138.75	228.16	277.50	–
	水	m^3	–	–	–	–	–	–	–	–
	木柴	kg	–	–	–	–	–	–	–	–
	车船使用税	元	–	–	–	–	–	–	–	–
定额基价		元	557.85	561.74	66.67	208.45	543.73	668.46	743.70	258.42

续前页

序号			535	536	537	538	539	540	541	542
代号			2452	2453	2454	2455	2460	2461	2463	2464
机械名称		单位	液压打拔桩机	液压打桩机	液压打拔桩机	液压拔桩机	混凝土钻孔取芯机（机动）	钻孔取芯机（电动）	植树用打孔机	植树用打孔机
主机型号			YZ180	YZ230	YZ230	BZJ20	HZ-20	ZZH1-200A	WL-200	WL-250C
不变费用	折旧费	元	32.84	32.84	68.42	10.78	3.82	5.21	5.82	7.03
	大修理费	元	7.29	7.29	139.29	2.08	0.94	0.81	1.13	1.25
	经常修理费	元	17.50	17.50	195.00	5.00	2.91	2.58	3.60	4.00
	安拆及辅助设施费	元	–	–	–	–	–	–	–	–
	小计	元	57.63	57.63	402.71	17.86	7.67	8.60	10.55	12.28
可变费用	人工	工日	2.00	2.00	2.00	2.00	1.00	1.00	1.00	1.00
	汽油	kg	–	–	–	–	6.00	–	4.75	6.86
	柴油	kg	20.90	22.78	22.78	12.37	–	–	–	–
	重油	kg	–	–	–	–	–	–	–	–
	煤气	kg	–	–	–	–	–	–	–	–
	煤	kg	–	–	–	–	–	–	–	–
	电	kW·h	–	–	–	–	–	12.44	–	–
	水	m^3	–	–	–	–	–	–	–	–
	木柴	kg	–	–	–	–	–	–	–	–
	车船使用税	元	–	–	–	–	–	–	–	–
定额基价		元	268.78	280.04	625.12	177.92	90.67	66.51	85.21	101.02

续前页

序号			543	544	545	546	547	548	549	550
代号			2466	2467	2468	2470	2473	2475	2476	2477
机械名称		单位	锤钻	锤钻	锤钻	单管旋喷钻机（电动）	高压注浆泵	600mm 以内螺旋钻孔机	工程地质钻机（钻深100m，孔径171mm内）	工程地质钻机（钻深200m，孔径220mm内）
主机型号			GBH7-46E	GBH5-38X	瑞士 TE70	MGJ-50	XPB-90D		XUL-100	HGY-200
不变费用	折旧费	元	5.36	2.12	8.85	84.64	50.23	562.95	15.01	22.52
	大修理费	元	0.83	0.33	1.37	20.24	12.43	139.29	6.19	9.52
	经常修理费	元	11.23	4.45	18.55	62.74	43.50	195.00	19.19	29.52
	安拆及辅助设施费	元	–	–	–	–	–	–	–	–
	小计	元	17.42	6.90	28.77	167.62	106.16	897.24	40.39	61.56
可变费用	人工	工日	1.00	1.00	1.00	2.00	1.00	1.00	2	2
	汽油	kg	–	–	–	–	–	–	–	–
	柴油	kg	–	–	–	–	–	–	–	–
	重油	kg	–	–	–	–	–	–	–	–
	煤气	kg	–	–	–	–	–	–	–	–
	煤	kg	–	–	–	–	–	–	–	–
	电	kW·h	8.16	6.35	9.55	70.20	522.50	624.37	70.2	95.73
	水	m^3	–	–	–	–	–	–	–	–
	木柴	kg	–	–	–	–	–	–	–	–
	车船使用税	元	–	–	–	–	–	–	–	–
定额基价		元	70.19	57.50	83.21	337.82	776.14	1689.46	210.59	262.40

七、泵类机械

序号			551	552	553	554	555	556	557	558
代号			1651	1652	1653	1654	1655	1657	1658	1659
机械名称		单位	50mm 以内电动单级离心清水泵	100mm 以内电动单级离心清水泵	150mm 以内电动单级离心清水泵	200mm 以内电动单级离心清水泵	250mm 以内电动单级离心清水泵	50mm 以内机动单级离心清水泵	100mm 以内机动单级离心清水泵	150mm 以内机动单级离心清水泵
主机型号			2BA-36	B100-40A	IS200-150	250S-24	12H-13A	2BA-9	4BA-12	6BA-12
不变费用	折旧费	元	2.76	7.83	11.25	14.77	31.53	3.31	7.72	11.80
	大修理费	元	1.12	2.81	3.90	4.56	7.03	1.33	2.81	3.92
	经常修理费	元	2.70	7.14	9.91	11.58	17.86	3.19	6.74	9.41
	安拆及辅助设施费	元	0.69	0.93	1.16	1.38	1.62	0.69	0.93	1.16
	小计	元	7.27	18.71	26.22	32.29	58.04	8.52	18.20	26.29

续前页

序号			551	552	553	554	555	556	557	558
代号			1651	1652	1653	1654	1655	1657	1658	1659
机械名称		单位	50mm 以内电动单级离心清水泵	100mm 以内电动单级离心清水泵	150mm 以内电动单级离心清水泵	200mm 以内电动单级离心清水泵	250mm 以内电动单级离心清水泵	50mm 以内机动单级离心清水泵	100mm 以内机动单级离心清水泵	150mm 以内机动单级离心清水泵
主机型号			2BA-36	B100-40A	IS200-150	250S-24	12H-13A	2BA-9	4BA-12	6BA-12
可变费用	人工	工日	1.00	1.00	1.00	1.00	1.00	1.00	1.00	1.00
	汽油	kg	–	–	–	–	–	–	–	–
	柴油	kg	–	–	–	–	–	8.40	14.00	20.00
	重油	kg	–	–	–	–	–	–	–	–
	煤气	kg	–	–	–	–	–	–	–	–
	煤	kg	–	–	–	–	–	–	–	–
	电	kW·h	37.19	54.55	148.77	272.75	371.93	–	–	–
	水	m^3	–	–	–	–	–	–	–	–
	木柴	kg	–	–	–	–	–	–	–	–
	车船使用税	元	–	–	–	–	–	–	–	–
定额基价		元	94.88	127.15	247.72	402.57	547.34	101.82	145.04	189.07

续前页

序号			559	560	561	562	563	564	565	566
代号			1660	1661	1663	1664	1665	1666	1668	1669
机械名称		单位	200mm 以内机动单级离心清水泵	250mm 以内机动单级离心清水泵	100mm 以内电动多级离心清水泵	100mm 以内电动多级离心清水泵	150mm 以内电动多级离心清水泵	150mm 以内电动多级离心清水泵	150mm 以内机动多级离心清水泵	150mm 以内机动多级离心清水泵
主机型号			8BA-18	10SH-13A	DA1-100-6，H≤120m	DA1-100-8，H＞120m	DA1-150-6，H≤180m	DA1-150-8，H＞180m	DA1-150-6，H≤180m	DA1-150-8，H＞180m
不变费用	折旧费	元	19.85	39.25	12.79	14.88	31.75	41.12	43.58	48.83
	大修理费	元	6.41	11.86	3.44	4.00	8.53	11.05	10.89	12.21
	经常修理费	元	15.38	28.46	8.26	9.60	20.47	26.52	25.59	28.69
	安拆及辅助设施费	元	1.38	1.62	1.79	1.79	2.14	2.14	2.05	2.46
	小计	元	43.02	81.19	26.28	30.27	62.89	80.83	82.11	92.19
可变费用	人工	工日	1.00	1.00	1.00	1.00	1.00	1.00	1.00	1.00
	汽油	kg	–	–	–	–	–	–	–	–
	柴油	kg	29.33	49.67	–	–	–	–	74.67	93.87
	重油	kg	–	–	–	–	–	–	–	–
	煤气	kg	–	–	–	–	–	–	–	–
	煤	kg	–	–	–	–	–	–	–	–
	电	kW·h	–	–	233.78	318.80	467.57	566.75	–	–
	水	m^3	–	–	–	–	–	–	–	–
	木柴	kg	–	–	–	–	–	–	–	–
	车船使用税	元	–	–	–	–	–	–	–	–
定额基价		元	261.69	421.69	349.80	455.81	666.95	803.91	572.36	697.45

续前页

序号		567	568	569	570	571	572	573	574
代号		1672	1675	1676	1677	1678	1679	1680	1681
机械名称	单位	150mm 以内单级自吸式水泵	50mm 以内潜水泵	100mm 以内潜水泵	150mm 以内潜水泵	100mm 以内污水泵	150mm 以内污水泵	50mm 以内泥浆泵	100mm 以内泥浆泵
主机型号		机动						2PN	4PN
不变费用 折旧费	元	28.33	1.84	2.87	8.80	7.16	8.78	10.21	21.04
大修理费	元	9.15	0.72	1.02	2.08	1.57	1.92	2.23	4.03
经常修理费	元	21.50	3.89	5.51	11.23	5.09	6.22	7.81	14.11
安拆及辅助设施费	元	1.16	0.69	0.93	1.16	1.16	1.16	0.69	0.93
小计	元	60.14	7.14	10.33	23.27	14.98	18.08	20.94	40.11
可变费用 人工	工日	1.00	1.00	1.00	1.00	1.00	1.00	1.00	1.00
汽油	kg	–	–	–	–	–	–	–	–
柴油	kg	28.00	–	–	–	–	–	–	–
重油	kg	–	–	–	–	–	–	–	–
煤气	kg	–	–	–	–	–	–	–	–
煤	kg	–	–	–	–	–	–	–	–
电	kW·h	–	13.57	24.67	53.55	91.74	254.40	54.55	272.75
水	m^3	–	–	–	–	–	–	–	–
木柴	kg	–	–	–	–	–	–	–	–
车船使用税	元	–	–	–	–	–	–	–	–
定额基价	元	270.84	66.40	82.91	130.51	168.05	366.34	129.38	410.39

续前页

序号			575	576	577	578	579	580		
代号			1683	1684	1685	1687	1689	1690		
机械名称		单位	65mm 以内砂泵	100mm 以内砂泵	150mm 以内砂泵	射流井点泵（最大抽吸深度 10m）	真空泵（最大抽吸速度 $204m^3/h$）	真空泵（最大抽吸速度 $600m^3/h$）		
主机型号			2.5PS	4PS	6PS					
不变费用	折旧费	元	8.20	13.67	28.44	6.26	5.97	8.27		
	大修理费	元	2.52	3.97	7.32	0.78	0.75	1.03		
	经常修理费	元	7.86	11.91	21.96	2.34	2.25	3.09		
	安拆及辅助设施费	元	0.93	1.16	0.93	1.08	1.24	1.38		
	小计	元	19.51	30.71	58.65	10.46	10.21	13.77		
可变费用	人工	工日	1.00	1.00	1.00	1.00	1.00	1.00		
	汽油	kg	–	–	–	–	–	–		
	柴油	kg	–	–	–	–	–	–		
	重油	kg	–	–	–	–	–	–		
	煤气	kg	–	–	–	–	–	–		
	煤	kg	–	–	–	–	–	–		
	电	kW·h	109.10	272.75	371.93	54.55	54.55	123.98		
	水	m^3	–	–	–	–	–	–		
	木柴	kg	–	–	–	–	–	–		
	车船使用税	元	–	–	–	–	–	–		
定额基价		元	193.41	400.99	547.95	118.90	118.65	205.53		

八、金属、木、石料加工机械

序号			581	582	583	584	585	586	587	588
代号			1701	1702	1703	1704	1705	1706	1707	1708
机械名称		单位	14mm 以内钢筋调直切断机	40mm 以内钢筋切断机	40mm 以内钢筋弯曲机	40mm 以内钢筋直螺纹滚丝机	14mm 以内钢筋墩头机	钢丝缠束机	钢缆缠丝机（缆径 800mm 以内）	钢缆压紧机（缆径 800mm 以内）
主机型号			GT4-14 调直切断	GJ40	GW40	BGS-40	LD10 含油泵			
不变费用	折旧费	元	10.56	6.24	5.28	18.82	6.88	3.47	571.20	641.28
	大修理费	元	1.87	1.11	0.94	3.33	1.22	1.18	74.38	83.50
	经常修理费	元	4.97	4.93	4.80	17.02	4.98	3.66	156.20	175.35
	安拆及辅助设施费	元	0.65	0.65	0.65	0.65	0.33	0.33	1.23	1.23
	小计	元	18.05	12.93	11.67	39.82	13.41	8.64	803.01	901.36

续前页

序号			581	582	583	584	585	586	587	588
代号			1701	1702	1703	1704	1705	1706	1707	1708
机械名称		单位	14mm以内钢筋调直切断机	40mm以内钢筋切断机	40mm以内钢筋弯曲机	40mm以内钢筋直螺纹滚丝机	14mm以内钢筋墩头机	钢丝缠束机	钢缆缠丝机（缆径800mm以内）	钢缆压紧机（缆径800mm以内）
主机型号			GT4-14调直切断	GJ40	GW40	BGS-40	LD10含油泵			
可变费用	人工	工日	–	–	–	1.00	–	–	2.00	2.00
	汽油	kg	–	–	–	–	–	–	–	–
	柴油	kg	–	–	–	–	–	–	–	–
	重油	kg	–	–	–	–	–	–	–	–
	煤气	kg	–	–	–	–	–	–	–	–
	煤	kg	–	–	–	–	–	–	–	–
	电	kW·h	13.84	31.24	13.49	22.48	41.51	13.63	323.75	71.40
	水	m^3	–	–	–	–	–	–	–	–
	木柴	kg	–	–	–	–	–	–	–	–
	车船使用税	元	–	–	–	–	–	–	–	–
定额基价		元	34.66	50.42	27.86	109.78	63.22	25.00	1277.47	1073.00

续前页

序号			589	590	591	592	593	594	595	596
代号			1710	1711	1712	1713	1714	1715	1716	1717
机械名称		单位	500mm 以内木工圆锯机	600mm 以内木工圆锯机	1000mm 以内木工圆锯机	1250mm 以内木工带锯机（带跑车）	300mm 以内木工平刨床	450mm 以内木工平刨床	600mm 以内单面木工压刨床	600mm 以内双面木工压刨床
主机型号			MJ-106	MJ-109	MJ-109	MDJ1250	MB503A	MB504B	MB106	MB206A
不变费用	折旧费	元	3.02	4.79	6.80	14.16	2.19	7.37	6.74	9.73
	大修理费	元	0.49	0.78	1.11	4.20	0.43	1.44	1.72	2.48
	经常修理费	元	1.05	1.68	2.39	9.45	1.66	5.56	4.68	6.75
	安拆及辅助设施费	元	1.29	1.34	1.56	1.81	0.65	0.65	0.65	0.65
	小计	元	5.85	8.59	11.86	29.62	4.93	15.02	13.79	19.61
可变费用	人工	工日	1.00	1.00	1.00	1.00	–	–	–	–
	汽油	kg	–	–	–	–	–	–	–	–
	柴油	kg	–	–	–	–	–	–	–	–
	重油	kg	–	–	–	–	–	–	–	–
	煤气	kg	–	–	–	–	–	–	–	–
	煤	kg	–	–	–	–	–	–	–	–
	电	kW·h	24.34	44.47	74.12	237.18	9.49	12.65	28.91	44.32
	水	m^3	–	–	–	–	–	–	–	–
	木柴	kg	–	–	–	–	–	–	–	–
	车船使用税	元	–	–	–	–	–	–	–	–
定额基价		元	78.04	104.93	143.78	357.22	16.32	30.20	48.48	72.79

续前页

序号			597	598	599	600	601	602	603	604
代号			1718	1719	1720	1721	1722	1723	1725	1726
机械名称		单位	400mm 以内三面木工压刨床	300mm 以内四面木工压刨床	长度 160mm 以内木工开榫机	孔径 50mm 以内木工打眼机	宽度 50mm 以内木工裁口机(多面)	榫槽深 100mm 以内木工榫槽机	21kV·A 以内交流电弧焊机	32kV·A 以内交流电弧焊机
主机型号			MB304	MB403	MX2116A	MK515A		MK362	BX1-220	BX1-330
不变费用	折旧费	元	20.22	26.44	21.02	3.28	5.24	3.28	2.18	2.80
	大修理费	元	5.16	6.75	8.37	1.07	1.66	1.06	0.64	0.82
	经常修理费	元	11.56	15.12	20.93	3.21	4.15	3.13	2.67	3.42
	安拆及辅助设施费	元	0.65	0.65	0.65	–	0.65	0.65	0.20	0.20
	小计	元	37.59	48.96	50.97	7.56	11.70	8.12	5.69	7.24
可变费用	人工	工日	–	–	–	–	–	–	1.00	1.00
	汽油	kg	–	–	–	–	–	–	–	–
	柴油	kg	–	–	–	–	–	–	–	–
	重油	kg	–	–	–	–	–	–	–	–
	煤气	kg	–	–	–	–	–	–	–	–
	煤	kg	–	–	–	–	–	–	–	–
	电	kW·h	52.38	63.99	25.94	5.09	35.58	31.13	68.15	87.63
	水	m^3	–	–	–	–	–	–	–	–
	木柴	kg	–	–	–	–	–	–	–	–
	车船使用税	元	–	–	–	–	–	–	–	–
定额基价		元	100.45	125.75	82.10	13.67	54.40	45.48	130.45	155.38

续前页

序号			605	606	607	608	609	610	611	612
代号			1727	1728	1729	1730	1731	1732	1733	1734
机械名称		单位	42kV·A以内交流电弧焊机	50kV·A以内交流电弧焊机	80kV·A以内交流电弧焊机	10kW以内直流电弧焊机	15kW以内直流电弧焊机	20kW以内直流电弧焊机	32kW以内直流电弧焊机	15kV·A以内硅整流电弧焊机
主机型号			BX2-500	BX2-700		AX3-300	AX-320		AX-500	
不变费用	折旧费	元	2.92	3.30	4.23	2.99	5.04	5.41	7.16	5.11
	大修理费	元	0.81	0.89	1.08	0.55	0.95	0.98	1.33	1.22
	经常修理费	元	3.38	3.71	4.50	1.68	2.90	2.99	4.06	3.72
	安拆及辅助设施费	元	0.22	0.26	0.30	0.22	0.27	0.33	0.39	0.34
	小计	元	7.33	8.16	10.11	5.44	9.16	9.71	12.94	10.39
可变费用	人工	工日	1.00	1.00	1.00	1.00	1.00	1.00	1.00	1.00
	汽油	kg	–	–	–	–	–	–	–	–
	柴油	kg	–	–	–	–	–	–	–	–
	重油	kg	–	–	–	–	–	–	–	–
	煤气	kg	–	–	–	–	–	–	–	–
	煤	kg	–	–	–	–	–	–	–	–
	电	kW·h	136.37	155.86	213.80	35.42	53.13	70.84	92.10	38.96
	水	m^3	–	–	–	–	–	–	–	–
	木柴	kg	–	–	–	–	–	–	–	–
	车船使用税	元	–	–	–	–	–	–	–	–
定额基价		元	213.95	238.17	309.65	90.92	115.90	137.70	166.44	100.12

续前页

序号			613	614	615	616	617	618	619	620
代号			1735	1736	1737	1738	1739	1740	1741	1742
机械名称		单位	20kV·A以内硅整流电弧焊机	500A以内氩弧焊机	250A以内CO_2保护焊机	300A以内等离子弧焊机	400A以内等离子切割机	半自动切割机(厚度100mm)	500A以内自动埋弧焊机	1200A以内自动埋弧焊机
主机型号									MZ-500	MZ-1000
不变费用	折旧费	元	6.10	16.68	15.63	24.15	21.00	2.05	20.77	25.67
	大修理费	元	1.46	4.00	3.75	4.15	3.61	0.38	3.83	4.73
	经常修理费	元	4.45	12.20	11.44	12.66	11.01	1.16	11.68	14.43
	安拆及辅助设施费	元	0.34	0.34	0.34	0.34	0.98	1.13	0.98	0.98
	小计	元	12.35	33.22	31.16	41.30	36.60	4.72	37.26	45.81
可变费用	人工	工日	1.00	1.00	1.00	1.00	1.00	1.00	1.00	1.00
	汽油	kg	–	–	–	–	–	–	–	–
	柴油	kg	–	–	–	–	–	–	–	–
	重油	kg	–	–	–	–	–	–	–	–
	煤气	kg	–	–	–	–	–	–	–	–
	煤	kg	–	–	–	–	–	–	–	–
	电	kW·h	53.13	106.27	53.13	60.22	74.39	53.13	106.27	194.82
	水	m^3	–	–	–	–	–	–	–	–
	木柴	kg	–	–	–	–	–	–	–	–
	车船使用税	元	–	–	–	–	–	–	–	–
定额基价		元	119.09	203.72	137.90	156.54	168.85	111.46	207.76	322.57

续前页

序号			621	622	623	624	625	626	627	628
代号			1743	1744	1745	1746	1747	1748	1749	1750
机械名称		单位	1500A 以内自动埋弧焊机	25kV·A 以内交流对焊机	75kV·A 以内交流对焊机	100kV·A 以内交流对焊机	150kV·A 以内交流对焊机	150kV·A 以内缝焊机	50kV·A 以内短臂交流点焊机	75kV·A 以内长臂交流点焊机
主机型号			MZ-1500	UN1-25	UN1-75	UN1-100	LM-150-2		DN1-50	DN1-75
不变费用	折旧费	元	31.11	4.09	7.70	8.96	10.80	18.28	3.86	6.16
	大修理费	元	5.74	1.08	1.98	2.33	2.81	2.86	1.30	1.96
	经常修理费	元	17.51	4.45	8.16	9.60	11.58	11.78	4.42	6.66
	安拆及辅助设施费	元	0.98	0.65	0.80	0.95	1.23	1.23	0.65	0.80
	小计	元	55.34	10.27	18.64	21.84	26.42	34.15	10.23	15.58
可变费用	人工	工日	1.00	1.00	1.00	1.00	1.00	1.00	1.00	1.00
	汽油	kg	–	–	–	–	–	–	–	–
	柴油	kg	–	–	–	–	–	–	–	–
	重油	kg	–	–	–	–	–	–	–	–
	煤气	kg	–	–	–	–	–	–	–	–
	煤	kg	–	–	–	–	–	–	–	–
	电	kW·h	265.66	38.26	136.02	180.65	272.04	272.04	102.90	156.21
	水	m^3	–	–	–	–	–	–	–	–
	木柴	kg	–	–	–	–	–	–	–	–
	车船使用税	元	–	–	–	–	–	–	–	–
定额基价		元	417.11	99.16	224.84	281.60	395.85	403.58	176.69	246.01

续前页

序号			629	630	631	632	633	634	635	636
代号			1751	1752	1754	1756	1757	1758	1759	1760
机械名称		单位	100kV·A以内长臂交流点焊机	6×35多头交流点焊机	$1m^3/h$气焊设备	150×250mm电动颚式破碎机	250×400mm电动颚式破碎机	250×500mm电动颚式破碎机	400×600mm电动颚式破碎机	500×750mm电动颚式破碎机
主机型号			DN1-100		QB-1	PE150×250	PE250×400	PE250×500	PE400×600	PE500×750
不变费用	折旧费	元	11.26	25.20	4.50	7.20	20.34	23.40	41.70	66.00
	大修理费	元	3.70	8.27	0.69	2.44	1.95	2.24	4.00	6.33
	经常修理费	元	12.58	28.12	–	33.06	26.42	30.35	54.20	85.77
	安拆及辅助设施费	元	0.95	0.95	–	3.34	4.68	5.35	6.00	7.35
	小计	元	28.49	62.54	5.19	46.04	53.39	61.34	105.90	165.45
可变费用	人工	工日	1.00	1.00	1.00	1.00	1.00	1.00	1.00	1.00
	汽油	kg	–	–	–	–	–	–	–	–
	柴油	kg	–	–	–	–	–	–	–	–
	重油	kg	–	–	–	–	–	–	–	–
	煤气	kg	–	–	–	–	–	–	–	–
	煤	kg	–	–	–	–	–	–	–	–
	电	kW·h	205.80	520.70	–	35.70	85.19	91.74	148.77	272.75
	水	m^3	–	–	–	–	–	–	–	–
	木柴	kg	–	–	–	–	–	–	–	–
	车船使用税	元	–	–	–	–	–	–	–	–
定额基价		元	318.43	730.36	48.17	131.86	198.60	214.41	327.40	535.73

续前页

序号			637	638	639	640	641	642	643	644
代号			1761	1762	1763	1765	1766	1767	1768	1769
机械名称		单位	600×900mm 电动颚式破碎机	150×250mm 机动颚式破碎机	250×400mm 机动颚式破碎机	20t/h 以内反击式破碎机	30t/h 以内反击式破碎机	60t/h 以内反击式破碎机	100t/h 以内反击式破碎机	120t/h 以内反击式破碎机
主机型号			PE600×900	PEF250×150	PEF400×250	PFY607	PFY807	PFY1007	PFY1010	PFY1013
不变费用	折旧费	元	102.00	8.70	34.59	36.80	74.13	84.80	104.53	111.47
	大修理费	元	9.78	0.83	3.31	3.53	7.10	8.13	10.02	10.68
	经常修理费	元	132.52	11.25	44.85	47.83	96.21	110.16	135.77	144.71
	安拆及辅助设施费	元	8.35	3.60	5.13	4.12	6.20	7.11	8.03	8.56
	小计	元	252.65	24.38	87.88	92.28	183.64	210.20	258.35	275.42
可变费用	人工	工日	1.00	1.00	1.00	1.00	1.00	2.00	2.00	2.00
	汽油	kg	–	–	–	–	–	–	–	–
	柴油	kg	–	10.97	18.29	–	–	–	–	–
	重油	kg	–	–	–	–	–	–	–	–
	煤气	kg	–	–	–	–	–	–	–	–
	煤	kg	–	–	–	–	–	–	–	–
	电	kW·h	330.75	–	–	139.14	189.74	234.01	347.86	474.35
	水	m^3	–	–	–	–	–	–	–	–
	木柴	kg	–	–	–	–	–	–	–	–
	车船使用税	元	–	–	–	–	–	–	–	–
定额基价		元	692.53	133.07	240.42	302.23	454.31	576.97	761.74	930.60

续前页

序号			645	646	647	648	649	650	651	652
代号			1770	1771	1772	1774	1775	1777	1778	1780
机械名称		单位	140t/h 以内反击式破碎机	160t/h 以内反击式破碎机	180t/h 以内反击式破碎机	$10m^3/h$ 筛洗石子机	$8\sim20m^3/h$ 滚筒式筛分机	100～300t/h 惯性振动筛	120t/h 偏心振动筛	锯片直径 400mm 以内型材切割机
主机型号			PFY1210	PFY1212	PFY1214		YTSX1200×6000	$SZ_2 1500\times3000$	$SBZ_2 1250\times3000$	
不变费用	折旧费	元	125.87	154.67	165.33	8.73	46.24	18.61	32.28	2.21
	大修理费	元	12.06	14.82	15.84	2.00	12.14	5.37	8.37	0.70
	经常修理费	元	163.41	200.81	214.63	5.06	41.76	13.96	21.76	14.39
	安拆及辅助设施费	元	9.66	10.79	11.53	0.85	2.16	2.16	2.16	–
	小计	元	311.00	381.09	407.33	16.64	102.30	40.10	64.57	17.30
可变费用	人工	工日	2.00	2.00	2.00	1.00	1.00	1.00	1.00	–
	汽油	kg	–	–	–	–	–	–	–	–
	柴油	kg	–	–	–	–	–	–	–	–
	重油	kg	–	–	–	–	–	–	–	–
	煤气	kg	–	–	–	–	–	–	–	–
	煤	kg	–	–	–	–	–	–	–	–
	电	kW·h	695.72	834.86	834.86	14.88	23.38	27.56	37.58	12.18
	水	m^3	–	–	–	–	–	–	–	–
	木柴	kg	–	–	–	–	–	–	–	–
	车船使用税	元	–	–	–	–	–	–	–	–
定额基价		元	1231.82	1468.88	1495.12	77.48	173.34	116.15	152.65	31.92

续前页

序号			653	654	655	656	657	658	659	660
代号			2491	2501	2502	2503	2507	2511	2512	2513
机械名称		单位	50mm 以内钢筋切断机	12kV·A 以内交流电弧焊机	16.5kV·A 以内交流电弧焊机	30.4kV·A 以内交流电弧焊机	数字化脉冲 MIG/MAG 铝焊机	钢筋混凝土切片机	角磨机	博世电镐
主机型号			GQ50	BX1-140	BX1-250	BX1-400	TPS4000	HQP150	BOSCH	GSH5E
不变费用	折旧费	元	5.76	0.97	1.46	1.93	105.60	7.41	7.19	3.59
	大修理费	元	0.71	0.40	0.36	0.48	18.70	1.53	1.48	0.56
	经常修理费	元	2.28	1.67	1.50	2.02	97.24	4.89	4.74	7.53
	安拆及辅助设施费	元	–	–	–	–	–	40.00	–	–
	小计	元	8.75	3.04	3.32	4.43	221.54	53.83	13.41	11.68
可变费用	人工	工日	1.00	1.00	1.00	1.00	1.00	1.00	1.00	1.00
	汽油	kg	–	–	–	–	–	–	–	–
	柴油	kg	–	–	–	–	–	–	–	–
	重油	kg	–	–	–	–	–	–	–	–
	煤气	kg	–	–	–	–	–	–	–	–
	煤	kg	–	–	–	–	–	–	–	–
	电	kW·h	30.24	46.08	73.92	122.57	384.00	11.09	5.04	6.39
	水	m^3	–	–	–	–	–	–	–	–
	木柴	kg	–	–	–	–	–	–	–	–
	车船使用税	元	–	–	–	–	–	–	–	–
定额基价		元	88.02	101.32	135.00	194.49	725.32	110.12	62.44	62.33

续前页

序号			661	662	663				
代号			2514	2515	2516				
机械名称		单位	博世电镐	电锯	波形钢板校直机				
主机型号			GSH11E	MIY-FF-235	JZ-12				
不变费用	折旧费	元	5.45	0.56	77.30				
	大修理费	元	0.84	0.14	23.44				
	经常修理费	元	11.42	0.44	72.66				
	安拆及辅助设施费	元	–	–	7.50				
	小计	元	17.71	1.14	180.90				
可变费用	人工	工日	1.00	1.00	2				
	汽油	kg	–	–	–				
	柴油	kg	–	–	–				
	重油	kg	–	–	–				
	煤气	kg	–	–	–				
	煤	kg	–	–	–				
	电	kW·h	8.71	10.31	95.73				
	水	m^3	–	–	–				
	木柴	kg	–	–	–				
	车船使用税	元	–	–	–				
定额基价		元	71.14	56.49	381.74				

九、动 力 机 械

序号			664	665	666	667	668	669	670	671
代号			1791	1792	1793	1794	1795	1796	1797	1798
机械名称		单位	5kW 以内柴油发电机组	15kW 以内柴油发电机组	30kW 以内柴油发电机组	50kW 以内柴油发电机组	75kW 以内柴油发电机组	100kW 以内柴油发电机组	120kW 以内柴油发电机组	160kW 以内柴油发电机组
主机型号			5GF1	12GF1	30GFY-2	50GFY-2	75GFY-4	90GFZ	12OGFY-4	160GF
不变费用	折旧费	元	4.74	13.65	26.22	41.95	60.41	77.32	89.07	114.01
	大修理费	元	1.98	5.69	10.92	17.48	25.17	32.22	37.11	47.50
	经常修理费	元	5.64	16.22	31.12	49.82	71.73	91.83	105.76	135.38
	安拆及辅助设施费	元	1.47	1.96	2.45	2.70	2.93	4.31	4.74	5.17
	小计	元	13.83	37.52	70.71	111.95	160.24	205.68	236.68	302.06

续前页

序号			664	665	666	667	668	669	670	671
代号			1791	1792	1793	1794	1795	1796	1797	1798
机械名称		单位	5kW 以内柴油发电机组	15kW 以内柴油发电机组	30kW 以内柴油发电机组	50kW 以内柴油发电机组	75kW 以内柴油发电机组	100kW 以内柴油发电机组	120kW 以内柴油发电机组	160kW 以内柴油发电机组
主机型号			5GF1	12GF1	30GFY-2	50GFY-2	75GFY-4	90GFZ	12OGFY-4	160GF
可变费用	人工	工日	1.00	1.00	1.00	2.00	2.00	2.00	2.00	2.00
	汽油	kg	–	–	–	–	–	–	–	–
	柴油	kg	8.00	16.00	51.73	62.93	88.15	109.15	138.67	182.25
	重油	kg	–	–	–	–	–	–	–	–
	煤气	kg	–	–	–	–	–	–	–	–
	煤	kg	–	–	–	–	–	–	–	–
	电	kW·h	–	–	–	–	–	–	–	–
	水	m^3	–	–	–	–	–	–	–	–
	木柴	kg	–	–	–	–	–	–	–	–
	车船使用税	元	–	–	–	–	–	–	–	–
定额基价		元	104.73	176.34	423.55	574.86	774.22	945.45	1153.27	1479.70

续前页

序号			672	673	674	675	676	677	678	679
代号			1799	1800	1801	1804	1805	1806	1807	1808
机械名称		单位	200kW以内柴油发电机组	250kW以内柴油发电机组	320kW以内柴油发电机组	50kV·A以内变压器	100kV·A以内变压器	160kV·A以内变压器	200kV·A以内变压器	250kV·A以内变压器
主机型号			200GF	250GF4-4	320GF-2	S9-50	S9-100	S9-160	S9-200	S9-250
不变费用	折旧费	元	136.81	164.18	201.74	4.08	6.40	8.68	9.41	10.09
	大修理费	元	57.01	68.41	84.06	0.99	1.53	2.12	2.35	2.35
	经常修理费	元	162.48	194.97	239.57	5.45	7.65	9.54	10.58	10.58
	安拆及辅助设施费	元	5.59	5.97	6.46	0.45	0.48	0.52	0.58	0.68
	小计	元	361.89	433.53	531.83	10.97	16.06	20.86	22.92	23.70
可变费用	人工	工日	2.00	2.00	2.00	–	–	–	–	–
	汽油	kg	–	–	–	–	–	–	–	–
	柴油	kg	246.63	291.21	327.85	–	–	–	–	–
	重油	kg	–	–	–	–	–	–	–	–
	煤气	kg	–	–	–	–	–	–	–	–
	煤	kg	–	–	–	–	–	–	–	–
	电	kW·h	–	–	–	–	–	–	–	–
	水	m^3	–	–	–	–	–	–	–	–
	木柴	kg	–	–	–	–	–	–	–	–
	车船使用税	元	–	–	–	–	–	–	–	–
定额基价		元	1925.16	2263.84	2581.61	10.97	16.06	20.86	22.92	23.70

续前页

序号			680	681	682	683	684	685	686	687
代号			1809	1810	1811	1812	1813	1814	1816	1817
机械名称		单位	315kV·A以内变压器	400kV·A以内变压器	500kV·A以内变压器	630kV·A以内变压器	800kV·A以内变压器	1000kV·A以内变压器	50kV·A以内箱式变压器	100kV·A以内箱式变压器
主机型号			S9-315	S9-400	S9-500	S9-630	S9-800	S9-1000	SC9-50	SC9-100
不变费用	折旧费	元	11.85	14.33	16.30	19.40	21.31	23.45	16.48	21.28
	大修理费	元	2.89	3.49	3.97	3.23	3.55	3.91	2.75	3.55
	经常修理费	元	11.56	12.22	13.90	11.31	12.43	13.69	9.63	12.43
	安拆及辅助设施费	元	0.75	0.94	0.94	1.20	1.34	1.45	0.63	0.82
	小计	元	27.05	30.98	35.11	35.14	38.63	42.50	29.49	38.08
可变费用	人工	工日	–	–	–	–	–	–	–	–
	汽油	kg	–	–	–	–	–	–	–	–
	柴油	kg	–	–	–	–	–	–	–	–
	重油	kg	–	–	–	–	–	–	–	–
	煤气	kg	–	–	–	–	–	–	–	–
	煤	kg	–	–	–	–	–	–	–	–
	电	kW·h	–	–	–	–	–	–	–	–
	水	m^3	–	–	–	–	–	–	–	–
	木柴	kg	–	–	–	–	–	–	–	–
	车船使用税	元	–	–	–	–	–	–	–	–
定额基价		元	27.05	30.98	35.11	35.14	38.63	42.50	29.49	38.08

续前页

序号			688	689	690	691	692	693	694	695
代号			1818	1819	1820	1821	1822	1823	1824	1825
机械名称		单位	160kV·A以内箱式变压器	200kV·A以内箱式变压器	250kV·A以内箱式变压器	315kV·A以内箱式变压器	400kV·A以内箱式变压器	500kV·A以内箱式变压器	630kV·A以内箱式变压器	800kV·A以内箱式变压器
主机型号			SC9-160	SC9-200	SC9-250	SC9-315	SC9-400	SC9-500	SC9-630	SC9-800
不变费用	折旧费	元	25.06	27.62	31.65	34.11	37.47	46.21	54.53	61.12
	大修理费	元	4.18	4.60	5.27	5.69	6.25	7.70	9.09	10.19
	经常修理费	元	14.63	16.10	18.45	19.92	21.88	26.95	31.82	35.67
	安拆及辅助设施费	元	0.96	1.06	1.21	1.31	1.43	1.77	2.08	2.33
	小计	元	44.83	49.38	56.58	61.03	67.03	82.63	97.52	109.31
可变费用	人工	工日	–	–	–	–	–	–	–	–
	汽油	kg	–	–	–	–	–	–	–	–
	柴油	kg	–	–	–	–	–	–	–	–
	重油	kg	–	–	–	–	–	–	–	–
	煤气	kg	–	–	–	–	–	–	–	–
	煤	kg	–	–	–	–	–	–	–	–
	电	kW·h	–	–	–	–	–	–	–	–
	水	m^3	–	–	–	–	–	–	–	–
	木柴	kg	–	–	–	–	–	–	–	–
	车船使用税	元	–	–	–	–	–	–	–	–
定额基价		元	44.83	49.38	56.58	61.03	67.03	82.63	97.52	109.31

续前页

序号			696	697	698	699	700	701	702	703
代号			1826	1827	1828	1829	1830	1831	1832	1833
机械名称		单位	1000kV·A以内箱式变压器	1250kV·A以内箱式变压器	1600kV·A以内箱式变压器	2000kV·A以内箱式变压器	600～1000A高压开关柜	4×600A低压配电屏	0.3m^3/min以内电动空气压缩机	0.6m^3/min以内电动空气压缩机
主机型号			SC9-1000	SC9-1250	SC9-1600	SC9-2000	GFC-3A-01-1000A	BSL-1-43	Z-0.3/7	2V-0.6/7
不变费用	折旧费	元	69.92	79.78	92.26	116.67	9.26	3.33	2.61	3.36
	大修理费	元	11.65	13.30	15.38	19.45	7.27	2.60	1.81	2.22
	经常修理费	元	40.78	46.55	53.83	68.08	14.54	5.20	6.88	8.44
	安拆及辅助设施费	元	2.67	3.04	3.52	4.45	–	–	–	–
	小计	元	125.02	142.67	164.99	208.65	31.07	11.13	11.30	14.02
可变费用	人工	工日	–	–	–	–	–	–	1.00	1.00
	汽油	kg	–	–	–	–	–	–	–	–
	柴油	kg	–	–	–	–	–	–	–	–
	重油	kg	–	–	–	–	–	–	–	–
	煤气	kg	–	–	–	–	–	–	–	–
	煤	kg	–	–	–	–	–	–	–	–
	电	kW·h	–	–	–	–	–	–	14.60	26.78
	水	m^3	–	–	–	–	–	–	–	–
	木柴	kg	–	–	–	–	–	–	–	–
	车船使用税	元	–	–	–	–	–	–	–	–
定额基价		元	125.02	142.67	164.99	208.65	31.07	11.13	71.80	89.14

续前页

序号			704	705	706	707	708	709	710	711
代号			1834	1835	1836	1837	1838	1839	1840	1841
机械名称		单位	1m³/min以内电动空气压缩机	3m³/min以内电动空气压缩机	6m³/min以内电动空气压缩机	10m³/min以内电动空气压缩机	20m³/min以内电动空气压缩机	40m³/min以内电动空气压缩机	3m³/min以内机动空气压缩机	6m³/min以内机动空气压缩机
主机型号			3V-0.9/7	W-3/7DY	W-6/7DY	3L-10/8	4L-20/8	5L-40/8	CV-3/8-1	WY-6/7A
不变费用	折旧费	元	4.39	20.91	29.94	35.47	60.10	180.47	28.90	49.56
	大修理费	元	2.75	12.37	16.65	17.29	25.04	62.14	13.49	23.13
	经常修理费	元	10.45	47.01	63.27	65.70	95.15	236.13	47.08	80.72
	安拆及辅助设施费	元	0.25	0.40	0.45	0.50	3.08	4.63	0.40	0.45
	小计	元	17.84	80.69	110.31	118.96	183.37	483.37	89.87	153.86
可变费用	人工	工日	1.00	1.00	1.00	1.00	1.00	1.00	1.00	1.00
	汽油	kg	–	–	–	–	–	–	–	–
	柴油	kg	–	–	–	–	–	–	24.00	43.89
	重油	kg	–	–	–	–	–	–	–	–
	煤气	kg	–	–	–	–	–	–	–	–
	煤	kg	–	–	–	–	–	–	–	–
	电	kW·h	36.51	107.10	219.07	346.87	601.24	1156.24	–	–
	水	m³	–	–	–	–	–	–	–	–
	木柴	kg	–	–	–	–	–	–	–	–
	车船使用税	元	–	–	–	–	–	–	–	–
定额基价		元	104.63	252.19	416.17	578.18	947.84	1913.84	276.61	459.74

续前页

序号			712	713	714	715	716	717	718	719
代号			1842	1843	1844	1845	1847	1848	1849	1850
机械名称		单位	$9m^3/min$以内机动空气压缩机	$12m^3/min$以内机动空气压缩机	$17m^3/min$以内机动空气压缩机	$40m^3/min$以内机动空气压缩机	5KW以内液压动力柜	1t/h工业锅炉	2t/h工业锅炉	4t/h工业锅炉
主机型号			VY-9/7	2VY1-12/7	LGY25-17/7			DZL1-1.0-AⅢ	DZL2-1.0-AⅢ	DZL4-1.0-AⅢ
不变费用	折旧费	元	65.44	69.97	77.11	215.84	14.00	101.18	137.72	199.77
	大修理费	元	30.54	32.65	32.13	89.01	2.70	26.35	35.50	51.49
	经常修理费	元	106.58	113.95	112.13	275.93	9.21	57.97	78.10	113.28
	安拆及辅助设施费	元	0.50	0.75	3.08	4.63	–	4.90	7.86	12.27
	小计	元	203.06	217.32	224.45	585.41	25.91	190.40	259.18	376.81
可变费用	人工	工日	1.00	1.00	1.00	1.00	1.00	1.00	1.00	1.00
	汽油	kg	–	–	–	–	–	–	–	–
	柴油	kg	60.34	70.63	96.00	226.29	–	–	–	–
	重油	kg	–	–	–	–	–	–	–	–
	煤气	kg	–	–	–	–	–	–	–	–
	煤	kg	–	–	–	–	–	1.00	2.00	3.00
	电	kW·h	–	–	–	–	32.45	48.17	76.51	116.18
	水	m^3	–	–	–	–	–	7.00	14.00	19.00
	木柴	kg	–	–	–	–	–	16.00	21.00	24.00
	车船使用税	元	–	–	–	–	–	–	–	–
定额基价		元	607.48	683.37	842.47	1983.87	107.83	309.98	426.18	600.85

续前页

序号			720	721	722	723	724	725	726	727
代号			2521	2522	2523	2524	2525	2526	2527	2528
机械名称		单位	0.85kW汽油发电机	1.5kW汽油发电机	2.0kW汽油发电机	2.9kW汽油发电机	3.3kW汽油单相发电焊机	3.8kW汽油发电机	5.0kW三相汽油发电机	5.0kW二相汽油发电机
主机型号			AK1500	AK1800	EF2600	EF4000FW	TW210RE	EF5200	EF5500TE	EC6500CX
不变费用	折旧费	元	0.51	0.79	2.43	5.25	14.55	6.87	9.70	6.06
	大修理费	元	0.13	0.17	0.50	1.25	3.00	1.42	2.00	1.25
	经常修理费	元	0.66	0.87	1.60	4.00	9.60	4.53	6.40	3.80
	安拆及辅助设施费	元	–	–	–	–	–	–	–	–
	小计	元	1.30	1.83	4.53	10.50	27.15	12.82	18.10	11.11
可变费用	人工	工日	1.00	1.00	1.00	1.00	1.00	1.00	1.00	1.00
	汽油	kg	1.62	2.55	3.48	4.92	5.75	10.34	8.49	8.71
	柴油	kg	–	–	–	–	–	–	–	–
	重油	kg	–	–	–	–	–	–	–	–
	煤气	kg	–	–	–	–	–	–	–	–
	煤	kg	–	–	–	–	–	–	–	–
	电	kW·h	–	–	–	–	–	–	–	–
	水	m^3	–	–	–	–	–	–	–	–
	木柴	kg	–	–	–	–	–	–	–	–
	车船使用税	元	–	–	–	–	–	–	–	–
定额基价		元	55.09	61.82	70.72	86.30	108.48	124.77	117.71	112.19

续前页

序号			728	729	730	731	732	733	734	735
代号			2529	2531	2532	2536	2537	2539	2542	2547
机械名称		单位	8.5kW 汽油发电机	8kW 以内柴油发电机组	12kW 以内柴油发电机组	24kW 以内柴油发电机组	24kW 以内柴油发电焊机	40kW 以内柴油发电机组	78kW 以内柴油发电机组	150kW 以内柴油发电机组
主机型号			EF12000E	8GF	12GF	静音型牵引式电源车	M580	GF40	康明斯 DY85	康明斯 FX-150GF
不变费用	折旧费	元	22.31	4.38	5.05	40.00	51.53	14.01	74.67	53.33
	大修理费	元	7.50	1.08	0.97	16.67	9.38	5.56	18.89	22.22
	经常修理费	元	24.00	3.09	2.77	47.50	26.72	15.83	53.83	63.33
	安拆及辅助设施费	元	–	–	–	–	–	–	–	–
	小计	元	53.81	8.55	8.79	104.17	87.63	35.40	147.39	138.88
可变费用	人工	工日	1.00	1.00	1.00	1.00	1.00	1.00	2.00	2.00
	汽油	kg	14.43	–	–	–	–	–	–	–
	柴油	kg	–	9.26	13.90	27.79	37.42	41.40	95.47	150.70
	重油	kg	–	–	–	–	–	–	–	–
	煤气	kg	–	–	–	–	–	–	–	–
	煤	kg	–	–	–	–	–	–	–	–
	电	kW·h	–	–	–	–	–	–	–	–
	水	m^3	–	–	–	–	–	–	–	–
	木柴	kg	–	–	–	–	–	–	–	–
	车船使用税	元	–	–	–	–	–	–	–	–
定额基价		元	193.04	107.00	135.03	313.61	354.76	326.37	805.22	1127.53

续前页

	序号		736	737	738	739	740	741	742	743
	代号		2548	2549	2550	2551	2552	2553	2554	2564
	机械名称	单位	360kW 以内柴油发电机组	400kW 以内柴油发电机组	473kW 以内柴油发电机组	500kW 以内柴油发电机组	600kW 以内柴油发电机组	800kW 以内柴油发电机组	1000kW 以内柴油发电机组	2.3m^3/min 电动空气压缩机
	主机型号		DY400C	DY440C	DY520C	DY550B	DY660C	DY880C	DY1120C	JC-20HA
不变费用	折旧费	元	236.57	253.39	271.06	282.38	383.69	615.95	873.00	27.28
	大修理费	元	97.56	104.49	111.78	116.44	158.22	254.00	360.00	9.38
	经常修理费	元	278.03	297.79	318.57	331.87	450.93	723.90	1026.00	35.63
	安拆及辅助设施费	元	–	–	–	–	–	–	–	–
	小计	元	612.16	655.67	701.41	730.69	992.84	1593.85	2259.00	72.29
可变费用	人工	工日	2.00	2.00	2.00	2.00	2.00	2.00	2.00	1.00
	汽油	kg	–	–	–	–	–	–	–	–
	柴油	kg	336.96	374.40	442.73	468.00	561.60	748.80	936.00	–
	重油	kg	–	–	–	–	–	–	–	–
	煤气	kg	–	–	–	–	–	–	–	–
	煤	kg	–	–	–	–	–	–	–	–
	电	kW·h	–	–	–	–	–	–	–	105.34
	水	m^3	–	–	–	–	–	–	–	–
	木柴	kg	–	–	–	–	–	–	–	–
	车船使用税	元	–	–	–	–	–	–	–	–
	定额基价	元	2716.51	2984.29	3439.32	3619.97	4442.78	6165.12	7951.60	241.68

续前页

序号			744							
代号			2568							
机械名称		单位	30～40m³/min 机动空气压缩机							
主机型号			VHP400SCU							
不变费用	折旧费	元	204.73							
	大修理费	元	50.00							
	经常修理费	元	155.00							
	安拆及辅助设施费	元	–							
	小计	元	409.73							
可变费用	人工	工日	1.00							
	汽油	kg	–							
	柴油	kg	129.54							
	重油	kg	–							
	煤气	kg	–							
	煤	kg	–							
	电	kW·h	–							
	水	m^3	–							
	木柴	kg	–							
	车船使用税	元	–							
定额基价		元	1228.65							

十、工 程 船 舶

序　号			745	746	747	748	749	750	751	752
代　号			1851	1852	1853	1854	1855	1856	1857	1858
机械名称		单位	44kW 以内内燃拖轮	88kW 以内内燃拖轮	147kW 以内内燃拖轮	176kW 以内内燃拖轮	221kW 以内内燃拖轮	294kW 以内内燃拖轮	368kW 以内内燃拖轮	441kW 以内内燃拖轮
主机型号										
不变费用	折旧费	元	58.76	117.52	196.32	235.05	295.15	392.64	584.37	725.82
	大修理费	元	25.44	50.89	85.00	101.77	127.80	170.01	253.02	314.27
	经常修理费	元	38.92	77.86	130.05	155.71	195.53	260.12	387.12	480.83
	安拆及辅助设施费	元	–	–	–	–	–	–	–	–
	小计	元	123.12	246.27	411.37	492.53	618.48	822.77	1224.51	1520.92

续前页

序号		745	746	747	748	749	750	751	752
代号		1851	1852	1853	1854	1855	1856	1857	1858
机械名称	单位	44kW 以内内燃拖轮	88kW 以内内燃拖轮	147kW 以内内燃拖轮	176kW 以内内燃拖轮	221kW 以内内燃拖轮	294kW 以内内燃拖轮	368kW 以内内燃拖轮	441kW 以内内燃拖轮
主机型号									
可变费用 人工	工日	5.00	7.00	7.00	7.00	4.00	7.00	7.00	7.00
汽油	kg	–	–	–	–	–	–	–	–
柴油	kg	32.69	65.37	100.80	120.69	151.55	201.60	252.35	277.21
重油	kg	–	–	–	–	–	–	–	–
煤气	kg	–	–	–	–	–	–	–	–
煤	kg	–	–	–	–	–	–	–	–
电	kW·h	–	–	–	–	–	–	–	–
水	m^3	–	–	–	–	1.20	3.30	3.30	3.30
木柴	kg	–	–	–	–	–	–	–	–
车船使用税	元	–	–	–	–	–	–	–	–
定额基价	元	533.83	938.70	1316.02	1516.32	1699.98	2336.16	3041.90	3487.22

续前页

序号			753	754	755	756	757	758	759	760
代号			1859	1860	1861	1862	1863	1864	1865	1866
机械名称		单位	588kW 以内内燃拖轮	794kW 以内内燃拖轮	882kW 以内内燃拖轮	1228kW 以内内燃拖轮	1441kW 以内内燃拖轮	1941kW 以内内燃拖轮	2353kW 以内内燃拖轮	2500kW 以内内燃拖轮
主机型号										
不变费用	折旧费	元	1204.15	1310.17	1865.14	2248.17	2435.21	4458.21	6698.11	7903.77
	大修理费	元	521.38	567.29	807.59	973.43	1054.42	1930.36	2900.21	3422.25
	经常修理费	元	797.71	867.95	1235.61	1489.35	1613.26	2953.45	4437.32	5236.04
	安拆及辅助设施费	元	–	–	–	–	–	–	–	–
	小计	元	2523.24	2745.41	3908.34	4710.95	5102.89	9342.02	14035.64	16562.06
可变费用	人工	工日	7.00	11.00	11.00	11.00	11.00	11.00	11.00	14.00
	汽油	kg	–	–	–	–	–	–	–	–
	柴油	kg	369.61	499.10	554.41	701.73	823.45	1109.17	1210.14	1285.74
	重油	kg	–	–	–	–	–	–	–	–
	煤气	kg	–	–	–	–	–	–	–	–
	煤	kg	–	–	–	–	–	–	–	–
	电	kW·h	–	–	–	–	–	–	–	–
	水	m^3	3.30	3.30	3.30	3.30	3.30	3.30	3.30	–
	木柴	kg	–	–	–	–	–	–	–	–
	车船使用税	元	–	–	–	–	–	–	–	–
定额基价		元	5043.01	6212.75	7706.99	9392.04	10513.09	16463.68	21762.11	24865.36

续前页

序号			761	762	763	764	765	766	767	768
代号			1867	1871	1872	1873	1874	1875	1876	1877
机械名称		单位	2942kW 以内内燃拖轮	30t 以内工程驳船	50t 以内工程驳船	80t 以内工程驳船	100t 以内工程驳船	150t 以内工程驳船	200t 以内工程驳船	300t 以内工程驳船
主机型号										
不变费用	折旧费	元	10315.08	26.61	43.42	64.64	78.85	107.54	129.46	169.63
	大修理费	元	4466.33	5.49	8.95	13.33	16.26	22.17	26.69	34.97
	经常修理费	元	6833.48	11.25	18.35	27.33	33.33	45.45	54.71	71.69
	安拆及辅助设施费	元	–	–	–	–	–	–	–	–
	小计	元	21614.89	43.35	70.72	105.30	128.44	175.16	210.86	276.29
可变费用	人工	工日	14.00	2.00	2.00	2.00	3.00	4.00	4.00	4.00
	汽油	kg	–	–	–	–	–	–	–	–
	柴油	kg	1513.06	–	–	–	–	–	–	–
	重油	kg	–	–	–	–	–	–	–	–
	煤气	kg	–	–	–	–	–	–	–	–
	煤	kg	–	–	–	–	–	–	–	–
	电	kW·h	–	–	–	–	–	–	–	–
	水	m^3	–	–	–	–	–	–	–	–
	木柴	kg	–	–	–	–	–	–	–	–
	车船使用税	元	–	–	–	–	–	–	–	–
定额基价		元	31279.84	129.31	156.68	191.26	257.38	347.08	382.78	448.21

续前页

序号			769	770	771	772	773	774	775	776
代号			1878	1879	1880	1881	1882	1883	1884	1885
机械名称		单位	400t 以内工程驳船	500t 以内工程驳船	600t 以内工程驳船	800t 以内工程驳船	1000t 以内工程驳船	1500t 以内工程驳船	2000t 以内工程驳船	3000t 以内工程驳船
主机型号										
不变费用	折旧费	元	203.83	238.04	272.23	444.58	644.80	1070.75	1144.52	1373.35
	大修理费	元	42.03	49.08	56.13	91.67	132.95	220.77	235.98	283.17
	经常修理费	元	86.16	100.61	115.07	187.92	272.55	452.58	483.76	580.50
	安拆及辅助设施费	元	–	–	–	–	–	–	–	–
	小计	元	332.02	387.73	443.43	724.17	1050.30	1744.10	1864.26	2237.02
可变费用	人工	工日	4.00	4.00	4.00	4.00	4.00	4.00	4.00	4.00
	汽油	kg	–	–	–	–	–	–	–	–
	柴油	kg	–	–	–	–	–	–	–	–
	重油	kg	–	–	–	–	–	–	–	–
	煤气	kg	–	–	–	–	–	–	–	–
	煤	kg	–	–	–	–	–	–	–	–
	电	kW·h	–	–	–	–	–	–	–	–
	水	m^3	–	–	–	–	–	–	–	–
	木柴	kg	–	–	–	–	–	–	–	–
	车船使用税	元	–	–	–	–	–	–	–	–
定额基价		元	503.94	559.65	615.35	896.09	1222.22	1916.02	2036.18	2408.94

续前页

序号			777	778	779	780	781	782	783	784
代号			1886	1887	1890	1891	1892	1893	1894	1895
机械名称		单位	5000t 以内工程驳船	6000t 以内工程驳船	800t 以内自航式工程驳船	1000m³ 以内泥浆船	桩架高度 60m 以内打桩船	桩架高度 80m 以内打桩船	桩架高度 100m 以内打桩船	272kN · m 以内船用柴油打桩锤
主机型号										耗油 10L/h
不变费用	折旧费	元	1516.50	1659.47	2747.16	11640.00	3800.72	9731.49	12199.59	657.01
	大修理费	元	312.68	342.16	566.43	2400.00	1645.67	4213.64	5282.30	277.71
	经常修理费	元	640.99	701.43	1161.18	4920.00	2517.88	6446.87	8081.92	666.50
	安拆及辅助设施费	元	–	–	–	–	–	–	–	–
	小计	元	2470.17	2703.06	4474.77	18960.00	7964.27	20392.00	25563.81	1601.22
可变费用	人工	工日	4.00	4.00	7.00	12.00	17.00	18.00	19.00	–
	汽油	kg	–	–	–	–	–	–	–	–
	柴油	kg	–	–	589.84	555.00	273.38	546.01	704.24	31.20
	重油	kg	–	–	–	–	–	–	–	–
	煤气	kg	–	–	–	–	–	–	–	–
	煤	kg	–	–	–	–	–	–	–	–
	电	kW·h	–	–	–	–	–	–	–	–
	水	m³	–	–	2.40	2.10	5.10	5.40	5.40	–
	木柴	kg	–	–	–	–	–	–	–	–
	车船使用税	元	–	–	–	–	–	–	–	–
定额基价		元	2642.09	2874.98	8312.37	22803.36	10340.13	24444.34	30606.93	1788.11

续前页

序号			785	786	787	788	789	790	791	792
代号			1896	1897	1900	1901	1902	1903	1904	1905
机械名称		单位	334kN·m以内船用柴油打桩锤	417kN·m以内船用柴油打桩锤	100t以内旋转扒杆起重船	130t以内旋转扒杆起重船	180t以内旋转扒杆起重船	350t以内旋转扒杆起重船	60t以内固定扒杆起重船	100t以内固定扒杆起重船
主机型号			耗油 10.8L/h	耗油 15.5L/h						
不变费用	折旧费	元	960.88	1282.56	2393.33	3414.52	10071.47	10588.39	604.62	766.49
	大修理费	元	406.15	542.11	1011.61	1443.25	4257.01	4475.51	255.56	323.98
	经常修理费	元	974.76	1301.06	2427.86	3463.80	10216.82	10741.22	613.34	777.55
	安拆及辅助设施费	元	–	–	–	–	–	–	–	–
	小计	元	2341.79	3125.73	5832.80	8321.57	24545.30	25805.12	1473.52	1868.02
可变费用	人工	工日	–	–	10.00	10.00	11.00	11.00	7.00	10.00
	汽油	kg	–	–	–	–	–	–	–	–
	柴油	kg	37.44	48.36	262.00	729.00	941.30	1166.00	181.00	297.00
	重油	kg	–	–	–	–	–	–	–	–
	煤气	kg	–	–	–	–	–	–	–	–
	煤	kg	–	–	–	–	–	–	–	–
	电	kW·h	–	–	–	–	–	–	–	–
	水	m^3	–	–	3.00	3.00	3.30	3.30	2.10	3.00
	木柴	kg	–	–	–	–	–	–	–	–
	车船使用税	元	–	–	–	–	–	–	–	–
定额基价		元	2566.06	3415.41	7836.48	13122.58	30661.42	33267.19	2861.72	4081.35

续前页

序号			793	794	795	796	797	798	799	800
代号			1906	1907	1908	1909	1910	1911	1912	1913
机械名称		单位	150t以内固定扒杆起重船	200t以内固定扒杆起重船	300t以内固定扒杆起重船	500t以内固定扒杆起重船	600t以内固定扒杆起重船	2500t以内固定扒杆起重船	2600t以内固定扒杆起重船	$100m^3/h$以内混凝土搅拌船
主机型号										
不变费用	折旧费	元	1426.36	5350.43	7664.91	10099.01	13346.34	23777.67	27425.23	5958.87
	大修理费	元	602.89	2261.52	3239.81	4268.65	5641.24	10050.36	11592.11	2518.70
	经常修理费	元	1446.94	5427.65	7775.54	10244.76	13538.98	24120.86	27821.06	6044.88
	安拆及辅助设施费	元	–	–	–	–	–	–	–	–
	小计	元	3476.19	13039.60	18680.26	24612.42	32526.56	57948.89	66838.40	14522.45
可变费用	人工	工日	10.00	11.00	12.00	14.00	14.00	18.00	20.00	14.00
	汽油	kg	–	–	–	–	–	–	–	–
	柴油	kg	341.00	385.00	500.50	889.00	1155.70	2809.00	2553.00	406.00
	重油	kg	–	–	–	–	–	–	–	–
	煤气	kg	–	–	–	–	–	–	–	–
	煤	kg	–	–	–	–	–	–	–	–
	电	kW·h	–	–	–	–	–	–	–	–
	水	m^3	3.00	3.30	3.30	4.20	4.20	7.50	7.50	6.60
	木柴	kg	–	–	–	–	–	–	–	–
	车船使用税	元	–	–	–	–	–	–	–	–
定额基价		元	5953.08	15823.48	22198.97	30545.55	40057.22	75559.69	83001.72	17566.01

续前页

序号			801	802	803	804	805	806	807	
代号			1914	1915	1916	1917	1918	1919	1920	
机械名称		单位	120m³/h以内混凝土搅拌船	150m³/h以内混凝土搅拌船	240kW以内抛锚船	373kW以内抛锚船	522kW以内抛锚船	123kW以内机动艇	198kW以内机动艇	
主机型号										
不变费用	折旧费	元	6710.20	7461.54	338.23	428.77	600.28	119.39	149.43	
	大修理费	元	2836.27	3153.85	142.96	181.23	253.72	50.46	63.16	
	经常修理费	元	6807.05	7569.24	343.10	434.95	608.93	121.10	151.58	
	安拆及辅助设施费	元	–	–	–	–	–	–	–	
	小计	元	16353.52	18184.63	824.29	1044.95	1462.93	290.95	364.17	
可变费用	人工	工日	15.00	16.00	5.00	5.00	5.00	3.00	3.00	
	汽油	kg	–	–	–	–	–	–	–	
	柴油	kg	435.00	480.00	283.00	340.00	458.00	93.00	160.00	
	重油	kg	–	–	–	–	–	–	–	
	煤气	kg	–	–	–	–	–	–	–	
	煤	kg	–	–	–	–	–	–	–	
	电	kW·h	–	–	–	–	–	–	–	
	水	m³	6.60	6.60	1.80	2.40	3.30	0.80	0.80	
	木柴	kg	–	–	–	–	–	–	–	
	车船使用税	元	–	–	–	–	–	–	–	
定额基价		元	19613.77	21757.41	2737.06	3300.05	4426.20	978.16	1452.71	

十一、其 他 机 械

序 号			808	809	810	811	812	813	814	815
代 号			1931	1932	1933	1936	1937	1938	1939	1940
机械名称		单位	7.5kW 以内轴流式通风机	30kW 以内轴流式通风机	100kW 以内轴流式通风机	506 ~ 708m^3/min 离心式通风机	756 ~ 899m^3/min 离心式通风机	900 ~ 1259m^3/min 离心式通风机	1200 ~ 1678m^3/min 离心式通风机	1523 ~ 2132m^3/min 离心式通风机
主机型号			T35-11 No11.2A							
不变费用	折旧费	元	7.00	15.20	29.60	15.04	16.94	19.44	37.53	45.88
	大修理费	元	0.95	1.95	3.89	5.01	5.61	6.46	12.47	15.25
	经常修理费	元	2.38	4.88	9.73	12.53	14.03	16.15	31.18	38.13
	安拆及辅助设施费	元	0.86	1.10	2.73	0.86	1.10	1.42	1.76	1.93
	小计	元	11.19	23.13	45.95	33.44	37.68	43.47	82.94	101.19

续前页

序号			808	809	810	811	812	813	814	815
代号			1931	1932	1933	1936	1937	1938	1939	1940
机械名称		单位	7.5kW 以内轴流式通风机	30kW 以内轴流式通风机	100kW 以内轴流式通风机	506 ~ 708m^3/min 离心式通风机	756 ~ 899m^3/min 离心式通风机	900 ~ 1259m^3/min 离心式通风机	1200 ~ 1678m^3/min 离心式通风机	1523 ~ 2132m^3/min 离心式通风机
主机型号			T35-11 No11.2A							
可变费用	人工	工日	–	–	–	–	–	–	–	–
	汽油	kg	–	–	–	–	–	–	–	–
	柴油	kg	–	–	–	–	–	–	–	–
	重油	kg	–	–	–	–	–	–	–	–
	煤气	kg	–	–	–	–	–	–	–	–
	煤	kg	–	–	–	–	–	–	–	–
	电	kW·h	39.85	159.40	531.33	90.00	175.50	462.49	330.00	660.00
	水	m^3	–	–	–	–	–	–	–	–
	木柴	kg	–	–	–	–	–	–	–	–
	车船使用税	元	–	–	–	–	–	–	–	–
定额基价		元	59.01	214.41	683.55	141.44	248.28	598.46	478.94	893.19

续前页

序号			816	817	818	819	820	821	822	823
代号			1941	1942	1943	1945	1946	1948	1949	1950
机械名称		单位	$4m^3/min$ 以内吹风机	$8m^3/min$ 以内鼓风机	$18m^3/min$ 以内鼓风机	潜水设备	潜水减压舱	光纤熔接机	光缆气流吹缆机	光时域反射仪
主机型号								平均连接损耗0.05db		1.3~1.55μm
不变费用	折旧费	元	7.98	2.90	21.29	32.27	103.95	151.38	401.80	605.53
	大修理费	元	1.05	0.47	2.82	10.25	18.08	21.10	79.38	84.31
	经常修理费	元	2.63	1.18	7.05	143.50	14.46	10.54	8.82	42.15
	安拆及辅助设施费	元	0.86	0.86	0.86	–	–	–	–	–
	小计	元	12.52	5.41	32.02	186.02	136.49	183.02	490.00	731.99
可变费用	人工	工日	–	–	–	4.00	–	–	–	–
	汽油	kg	–	–	–	–	–	–	–	–
	柴油	kg	–	–	–	–	–	–	–	–
	重油	kg	–	–	–	–	–	–	–	–
	煤气	kg	–	–	–	–	–	–	–	–
	煤	kg	–	–	–	–	–	–	–	–
	电	kW·h	69.00	90.00	215.83	–	–	0.60	–	0.60
	水	m^3	–	–	–	–	–	–	–	–
	木柴	kg	–	–	–	–	–	–	–	–
	车船使用税	元	–	–	–	–	–	–	–	–
定额基价		元	95.32	113.41	291.02	357.94	136.49	183.74	490.00	732.71

续前页

序号			824	825	826	827	828	829	830	831
代号			1951	1952	1953	1954	1955	1956	1957	1958
机械名称		单位	光功率计	光纤测试仪	局域网电缆测试仪	微机硬盘测试仪	误码率测试仪	PCM 通道测试仪	信令分析仪	网络分析仪
主机型号			0.38～1.8μm	测波长、衰减、光功率	超五类 FLUKE2000		2Mbit/s	20～4000Hz，-60～10dB		10MHz～110GHz
不变费用	折旧费	元	60.73	272.31	106.86	110.18	86.82	315.49	311.67	158.21
	大修理费	元	8.46	37.91	14.88	15.34	12.09	43.93	43.39	22.03
	经常修理费	元	4.23	18.96	7.44	7.67	6.04	21.96	21.70	11.01
	安拆及辅助设施费	元	–	–	–	–	–	–	–	–
	小计	元	73.42	329.18	129.18	133.19	104.95	381.38	376.76	191.25
可变费用	人工	工日	–	–	–	–	–	–	–	–
	汽油	kg	–	–	–	–	–	–	–	–
	柴油	kg	–	–	–	–	–	–	–	–
	重油	kg	–	–	–	–	–	–	–	–
	煤气	kg	–	–	–	–	–	–	–	–
	煤	kg	–	–	–	–	–	–	–	–
	电	kW·h	0.60	0.60	0.50	0.60	0.50	0.50	0.50	0.50
	水	m^3	–	–	–	–	–	–	–	–
	木柴	kg	–	–	–	–	–	–	–	–
	车船使用税	元	–	–	–	–	–	–	–	–
定额基价		元	74.14	329.90	129.78	133.91	105.55	381.98	377.36	191.85

续前页

序号			832	833	834	835	836	837	838	839
代号			1959	1960	1961	1962	1963	1964	1965	1966
机械名称		单位	频谱分析仪	场强仪	万能母线机	数字存储示波器	示波器	双通道示波器	数显频率发生器	彩色监视器
主机型号			9kHz ~ 26.5GHz	300MHz ~ 10GHz, 20 ~ 130dB		HP-54603B	1GSa/s	100MHz, 双通道	HP33120A	14″
不变费用	折旧费	元	415.56	56.40	164.00	28.85	16.84	36.20	34.14	22.26
	大修理费	元	57.86	7.85	32.40	4.02	2.34	5.04	4.75	3.10
	经常修理费	元	28.93	3.39	3.60	2.01	1.17	2.52	2.38	1.55
	安拆及辅助设施费	元	–	–	–	–	–	–	–	–
	小计	元	502.35	67.64	200.00	34.88	20.35	43.76	41.27	26.91
可变费用	人工	工日	–	–	–	–	–	–	–	–
	汽油	kg	–	–	–	–	–	–	–	–
	柴油	kg	–	–	–	–	–	–	–	–
	重油	kg	–	–	–	–	–	–	–	–
	煤气	kg	–	–	–	–	–	–	–	–
	煤	kg	–	–	–	–	–	–	–	–
	电	kW·h	0.50	0.50		0.60	0.60	0.60	0.60	0.50
	水	m^3	–	–	–	–	–	–	–	–
	木柴	kg	–	–	–	–	–	–	–	–
	车船使用税	元	–	–	–	–	–	–	–	–
定额基价		元	502.95	68.24	200.00	35.60	21.07	44.48	41.99	27.51

续前页

序号			840	841	842	843	844	845	846	847
代号			1967	1968	1969	1970	1971	1972	1973	1974
机械名称		单位	电视测试信号发生器	便携式计算机	数字多用表	微波频率计	高压试验变压器全套装置	继电保护测试仪	三相精密测试电源	直流高压发生器
主机型号					600mV ~ 600V	F:10Hz ~ 40GHz	YDJ	MRT-02	JCD4060	ZGF-200
不变费用	折旧费	元	36.89	25.44	10.13	124.67	148.41	110.42	66.79	29.26
	大修理费	元	5.14	3.54	1.41	17.36	20.66	15.37	9.30	4.07
	经常修理费	元	2.57	1.77	0.71	8.68	10.33	7.69	4.65	2.04
	安拆及辅助设施费	元	–	–	–	–	–	–	–	–
	小计	元	44.60	30.75	12.25	150.71	179.40	133.48	80.74	35.37
可变费用	人工	工日	–	–	–	–	–	–	–	–
	汽油	kg	–	–	–	–	–	–	–	–
	柴油	kg	–	–	–	–	–	–	–	–
	重油	kg	–	–	–	–	–	–	–	–
	煤气	kg	–	–	–	–	–	–	–	–
	煤	kg	–	–	–	–	–	–	–	–
	电	kW·h	0.70	0.80	0.20	0.60	0.60	0.60	0.60	0.60
	水	m^3	–	–	–	–	–	–	–	–
	木柴	kg	–	–	–	–	–	–	–	–
	车船使用税	元	–	–	–	–	–	–	–	–
定额基价		元	45.44	31.71	12.49	151.43	180.12	134.20	81.46	36.09

续前页

序号			848	849	850	851	852	853	854	855
代号			1975	1976	1977	1978	1979	1980	1985	1986
机械名称		单位	轻型试验变压器	数字高压表	电能校验仪	记录仪	真空断路器测试仪	喷砂除锈机	$1200m^2/h$ 液压无气喷涂机	70kW 以内工程修理车
主机型号			TSB	GYB-Ⅱ	ST9040	8203-1-1	VIDAR		PT6900	JX-12A
不变费用	折旧费	元	20.26	4.45	40.96	34.37	152.45	50.13	77.33	75.56
	大修理费	元	2.82	0.62	5.70	4.79	21.23	9.35	14.42	16.96
	经常修理费	元	1.41	0.31	2.85	2.39	10.61	37.40	57.68	39.01
	安拆及辅助设施费	元	–	–	–	–	–	–	–	–
	小计	元	24.49	5.38	49.51	41.55	184.29	96.88	149.43	131.53
可变费用	人工	工日	–	–	–	–	–	1.00	1.00	1.00
	汽油	kg	–	–	–	–	–	–	–	42.85
	柴油	kg	–	–	–	–	–	–	–	–
	重油	kg	–	–	–	–	–	–	–	–
	煤气	kg	–	–	–	–	–	–	–	–
	煤	kg	–	–	–	–	–	–	–	–
	电	kW·h	0.60	0.60	0.60	0.60	0.60	42.60	22.72	–
	水	m^3	–	–	–	–	–	–	–	–
	木柴	kg	–	–	–	–	–	–	–	–
	车船使用税	元	–	–	–	–	–	–	–	–
定额基价		元	25.21	6.10	50.23	42.27	185.01	190.98	219.67	460.32

续前页

序号			856	857	858	859	860	861	862	863
代号			1987	1990	1991	1992	1993	2581	2582	2583
机械名称		单位	90kW 以内工程修理车	45×35×45cm 电焊条烘干箱	55×45×55cm 电焊条烘干箱	60×50×75cm 电焊条烘干箱	80×80×100cm 电焊条烘干箱	割草机	绿篱机	草坪机
主机型号			EQ-141					BC415	LSHT600-A	215V
不变费用	折旧费	元	135.57	6.47	8.47	11.17	15.29	1.17	1.40	6.67
	大修理费	元	27.67	2.24	2.95	3.89	5.30	0.36	0.43	2.06
	经常修理费	元	63.64	4.48	5.90	7.78	10.60	1.03	1.39	8.66
	安拆及辅助设施费	元	–	–	–	–	–	–	–	–
	小计	元	226.88	13.19	17.32	22.84	31.19	2.56	3.22	17.39
可变费用	人工	工日	1.00	–	–	–	–	1.00	1.00	1.00
	汽油	kg	–	–	–	–	–	3.27	1.10	6.28
	柴油	kg	51.43	–	–	–	–	–	–	–
	重油	kg	–	–	–	–	–	–	–	–
	煤气	kg	–	–	–	–	–	–	–	–
	煤	kg	–	–	–	–	–	–	–	–
	电	kW·h	–	7.09	10.40	14.18	40.32	–	–	–
	水	m^3	–	–	–	–	–	–	–	–
	木柴	kg	–	–	–	–	–	–	–	–
	车船使用税	元	–	–	–	–	–	–	–	–
定额基价		元	577.93	21.70	29.80	39.86	79.57	67.35	53.54	102.26

续前页

序号			864	865	866	867	868	869	870	871
代号			2584	2585	2586	2587	2588	2589	2590	2591
机械名称		单位	抛丸机	沥青储运专用集装箱及其配件	粉尘加湿机	吹尘机	63T 可倾压力机	高低空作业车	18 米桁架式桥梁检测车（山区型）	18 米桁架式桥梁检测车（平原型）
主机型号			Blastracl-10DS	20T	YJS400	Coler-A40	JB23-63T	GD15	XZJ5311-JQJ18	XZJ5312-JQJ18
不变费用	折旧费	元	262.84	46.29	75.44	3.79	28.29	545.05	2134.00	1557.39
	大修理费	元	32.52	5.73	9.33	0.47	4.17	134.86	572.00	417.44
	经常修理费	元	81.29	6.87	13.07	1.45	13.33	384.34	1630.20	1189.72
	安拆及辅助设施费	元	–	–	–	–	–	–	–	–
	小计	元	376.65	58.89	97.84	5.71	45.79	1064.25	4336.20	3164.55
可变费用	人工	工日	2.00	1.00	1.00	1.00	1.00	2.00	3.00	3.00
	汽油	kg	–	–	–	6.76	–	–	–	–
	柴油	kg	–	–	–	–	–	147.84	178.29	155.54
	重油	kg	–	–	–	–	–	–	–	–
	煤气	kg	–	–	–	–	–	–	–	–
	煤	kg	–	–	–	–	–	–	–	–
	电	kW·h	72.92	–	117.01	–	46.70	–	–	–
	水	m^3	–	–	–	–	–	–	–	–
	木柴	kg	–	–	–	–	–	–	–	–
	车船使用税	元	–	–	–	–	–	–	–	–
定额基价		元	550.11	101.87	281.23	93.78	144.81	2035.77	5533.10	4225.17

续前页

序号			872	873	874					
代号			2592	2593	2594					
机械名称		单位	臂架式桥梁检测车(桥下水平作业0~8m)	臂架式桥梁检测车(桥下水平作业0~12m)	臂架式桥梁检测车(桥下水平0~16.37m)					
主机型号			XZJ5140JQJ7	XZJ5230JQJ12	XZJ5292JQJ16					
不变费用	折旧费	元	635.89	1120.89	1336.44					
	大修理费	元	170.44	300.44	330.67					
	经常修理费	元	485.77	856.27	942.40					
	安拆及辅助设施费	元	–	–	–					
	小计	元	1292.10	2277.60	2609.51					
可变费用	人工	工日	3.00	3.00	3.00					
	汽油	kg	–	–	–					
	柴油	kg	125.10	139.00	165.25					
	重油	kg	–	–	–					
	煤气	kg	–	–	–					
	煤	kg	–	–	–					
	电	kW·h	–	–	–					
	水	m^3	–	–	–					
	木柴	kg	–	–	–					
	车船使用税	元	–	–	–					
定额基价		元	2170.39	3239.15	3728.30					